U0302478

湖北省学术著作出版专项资金资助项目

现代航运与物流:安全·绿色·智能技术研究丛书(2期)

港口近海漂浮式海上风电机组系统控制

潘 林 著

武汉理工大学出版社

·武汉·

内 容 简 介

本书是作者和科研团队成员长期从事港口近海海上绿色新能源、漂浮式海上风力发电系统、水平轴风力发电系统、垂直轴风力发电系统、海上风力发电系统智能控制等科学的内容总结,是一部系统论述港口近海漂浮式海上风电机组系统控制及海上绿色可再生新能源的学术专著。全书共11章,主要内容包括:基于预应力混凝土浮式平台漂浮式海上风电系统控制引论、漂浮式海上风电机组双馈风力发电系统滑模控制、基于KELM风速软测量的直驱式海上风机变桨控制研究、基于多信号前馈的双馈异步漂浮式海上风电机组最大功率点追踪研究、漂浮式海上风电机组永磁直驱风电系统变桨距控制、基于位置传感器的漂浮式海上风电机组风能转换系统MPPT控制、漂浮式海上风电机组双馈风力发电系统MPPT控制及参数优化、基于超螺旋算法的漂浮式海上双馈风力发电系统最大功率追踪控制、漂浮式海上垂直轴风力发电机翼型参数化设计及空气动力学研究、J型垂直轴海上风力发电机的二维CFD仿真与参数化研究、海上垂直轴风力发电机叶片尾缘的优化等。

本书可为近海港口及海上绿色新能源、漂浮式海上风力发电系统技术研究、产品研制与工程应用提供重要的依据和参考,可供有关专业工程技术人员参考,也可作为高等院校与科研院所的航海、交通、物流、机械、电气工程及其自动化等专业的高年级本科生和研究生教学参考书。

图书在版编目(CIP)数据

港口近海漂浮式海上风电机组系统控制/潘林著.—武汉:武汉理工大学出版社,2022.10
(现代航运与物流:安全·绿色·智能技术研究丛书.2期)
ISBN 978-7-5629-6668-5

Ⅰ.①港… Ⅱ.①潘… Ⅲ.①海上工程–风力发电机–发电机组–自动控制系统
Ⅳ.①TM315

中国版本图书馆 CIP 数据核字(2022)第 190060 号

项目负责:陈军东　　　　　　　　　　　　　　责任编辑:陈军东
责任校对:陈　平　　　　　　　　　　　　　　版式设计:冯　睿
出版发行:武汉理工大学出版社
　　　　　武汉市洪山区珞狮路 122 号　邮编:430070
　　　　　http://www.wutp.com.cn　理工图书网
　　　　　E-mail:chenjd@whut.edu.cn
经　销　者:各地新华书店
印　刷　者:武汉市金港彩印有限公司
开　　　本:787×1092　1/16
印　　　张:17.25
字　　　数:452 千字
版　　　次:2022 年 10 月第 1 版
印　　　次:2022 年 10 月第 1 次印刷
定　　　价:98.00 元
凡购本书,如有缺页、倒页、脱页等印装质量问题,请向出版社发行部调换。
本社购书热线电话:(027)87515798　87165708

出 版 说 明

　　航运与物流作为国家交通运输事业的重要组成部分,在国民经济尤其是沿海及内陆沿河沿江省份的区域经济发展中起着举足轻重的作用。我国是一个航运大国,航运事业在经济社会发展中扮演着重要的角色。然而,我国航运事业的管理水平和技术水平还不高,离建设航运强国的发展目标还有一定的差距。为了研究我国航运交通事业发展中的安全生产、交通运输规划、设备绿色节能设计等技术与管理方面的问题,立足于安全生产这一基础前提,从航运物流与社会经济、航运物流与生态环境、航运物流与信息技术等角度用环境生态学、信息学的知识来解决我国水运交通事业绿色化和智能化发展的问题,促进我国航运事业管理水平与技术水平的提升,加快航运强国的建设。因此,武汉理工大学出版社组织了国内外一批从事现代水运交通与物流研究的专家学者编纂了"现代航运与物流:安全・绿色・智能技术研究丛书"。

　　本丛书第一期拟出版二十多种图书,分为船港设备绿色制造技术、交通智能化与安全技术、航运物流与交通规划技术、内河航运技术等四个系列。本丛书中很多著作的研究对象集中于内河航运物流,尤其是长江水系的内河航运物流。作为我国第一大内河航运水系的长江水系的航运物流,对长江经济带经济发展的促进作用十分明显。2011 年年初,国务院发布《关于加快长江等内河水运发展的意见》,提出了内河水运发展目标,即利用 10 年左右的时间,建成畅通、高效、平安、绿色的现代化内河水运体系,2020 年全国内河水路货运量将达到 30 亿吨以上,拟建成 1.9 万千米的国家高等级航道。2014 年,国家确定加强长江黄金水道建设和发展,正式提出开发长江经济带的战略构想,这是继"西部大开发""中部崛起"之后的又一个面向中西部地区发展的重要战略。围绕航运与物流开展深层次、全方位的科学研究,加强科研成果的传播与转化,是实现国家中西部发展战略的必然要求。我们也冀望丛书的出版能够提升我国现代航运与物流的技术和管理水平,促进社会经济的发展。

组织大型的学术著作丛书的出版是一项艰巨复杂的任务,不可能一蹴而就。我们自 2012 年开始组织策划本丛书的编写与出版工作,期间多次组织专门的研讨会对选题进行优化,首期确定的四个系列二十余种图书,将于 2017 年年底之前出版发行。本丛书的出版工作得到了湖北省学术著作出版专项资金项目的资助。本丛书涉猎的研究领域广泛,在这方面的研究成果众多,首期出版的项目不能完全包含所有的研究成果,难免挂一漏万。有鉴于此,我们将本丛书设计成一个开放的体系,择机推出后续的出版项目,与读者分享更多的我国现代航运与物流业的优秀学术研究成果,以促进我国交通运输行业的专家学者在这个学术平台上的交流。

现代航运与物流:安全·绿色·智能技术研究丛书编委会
2016 年 10 月

前　　言

为深入贯彻落实党中央"力争 2030 年前实现碳达峰，2060 年前实现碳中和"重大战略决策，推动海洋交通领域尽早实现碳达峰，促进海洋智能制造全面绿色低碳转型，推动行业高质量发展。大力发展可再生能源、建设海洋强国、绿色智能是我国海上风力发电发展的重要方向，习近平主席在第七十五届联合国大会一般性辩论上的讲话中指出，中国宣布将提高"国家自主贡献"力度，力争 2030 年前二氧化碳排放达到峰值，努力争取 2060 年前实现碳中和。传统陆上风力发电机及近海固定基座风力发电机，无法满足我国日益增长的绿色低碳能源需求。本书提出一类新型基于预应力混凝土浮式平台漂浮式海上风力发电机及最大功率点跟踪控制系统，设计使用积分滑模补偿新的电流解耦控制器，提出一种重复控制和模糊自适应 PID 控制相结合的复合控制变桨距方法。揭示基于多信号前馈风力发电机最大功率点跟踪机理，研制漂浮式海上风力发电机组船池船模实验室装置，并探索风电机及最大功率点跟踪控制的船池船模台架系统实验；通过控制科学与工程及电力学机理分析、实验材料制备、电力电子元器件研究与集成、控制设计与实验的结合，利用仿真与船池船模台架实验结合，验证与评估漂浮式海上风力发电机最大功率点跟踪控制系统的效果。本书研究内容，可望为我国发展漂浮式海上风力发电及装置提供理论探索和技术储备。

本书致力于研究漂浮式海上风电机组智能控制和系统控制的一系列最新成果和进展。书中所论述的漂浮式海上风电机组创新技术，进一步丰富和完善了漂浮式海上风电机组系统的设计理论、技术体系和应用价值，对发展可再生能源、建设海洋强国、绿色智能、智慧港口建设研究和应用也具有参考价值和借鉴作用，所有研究成果在科研平台及实验室经过长时间试验和实证，显示结果良好。

全书共 11 章。第 1 章内容是基于预应力混凝土浮式平台漂浮式海上风电系统控制引论。针对海上风电弃风限电现状，以混凝土平台 MW 级漂浮式海上风电智能控制及风电制氢系统为研究对象，围绕风电耦合机理、模块拓扑对系统能效影响规律、能源系统能效综合优化三个科学问题开展研究：建立漂浮式海上风电能源系统模型及风电制氢能量模型，阐明海上风电能量传递特性及风电制氢耦合机理；研究系统能效与关键参数及模块拓扑相关性模型，系统地揭示风电机组模块拓扑对其输出能效影响规律；建立海上风电能源系统集成模型，提出一种风电最大功率点跟踪与积分滑模补偿电流解耦控制器、开环控制器、系统动态性能、消除偏差与外部扰动四种典型能量流的多模型预测控制策略，形成兼顾海上风电智能控制及风电制氢系统能效优化体系及方法。

第 2 章内容是漂浮式海上风电机组双馈风力发电系统滑模控制。以漂浮式海上风电机组双馈风力发电机为研究对象，旨在通过设计满足性能要求的控制器，以提高风力发电转速控制性能的方式使得风能捕获效率最大化。主要对漂浮式海上风电机组双馈风力发电系统控制策略的国内外研究现状进行了总结和介绍,分析了双馈风力发电系统各个组成部分的特性,包括风力涡轮机、传动系统和双馈感应发电机。并对目前主流的双闭环 PI 矢量控制策略原理及最大风能点追踪的实现进行了详细分析。将内模控制理论和滑模控制理论结合起来,实现对基础 DFIG 控制策略的改进。提出了内模-积分滑模控制器。同时,对抖振的产生进行了原理上的分析,并给出了抑制策略。

第 3 章内容是基于 KELM 风速软测量的直驱式海上风机变桨控制研究。针对传统风速计受到安装位置、多种扰动的影响难以测得海上风机风轮迎风面前端有效风速的问题,提出一种基于核极限学习机的海上风机风速软测量策略,通过分析海上风力发电机的运行特性,选择桨距角、输出功率和风轮转速作为模型的输入。为了提高测量的精确度,分别采用网格搜索法、灰狼优化算法和改进灰狼算法对核极限学习机进行参数寻优,建立参数优化后的 KELM 风速软测量模型。仿真结果表明测量精度得到改善,测量时间也得到缩减,可以快速且较准确地测得有效风速。针对有效风速没有被使用在变桨距控制中的问题,设计了基于风速软测量的变桨距控制器,控制器包括前馈补偿器和反馈控制器两部分。反馈控制器采用重复-模糊 PID 方法,在误差出现时能实现较好的控制效果,其次,构建了以风速软测量为基础的前馈环节,将有效风速信息应用到变桨距控制器中,有效地弥补功率反馈信号滞后带来的延时问题。

第 4 章内容是基于多信号前馈的双馈异步漂浮式海上风电机组最大功率点追踪研究。提出了一种基于多信号前馈的海上双馈异步发电系统最大功率点追踪方法,同时,为了提高海上风电系统的响应速度与抗抖振特性,又将信号前馈控制结构与新型指数趋近律滑模控制相结合,通过信号反馈引入新的附加转速,来克服风力涡轮机惯性大、响应慢的缺点,通过滑模控制来解决功率振荡大的问题。仿真结果显示,在响应速度上比传统方法有了明显的提升,对最大功率点有很好的追踪效果,在风速平稳状态下稳定功率系数,在风速振荡大的区域,对于减小系统的功率振荡、稳定系统的输出都有很大的提升,进一步提高了稳定性。

第 5 章内容是漂浮式海上风电机组永磁直驱风电系统变桨距控制。设计了重复-TS 模糊 PID 变桨距控制器。模糊控制不要求被控对象的精确数学模型,对于非线性的时变,滞后系统具有强鲁棒性。模糊 PID 控制器很适合作为变桨距控制器,然而模糊控制器并不具有积分环节,控制精度不是太高。重复控制是在内模控制的基础上形成的一种控制方法,可以使系统无静差地跟踪期望的给定信号或抑制干扰。结合二者的优点,在设计合适的参数后,重复-TS 模糊 PID 变桨距控制器可以保证控制系统的性能,抑制转速超速,从而实现系统的恒功率运行。为证明所提出控制方法的优越性,将所提出的控制器与 PID 控制、模糊PID 控制进行对比研究分析。

第 6 章内容是基于位置传感器的漂浮式海上风电机组风能转换系统 MPPT 控制。提出了一种基于气动转矩观测器的永磁同步风力发电系统 MPPT 新型滑模控制器,并使用MATLAB/Simulink 进行仿真和分析。根据最佳叶尖速比得出参考转速代入滑模控制器中，可以在风速变化的情况下实现最大风能追踪。另外，使用扩张状态观测器估计风力涡轮机的气动机械扭矩，对 q 轴电流进行前馈补偿，使滑模控制器有更好的效果。该方法具有比传统方法的跟踪性能更好的优点，稳定性也得到大幅提高。但是，这种控制策略仍然需要电机提供传感器来进行算法的实现和进一步优化。

第 7 章内容是漂浮式海上风电机组双馈风力发电系统 MPPT 控制及参数优化。通过设计满足性能要求的控制器，以提高风力发电机转速控制性能的方式使得风能捕获效率最大化。基于灰狼优化算法，对漂浮式海上风电机组 DFIG 控制器进行参数优化。介绍了标准灰狼优化算法的原理。通过设计合适的适应度函数，将灰狼优化算法应用到 DFIG 控制器参数设计中。同时，对标准灰狼优化算法中的参数向量收敛律和边界条件进行了改进。对漂浮式海上风电机组 DFIG 风力发电系统进行建模与仿真，在不同风速下将所提出的控制器与 PI 控制器进行了对比，从而验证了所提出的控制策略的有效性。

第 8 章内容是基于超螺旋算法的漂浮式海上双馈风力发电系统最大功率追踪控制。针对双馈异步风力发电系统，对双馈异步电机的控制策略进行改进，以实现最大功率追踪的目标。传统的转子侧变换器内部采用双闭环控制，结构复杂、参数多，系统的稳定性易受外界环境影响。采用改进的超螺旋控制取代双闭环控制结构，以有功功率和无功功率为滑模变量。通过构造李雅普诺夫函数，对系统的稳定性进行严格证明。改进的控制方法简化了转子侧系统的结构，提高了系统的鲁棒性，可以实现最大功率点追踪的目标。

第 9 章内容是漂浮式海上垂直轴风力发电机翼型参数化设计及空气动力学研究。基于叶素理论（BEM），以弯度为变量对三叶片 H 型漂浮式海上垂直轴风力发电机（VAWT）的翼型进行参数化设计，研究了翼型弯度（f）对 H 型垂直轴风力发电机气动规律的影响。选取 $v=4$ m/s、8 m/s、12 m/s 作为设计工况，以 NACA0015 翼型（$f=0\%$）为原型对翼型进行参数化设计，设计了 $f=0\%$、1\%、2\%、3\%、4\%、5\% 共 6 种不同弯度的翼型作为参考翼型，通过 ANSYS 软件，建立了二维 CFD 仿真模型。以风能利用率 C_P、高效风能运行区 $\Delta\lambda$、风轮的功率 P 为研究对象，研究了 VAWT 的气动规律以及不同方位角下翼型表面的转矩、压力场和速度场变化。研究发现，弯度对垂直轴风力发电机的气动性能影响很大，弯度较小的翼型（$f=0\%$、1\%、2\%）有着更好的气动性能。

第 10 章内容是 J 型垂直轴海上风力发电机的二维 CFD 仿真与参数化研究。用六种不同叶片对垂直轴海上风力发电机（VAWT）的空气动力学性能进行研究。提出一种 J 型叶片，并研究不同上缘距前缘距离下的转矩和风能捕获率的变化。优化了 J 型叶片的转矩系数和输出功率系数。为了优化涡轮机的整体性能，建立了垂直轴海上风机三维模型。通过二维定常流体动力学（CFD）模型，分析了不同叶片的动力学性能。考虑海上风机主轴动力学性能影响，在进行二维建模时把主轴加入模型。利用 ANSYS Fluent 软件，对剪切应力输运（SST）k-ε 湍流模型进行了二维模拟。针对 J 型叶片的动力学性能分析，提出改进型的叶片。研究 NACA0020 叶片和 J 型叶片的不同叶尖速比（TSR），以及改进后的 J 型叶片风能捕获率（CP）的变化和转矩变化。结果表明，J 型叶片相对于 NACA0020 叶片转矩和风能捕获率都会降低,改进的 J 型叶片虽然叶尖速比(TSR)大于 2 时风能捕获率(CP)会有下降,但是,当叶尖速比小于 2 时,会获得较大的转矩和风能捕获率,能有效解决垂直轴海上风机(VAWT)启动转矩低的问题,提升小型垂直轴海上风机在低叶尖速比时的使用性能。

第 11 章内容是海上垂直轴风力发电机叶片尾缘的优化。对海上垂直轴风力发电机叶片尾缘结构的不同参数进行改型研究。首先,对翼型的厚度进行改型,通过参数化的方法,将翼型厚度进行控制和变化,得出一系列新的成果。其次,在 NACA0021 翼型尾缘加装襟翼,分别在翼型的尾缘加装不同长度的襟翼,得出不同动力学特性。最后,将翼型进行弯度的优化,对翼型弯度进行改型。对改型后的翼型重新建立仿真模型,分析海上垂直轴风机性能的变化特性。通过对叶片结构的优化和分析,本章得出了风机叶片翼型的厚度、尾缘襟翼和弯度的最佳参数。叶片结构的优化使叶片周围的流场发生变化,使海上垂直轴风机的最大风能捕获率和自启动能力有了显著的提升。

本书是一系列科研工作研究的理论成果,参加这些科研工作的人员还有肖汉斌教授、熊勇教授、朱泽教授、肖敏教授、曹威工程师、张强工程师、朱海峰工程师,王既盈、邵敬凯、王旭东、邵程鹏、晏平、史兆阳、肖浩东等博士、硕士研究生,在此表示衷心的感谢和支持。本书在撰写过程中得到了武汉理工大学出版社、中山市武汉理工大学先进工程技术研究院、上海交通大学海洋工程国家重点实验室、武汉理工大学国家水运安全工程技术研究中心、武汉理工大学船舶动力工程技术交通运输行业(交通部)重点实验室、武汉理工大学绍兴高等研究院、武汉理工大学青岛研究院、石家庄市科学技术局、河北惠峰网络科技发展有限公司等单位的大力支持,在此一并表示感谢。同时,对本书中所列参考文献的作者表示衷心感谢。

本书的电子版本、仿真模拟代码及 PPT 幻灯片制作文件,若有需要,可以发送邮件(E-mail:linpandr@163.com)联系。

本书的编写及相关的科研活动得到海南省科技计划三亚崖州湾科技城联合项目(项目编号:2021JJLH0036)、海南省国际科技合作研发项目、石家庄市引进高层次科技创新创业人才项目的支持和资助。

潘林

2022 年 7 月 23 日于武汉理工大学

目　　录

1 基于预应力混凝土浮式平台漂浮式海上风电系统控制引论

传统陆上风力发电机及近海固定基座风力发电机,无法满足我国日益增长的绿色低碳能源需求。本书介绍了一类新型基于预应力混凝土浮式平台兆瓦级漂浮式海上风力发电机及最大功率点跟踪控制系统。本系统采用积分滑模补偿新的电流解耦控制器,提出了一种重复控制和模糊自适应 PID 控制相结合的复合控制变桨距方法,揭示了基于多信号前馈的风力发电机最大功率点跟踪机理,研制出预应力混凝土浮式平台兆瓦级漂浮式海上风力发电机组船池船模实验室装置,并探索了风电机及最大功率点跟踪控制系统船池船模台架实验方法。本书通过控制科学及电力学机理分析、实验材料制备、电力电子元器件研究与集成、控制设计与实验的结合,利用仿真与船池船模台架实验结合,验证与评估该新型预应力混凝土浮式平台兆瓦级漂浮式海上风力发电机最大功率点跟踪控制系统的效果,可望为我国发展预应力混凝土浮式平台兆瓦级漂浮式海上风力发电及装置提供理论探索和技术储备。

1.1 漂浮式海上风电研究背景及研究意义

1.1.1 研究背景、需求与问题的提出

大力发展可再生能源、建设海洋强国、绿色智能是我国海上风力发电发展的重要方向。2019 年国务院政府工作报告要求加快推进可再生能源、海洋强国、蓝色经济等重大工程项目[1]。美国、欧盟、日本等国也投入巨资在相关方面开展创新性应用研究,启动了基于工业 4.0 的诸多工厂智能革新计划,旨在推动制造业向节能环保、数字化、智能化方向发展[2-3]。各国都积极推进绿色新能源创新发展,如何有效利用快速发展的海上风能技术是船舶、海洋、风电、智能交叉学科研究方向,为绿色海洋风电研发过程中的难题提供了新的解决思路和方法[4]。

海上风电机组装备以及其控制、优化软件组成的高度智能制造系统具有能源利用效率高、适于复杂海况下运行、设备质量稳定、维修周期长等特点,也是材料、船舶、汽车、航空航天、特种装备等产业的关键制造技术。漂浮式海上风电技术是衡量一个国家海洋能源工业技术水平的重要标志之一,其相关的创新性研究对于我国海洋工业发展具有重大的战略和现实意义。同时,海上风电又是绿色可再生能源的主要源头之一,如何有效实现深远海风能有效转换和利用及系统优化控制一直是近年来学术界和工业界的热点问

题。为了实现漂浮式海上风电广泛的商业运行目标,欧洲风能协会(Wind Europe)提出了《欧洲海上风电报告 2019》,2019 年欧洲共有 10 个风电项目 502 台新增风电机组并网发电,新增装机容量 3627MW[5]。我国也在积极参与讨论和制定漂浮式海上风电方面的国际标准。近年来,我国风力发电量世界排名第一(目前已经超过装机容量 221GW),为了推动供给侧结构性改革,国家能源局发布了一系列绿色能源发展规划和绿色制造工程实施指南,其中发展绿色可再生能源被列为重点工程之一[6-8]。由此可见,漂浮式海上风电系统优化控制问题的有效研究可以优化海上风能利用效率,进而取得明显的社会效益、经济效益,对我国的海洋工业发展和环境保护具有重大的战略和现实意义。

通过优化海上风电机组控制系统参数,实现风电机组运行过程的优化控制,不仅能大幅度提高风电生产质量、效率,同时也是实现风电能源转换优化的重要环节。近年来,诸多学者在海上风电机组建模、基于智能算法的海上风电能源转化优化等方向开展了研究[9-13]。然而,目前已有的风电机组模型中考虑的系统控制因素仍相对单一和静态,已有的风电系统优化研究多从优化风电能源单一目标、进一步提高优化算法效率或减少弃风限电及超出额定功率角度展开。另一方面,为了有效地实现海上风资源优化,需要系统地理解漂浮式海上风电机组装备中直驱式风力发电机/双馈式风力发电机、漂浮式平台材料、风电生成、运维周期等过程中的能量转化和系统控制,并灵活使用力学、物理学、数学、人工智能、系统控制等方法进行细致的分析。同时,预应力混凝土浮式平台兆瓦级漂浮式海上风力发电机组通常采用的积分滑模控制下的双馈风力发电机最大功率点跟踪(MPPT)、基于重复—模糊自适应 PID 控制、漂浮式海上风电机 PMSG 变桨距控制、多信号前馈的双馈异步风力发电机最大功率点跟踪、基于转矩观测器的永磁风力发电系统最大功率点跟踪的滑模控制等跟踪或控制策略之间存在着紧密的关联性或彼此制约,此外,漂浮式海上风电机组运行过程中伴随着随机波动性,这些因素也对风电生产具有显著影响,皆需要进一步展开探索。

据此,本书拟解决的具体问题和关键技术挑战包括(图 1-1):

(1)如何解析在复杂海况下漂浮式海上风电系统中能量传递和控制过程,揭示最大功率点跟踪与积分滑模补偿新的电流解耦控制器、开环控制器、系统的动态性能、消除偏差与外部扰动之间的内在关联关系,以及重要系统模型参数对它们的影响。

在复杂海况下,基于预应力混凝土浮式平台的漂浮式海上风力发电机系统控制,应考虑多目标控制问题。对于风电机组,通过建立三相坐标系下双馈电机的数学模型,进一步将电机模型转化至两相同步旋转坐标系下的简化模型,根据风力机及其驱动系统的特点,结合定子磁链定向矢量控制策略,建立理想电网电压下双馈风力机的双闭环 PI 控制模型。设计并使用一种积分滑模补偿新的电流解耦控制器,运用内模控制策略,设计开环控制器,可以保证系统的动态性能。同时,使用积分滑模控制策略,为开环控制器进行补偿以消除偏差与外部扰动,建立积分滑模控制下的双馈风力发电机最大功率点跟踪的非线性动力学模型。通过仿真模拟实验验证,这种控制方法相较于传统的控制策略具

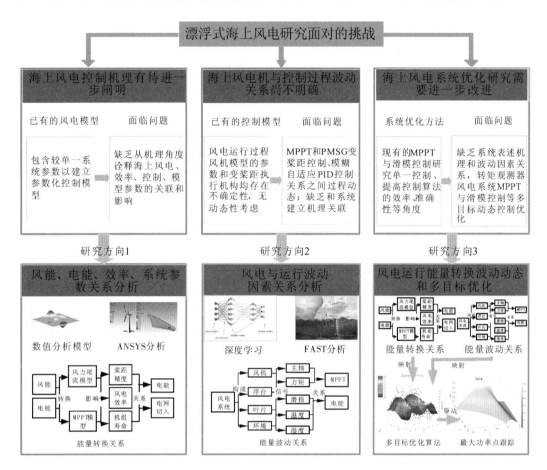

图 1-1 漂浮式海上风电系统控制研究面临的关键问题和主要研究方向

有更好的响应速度和更小的稳态误差。

简而言之,这种控制策略就是在矢量控制模型的基础上,结合内模控制理论,将双馈电机的电流解耦项进行拉氏变换,获得电流环解耦后的传递函数。根据内模控制基本设计方法,设计电流内模开环控制器。在此基础上,引入滑模控制理论,设计出积分滑模控制器以补偿开环控制器的动态误差。

最后,针对滑模控制中常见的抖振现象进行分析,并通过改进控制趋近律的方法抑制抖振的产生,同时,所提出控制器的稳定性通过 Lyapunov 理论进行验证。基于所提出控制器的风力发电系统模型,在阶跃变化的风速和随机变化的风速下对风电机组进行仿真,同时考虑风电机组在亚同步、同步和超同步三种情况下的工作状态。

上述过程中的风电转化和控制是通过海上风电系统中具有不同物理特性的载体和物理过程实现的,因此,需要针对各个过程特点灵活使用力学、物理、数学,或人工智能等方法开展分析。目前,已有的诸多海上风电模型[14-16],尚缺乏细致地诠释运行中能量传递和控制过程,揭示最大功率点跟踪与积分滑模补偿新的电流解耦控制器、开环控制器、系统的动态性能、消除偏差与外部扰动之间的内在关联关系。这一研究局限导致无法有效通过优化控制参数以实现整体提高运行中海上风能的有效利用率,并同时均衡保证高质、高效、风电机组寿命等多重风电生产目标的实现。因此,一个重要的值得深入研究的问题是能否通过研究海上风电运行中的能量转化模型、力学模型以及物理模型,定性、定量地揭示风电运行中能量传递和控制过程,揭示最大功率点跟踪与积分滑模补偿新的电流解耦控制器、开环控制器、系统的动态性能、消除偏差与外部扰动之间的关联机理,以及系统控制参数对它们的关键影响,从而有效支持海上风电利用等多目标优化。

(2)如何辨析在复杂海况下漂浮式海上风电系统中的波动性规律,以及海上风电机PMSG变桨距控制与重复-模糊自适应PID控制研究的关系,探索建立它们之间的内在关联机理,以及对它们的关键影响因素。

实际风电运行过程中,风电系统运行在恒功率状态,风机风能利用系数和输入桨距角存在高次强耦合的非线性关系,因此,风机模型的参数和变桨距执行机构均存在不确定性。目前,已有较多关于模糊逻辑控制和海上风电优化方面的研究[17,18],但是,在最大功率点跟踪和风电机PMSG变桨距控制、重复-模糊自适应PID控制关系方面的研究还比较少。为了进一步研究复杂海况下漂浮式海上风电系统中的波动性规律,必须辨析最大功率点跟踪和风电机PMSG变桨距控制、重复-模糊自适应PID控制关系之间的内在本质关联。

研究漂浮式海上风力发电系统机侧部分的系统控制,通过MATLAB/Simulink搭建漂浮式海上直驱式风力发电控制系统模型,对风力发电变桨距控制系统提出一种重复控制和模糊自适应PID控制结合的复合控制变桨距方法。在传统的转速电流双闭环电机调速控制系统的基础上,电流环采用一种基于内模控制原理的PI控制器,转速环则采用最大转矩控制策略进行最大功率点跟踪。建立控制模型,采用内模控制原理整定PI参数,提高系统的稳定性。分别使用阶跃风速序列和随机风速序列,对提出的方案进行仿真分析,通过仿真及船池模拟实验验证本书提出的控制策略所具有的较好稳定性和动态性能,对直驱式风力发电机变桨距控制和双闭环调速系统进行优化。对此,一个重要的研究基础是如何应用重复-模糊自适应PID控制和人工智能中深度学习算法,揭示最大功率点跟踪和风电机PMSG变桨距控制、重复-模糊自适应PID控制之间的内在机理以及能量传递机制,并探索研究这些特征的关键影响因素,此研究对有效实现动态风电运行过程中的风能有效利用等多目标优化具有重要意义。

(3)如何有机融合预应力混凝土浮式平台兆瓦级漂浮式海上风电机组基于转矩观测器的永磁风力发电系统最大功率点跟踪与滑模控制研究,控制机理关联分析,集成动态建模和滑模控制及多目标优化算法,探索设计转矩观测器的永磁风力发电系统最大功率点跟踪与滑模控制等多目标动态控制优化方法。

如前分析,目前已有的滑模控制研究[19-21]和最大功率点跟踪控制研究[22]在海上风电系统机理分析、波动因素分析等方面尚未进行深入探索,这使得目前的研究在海上风电应用中的有效性仍显不足。为了有效支持海上风电过程的整体控制优化,需要系统、有机融合上述控制系统机理模型,建立面向海上风电系统整个过程的多层次、多因素、动态的复杂关系网络以及智能推理机制,以解析海上风电机组基于转矩观测器的永磁风力发电系统最大功率点跟踪与滑模控制研究之间互联互动关系,进而揭示海上风电系统中控制方法随这些因素变化的演变衍生规律。提出一种改进的基于扩张状态观测器的永磁风力发电系统最大功率点跟踪滑模控制方法,针对预应力混凝土浮式平台兆瓦级漂浮式海上风电机风能转化系统的非线性复杂情况,设计一种基于新型趋近律滑模控制器,并消除滑模控制的抖振现象。通过船池及实验室试验模拟仿真,与传统控制方法进行比较,研究所提出控制方法对永磁风力发电系统最大风能追踪所具有的稳定性和有效性。

在此基础上,可以设计一种基于新型趋近律的滑模控制方法,显著提高系统的抗干扰能力,也能显著提高漂浮式海上风电机永磁风力发电系统在最大风能追踪区域的稳定性和可靠性,所提出控制方法能使随机风速下风能转换系统(WECS)的抗干扰能力有显著提升,因此,一个关键的研究方向是如何在上述海上风电系统机理研究基础上,围绕漂浮式海上风电问题进行动态系统建模和智能推理,集成显著性分析和多目标优化算法,探索设计面向漂浮式海上风电运行过程的动态控制优化方法。

结合作者及其团队在海上风电及其系统控制优化等方面的前期工作基础和研究成果,本书提出"基于预应力混凝土浮式平台兆瓦级漂浮式海上风电机组系统动态控制"研究,从一个新的视角分析实际复杂海况下漂浮式海上风电控制系统的形成机理、演化机理及动态多目标优化控制机制。本书以兆瓦级漂浮式海上风电机组系统及最大功率点跟踪控制问题为研究焦点,针对目前研究的局限和不足,拟从以下三个角度展开深入探讨:(1)研究复杂海况下漂浮式海上风电系统中能量传递和控制模型,从而揭示最大功率点跟踪与积分滑模补偿新的电流解耦控制器、开环控制器、系统的动态性能、消除偏差与外部扰动之间的本质关联;(2)分析复杂海况下漂浮式海上风电系统中的波动特征,研究海上风电机 PMSG 变桨距控制、重复-模糊自适应 PID 控制机理的内在关联,揭示关联机理以及关键影响因素;(3)根据智能动态网络理论方法,建立漂浮式海上风电机组基于转矩观测器的永磁风力发电最大功率点跟踪与滑模控制机理的关联,构建基于转矩观测器的永磁风力发电系统最大功率点跟踪与滑模控制关系模型,分析和诠释风电系统参数及多目标优化算法演变衍生规律,探索永磁风力发电最大功率点跟踪与滑模控制多目标动态控制优化方法。

本书的创作收集了国际著名大学和国内领先海上风电企业合作的实践经验,以典型漂浮式海上风电机组系统控制过程为案例对象,积累实际、长期运行数据,验证前述理论、方法及算法,揭示它们的创新理论意义和工程应用意义。

1.1.2　研究意义

本书的研究意义在落实国家战略方面和工程技术探索与应用方面均有体现:

从国家战略角度来看,发展海上风电等可再生能源可降低对化石能源的依赖,保障国家社会与经济安全。随着我国工业化进程的不断深入,能源需求不断增加,常规能源资源严重不足,在未来较长一段时期内,我国都将面临严重的能源安全问题。同时,新一轮科技革命带来了人工智能、大数据、物联网等技术的飞速发展,充分挖掘和有机结合这些新兴智能技术可助力我国海洋制造业的绿色化发展、提质与增效,也为开发绿色能源中一些难题的有效解决提供新思路、新方法。综上,本书研究内容采用理论与工程实际问题相结合、学科交叉的思路,与国家要求加快推进发展智能、绿色、数字化制造的国家战略规划相契合,具有较好的理论创新和工程实践意义。

从工程技术探索与应用角度来看,本书研究过程中所涉及的风电能量转化理论、系统机理分析、MPPT 波动性分析、深度学习算法应用、复杂动态系统建模、多目标动态优化等具体的关键问题和技术,在科学发展和实践指导方面具有重要作用,具体体现在以下方面:

· 通过研究漂浮式海上风电系统控制机理以及各种能量转化和传递规律,揭示海上风电与风电机组、风能转化效率,以及与系统控制参数和风电机组运行的内在机理关系,从而为风电能量转换分析与优化提供重要的理论依据;

· 通过探索运行过程中风电控制系统的波动特征,结合数据融合、人工智能、能量转化机理分析方法,系统揭示海上风电装备、叶片、电机和复杂海况等波动性因素对实际风电机组系统控制运行过程中能量转化的影响和关联,从而为建立面向风电机组系统控制运行过程的波动能量转化分析和优化方法提供理论和技术支持;

· 通过综合考虑海上风电系统能量转换机理关系及导致风电最大功率点波动的诸多因素,可以对风电运行过程进行多因素、动态建模以演示系统控制中能量转化的变化规律,并设计相应的多目标优化算法,为智能运行过程能量转换动态优化和提质、增效提供方法指导;

· 通过采集典型漂浮式海上风电系统控制装备、控制方法、风电机组及多尺度多周期海上风电运行过程相关能量数据并建立相关案例研究,对实际风电企业开展风电运行过程能量转换优化提供参考;

· 通过融合海上风电装备制造理论、深度学习、数据融合、动态系统建模推理等技术以解决制造问题,探索应用交叉学科建立绿色可再生能源的新思路,也为绿色可再生能源开辟一个新的工程应用实例。

综上所述,无论从国家战略角度还是工程技术探索与应用角度,本书的研究内容均具有学术与工程实践两方面的重要意义。

1.2 国内外研究现状及发展动态分析

1.2.1 海上风电转换系统控制机理研究

为了有效实现海上风电系统控制优化,需要对风电能量转换机理建立清晰认识,目

前相关研究可主要归纳为以下三个方面:

(1)基于风电力学模型的能量获取分析

风电能量转化的研究从风能推力入手,通过分析理想状态风况机理定性地建立风能预测公式,或基于实际风电机组运行经验数据运用数学拟合方法进行风电能量的定量建模,进而将不同风况下风能和风电机组建立联系。目前此类研究大多基于丹麦学者 N. Jensen 在 1983 年提出的 Jensen 尾流模型[23],它是基于理想风力机满足贝茨极限和质量守恒定律提出的,是一种适用于平坦地形的尾流模型,是描述风力机尾流结构的数学模型,用于计算风力机尾流区域的速度分布和风电场中处在尾流区的风力机的功率输出,即通过揭示风速与扭矩条件之间的关系,利用力与速度的物理关系计算风力机功率,进而计算风能转换。模型的建立也可利用测力传感器、扭矩测试仪等,通过大量实验,测定不同运行参数下风况、扭矩的数值,然后利用统计分析及数值拟合建立风速、风况、风功率、风能转换与模型参数之间的幂率公式。文献[24]提出了一种预测复杂风电场内垂直高度平面风速分布的尾流模型。分析了垂直高度平面内尾流分布特点和模型的准确性,表明由于风切变效应的影响,垂直高度平面内尾流风速分布呈现非对称分布特点。通过对比两个不同下风向位置处实测数据和尾流模型预测风速,表明尾流模型可以很好地预测垂直高度平面风速分布特点。文献[25]研究了风电机组所受载荷具有随机性导致各组件的长时间振动加剧,通过综合风电机组机械传动模型、确定性载荷模型和随机载荷影响,建立了随机载荷下的首次穿越模型。构建统一的机电动态模型,为后续的风力发电机组稳定性和可靠性研究打下基础。文献[26]基于双馈型风力发电机组的电气模型原理图,研究机组传动链、发电机、变流器及控制系统,建立数学模型对风电机组的低电压穿越解决方案进行了说明,对故障优化策略进行了试验验证。作者也在此方面开展了系列工作[27-28]:研究一种新型的 Frandsen 广义尾流模型及其变异模型——Frandsen 广义高斯分布尾流模型,运用于海上风电场,揭示两种不同的新型尾流模型的关联关系和演变规律。通过数学建模和推导,分析了它们的特点,采用统计方法和极限学习机,对风速和风向分布进行了建模。同时,作者也对风电机组系统能量转换及控制研究工作开展了较详细的总结和综述[29]。

然而,这些研究在探讨能源转换和风电机组控制关联时,缺乏对风力机运行过程中能量转化机理系统的探讨,也并未能进一步探讨能量传递效率与风电机组、系统控制等的内在物理关系和约束。风电机组最大功率点跟踪的优化必须以保证海上风电机组安全运行为前提,也需要考虑可靠性和效率性等因素并进行综合决策,因此,目前的研究在实际应用中还具有局限性。本书提出的一个主要研究方向是通过研究漂浮式海上风电机组运行中输入风能—风电机组系统控制—电能最大功率点跟踪转化机制,运用机械力学、电力学理论的基础理论,试图揭示预应力混凝土浮式平台-风电机组耦合机理,思考并总结出海上风电与风电机组、风能转化效率,以及与系统控制参数和风电机组运行的内在机理和本质关系,从而可以通过优化这些控制模型参数,系统实现风电转换的优化,并同时保证其他风电机组最大功率点跟踪目标的优化。

（2）参数化海上风电系统控制模型

近年来，一些海上风电研究从风电机组研究角度建立参数化系统模型。文献［30］应用先进控制理论，支持双馈式感应发电机的并网运行，使用改进软件控制算法用以解决风电硬件投资高等问题，并提高双馈式感应发电机的故障穿越能力和无功补偿能力。文献［31］建立直驱型风电机组的动力学模型、轴系模型、桨距角控制系统模型、永磁同步发电机模型和双端背靠背换流系统模型，研究直驱风机 PWM 换流器的非线性控制方法以及在电网非正常运行情况下直驱风机并网换流系统的控制策略。文献［32］研究了海上风电系统的故障预测和维修方法，从结构损伤识别预测、系统视情维护方法、海上风电场的综合维护策略应用的递进关系等不同方面对海上风力发电行业中的主要运行和维护问题进行分析。然而，上述研究建立的模型因考虑参数较少，对如何详细优化风电模型系统控制参数以实现海上风电转换效率及最大功率点跟踪优化目标的支持依然有限。

（3）复杂海况下风电机组运行状态对能量转换的影响

对海上风电研究目前主要集中在风电机组的能量转换机理和规律上。比如，文献［33］研究发现海上风电潜力巨大，提出了一种基于遗传算法的风电机组运行不同状态能量转换动态分析和设计方法。文献［34］通过研究风电场对海上浮式风力发电机组发电和空气动力学性能的影响，揭示了风切变和流入湍流对浮式风力发电机状态性能的重要性。文献［35］通过模型试验和数值模拟，研究了 750kW 浮式海上风力发电机组在多种风浪条件下系统的状态性能，并在 50m 水深进行了模型测试，分析了复杂风浪条件下风力发电机系统的运动和载荷，将 NREL-FAST 代码用于模拟风力涡轮机系统，该模型运行过程中表现出良好的稳定性和响应性。总体来讲，对复杂海况下风电机组运行不同状态能量转换关系的研究依然有限，需要在前述海上风电模型中进一步补充复杂海况因素对风电能转换、效率、状态等的影响，进一步建立并完善风电机组运行状态与能量转换的关联关系。

如上述分析，海上风电系统控制研究是一个热点。但是，目前研究尚缺乏定性、定量地揭示风电能量转换与重要系统控制参数、运行状态、传递效率、复杂海况状态之间的内在关联和相互影响趋势。一个重要思考是能否通过研究海上风电运行过程中的各能量转换和传递机理、控制模型、物理模型，发掘这些机理关系和关键影响因素，从而支持风电转换等多目标优化。作者在此方面的一些前期工作（复杂网络状态系统多周期协作设计、不确定非线性系统的模糊控制、具有复杂可变系统随机时变延迟动态网络模型的自适应同步、基于反馈控制的不同分数阶复杂系统之间的多尺度同步控制等）[36-39] 为本书在这个方向开展进一步研究奠定了良好基础。

1.2.2　海上风电运行过程能量转换系统建模

海上漂浮式风电运行过程中系统各单元之间相互作用、相互影响，从而使风电系统的能量转换规律变得复杂。对此,建立完善、合理、可靠的风电运行过程能量转换模型可以明确风电过程的能量传递分布,指导海上风电操作人员改进运行过程参数及控制方法,最终实现海上风电电力生产过程中的能量转换系统优化控制。目前,国内外学者在海上风电运行过程能量转换建模方面投入了较多研究,主要包括以下三个切入点:

(1)基于最大功率点跟踪控制的风电机组运行过程能量转换建模

文献[40]研究了最大功率跟踪控制下大型风电机组的轴系扭振分析及抑制,分析风机最大功率跟踪控制方法下系统轴系扭振模态,发现利用发电机转速反馈的不同控制方法,能够提升传动轴阻尼,提出了一种最大功率跟踪控制的改进方法,在保证最大功率跟踪的同时抑制风机传动轴扭振。文献[41]针对永磁同步发电机的非线性、内部参数不确定以及外部扰动等问题,提出了一种直驱式永磁同步风力发电系统最大功率跟踪的非线性抗扰控制方法,使用一种非线性光滑函数来设计非线性扩张状态观测器和非线性抗扰控制律,实现系统扰动及不确定性的估计,前馈到控制输入端对扰动进行补偿,有效提高系统的抗扰能力。文献[42]采用一种基于 BP 神经网络算法优化 PI 控制器控制参数,进而调整励磁电流,使磁阻发电机风力发电系统准确运行于最大功率点,改进的 MPPT 控制策略可以良好地实现磁阻发电机风力发电 MPPT。文献[43]针对定桨距风力机,运用叶尖速比法和功率信号反馈法,通过控制发电机励磁电流控制发电机的电磁转矩,调节机组转速,实现最大风能跟踪(MPPT)控制,比较得出功率信号反馈法优于叶尖速比法。文献[44]提出将最佳叶尖速比法与三点比较法相结合的改进算法对风机的最大功率点进行跟踪,采用叶尖速比法对最大功率点进行快速跟踪,在接近最大功率附近切换到三点比较法,实现稳定精确的最大功率点跟踪。

(2)基于海上风电机组运行过程仿真分析的能量转换建模

文献[45]针对变桨距风力发电机组,建立了包含风、空气动力、发电机、偏航系统以及桨距系统的模型,并对变桨距风力发电机组模型设计了控制逻辑和控制回路,在变桨距模型和控制系统中,根据叶片的气动特性,进行了仿真,展现变桨距风电机组的动态变化过程。文献[46]采用经典爬山搜索法和改进极值搜索法进行风电系统的最大风能跟踪控制,并通过改进积分器实现变步长快速追踪稳定运行的控制目标,改进极值搜索控制能够使系统快速地跟踪风速变化,保持最佳叶尖速比,提高了风能利用系数和风能的利用效率。文献[47]以尽量减少风电集成电力系统中载荷之间的不平衡,提高集成级别,减少系统中的频率偏差,采用下垂控制和改进的桨距角控制,为风力发电机组提供频率支持,根据不确定性和负载干扰改变闭环系统阻尼特性,确保能量转换稳定性。文献[48]研究了风电机组桨距角 PID 控制器,提出了两种改进的控制器,即模糊 PID 控制和分数阶模糊 PID 控制,提高螺距控制性能,采用了混沌演化优化方法,保证了基于所选目标函数的最佳性,能够达到更好的性能和鲁棒性。

(3)基于复杂海况下漂浮式海上风电机组系统控制

文献[49]提出了海上风电场系统布局全局优化的数学模型,优化电缆总长度或初始投资,将总电力损耗纳入目标函数,嵌入到迭代算法框架中,解决了搜索空间大小增加的一系列问题。文献[50]提出了基于小波多分辨率的 Spar 型浮式海上风电机控制策略,研究了其在联合风波电流载荷下的性能相互作用,并快速实现用于控制应用,将多分辨率小波独立叶片间距控制器用于控制叶片平面外振动,可降低与风力机首次旋转频率对应的空气动力学载荷。文献[51]探讨偏航误差和风波错位对海上浮式风力发电机(FOWT)动态特性的影响,采用时域软件 FAST 来评估 FOWT 在外部环境不同条件下的可靠性和安全性。结果表明偏航误差对发电效率和稳定性有显著影响,偏航误差和风波错位与 FOWT 的性能密切相关。作者也在此方面开展研究工作,通过详细分析海上风电机组系统模型,结合优化算法,以算法优化为目标函数,优化系统模型实现稳定性控制[27,52]。

通过上述面向漂浮式海上风电机组运行过程能量转换分析方面的研究现状可知,目前的海上风电系统建模方法大多基于常规情况下系统不同组件、不同运行阶段,风电设备不同运行状态时的分析。经大量案例验证,在实际海上风电运行过程中,常因复杂海况环境突发性、周期性变化、风电机组突发性损坏或周期性故障等多方面因素造成风电机组能量转换动态波动,而现有的风电系统建模方法尚无法对这些影响能量转换的波动因素进行关联性分析。另一方面,越来越多的研究将数据分析与人工智能方法,比如深度学习算法应用到风电运行过程的异常分析问题中[53-55],作者通过设计深度学习算法和人工智能模糊学习系统,辨识系统中的波动信号,实现控制系统目标优化[36,37]。

根据这一思路,若采用有效的数据分析和人工智能深度学习等方法,识别复杂海况下漂浮式海上风电机组运行过程中的异常波动特征,通过建立关联模型以揭示波动因素和能量转换之间的内在机理、传递机制、重要影响因素,将会有效地弥补现有海上风电系统研究工作中未能充分分析和优化实际生产中复杂异常波动能量转换的不足。作者在此方面的相关前期工作(应用深度学习算法和人工智能模糊学习系统辨识控制系统的波动性)[27,36,37]为本书在这个方向开展进一步研究奠定了基础。

1.2.3　预应力混凝土浮式平台漂浮式海上风电机组系统优化研究

漂浮式海上风电在欧洲和美国起步较早,已建成的样机项目和小批量项目有欧洲的 Hywind Demo、Hywind 2、Sway、Floatgen 及美国的 Voltum US[56]。此外,在亚洲,日本也有相应示范项目 Fukushima FORWARD 和 GOTO FOWT[57]。欧洲及美国漂浮式海上风力发电及 MPPT 研究已经比较成熟,国内预应力混凝土浮式平台漂浮式海上风力发电及 MPPT 控制处于发展起步阶段[58,59]。

漂浮式海上风电机组预应力混凝土浮式平台,根据平台的类型主要分为单柱式、半潜式和张力腿式三种,如图1-2所示。单柱式海上风力机的平台优点是结构重量小,稳定性好,结构简单、连续,易于设计、制造;缺点是安装水深受限(大于100m),且需要使用重型浮吊等特种装备进行海上装配作业,并无法拖航回港口修理。目前,单柱式海上风力机已经有数台兆瓦级样机投入使用,如 Hywind、Goto-FOWT 等。半潜式海上风力机的平台优点为安装水深灵活,可以进行港口装配作业后拖航至机位点,并可以拖航回港口修理;缺点为重量大,结构复杂,连接部件多,不易于设计、制造,且需要配备昂贵的主动压载系统。目前,半潜式海上风力机也已经有数台兆瓦级样机投入使用,如 WindFloat、Fukushima-Forward 等。张力腿式海上风力机的平台优点为安装水深灵活,结构重量小,稳定性好,且可以进行港口装配作业后拖航至机位点;缺点为锚泊系统的载荷很大,且需要使用特殊设备进行复杂的海上装配作业。目前,张力腿式海上风力机的兆瓦级样机正在规划,尚未投入使用,如 Blue H TLP、GICON-TLP 等。除以上三种主流技术形式外,近年还出现一些特殊的漂浮式海上风力机设计方案,或在一个漂浮式平台上安装多台风力发电机,如 FORCE Technology 公司的 WindSea 方案(http://www.windesa.com);或在一个漂浮式平台上同时安装风力发电机和其他海洋能发电装备,如 MODEC 公司的 SKWID 方案(http://www.modec.com)[60,61,63,64]。

图 1-2　漂浮式海上风电机组三种主流技术形式

采用最大功率点跟踪控制可以最大限度地提高漂浮式海上风力发电机发电系统的电能输出效率和系统的响应速度,还能有效地提高海上风能的利用率和系统的安全性能。MPPT 控制方法的优劣直接关系着风能的有效利用效率和海上风力发电机组系统的安全运行性能。当前,扰动观察法、增量电导法和智能控制法等 MPPT 方法已经被应用到实际产品中[60-63]。研究高效的 MPPT 方法对于预应力混凝土浮式平台漂浮式海上风力发电机组发电系统而言都是非常重要的。本书将通过对复杂海况下兆瓦级漂浮式海上风电机组能量转换的不同输出特性进行分析与仿真,分别找到适合于预应力混凝土浮式平台漂浮式海上风力发电机发电系统的 MPPT 控制方法,为了减小系统的输出振动,还将功率平滑控制、同步控制以及分级控制应用到风电机组系统中,增强系统的响应速度和抗干扰能力。同时,还将设计改进重复-模糊自适应 PID 控制的风电机系统 MPPT 控制器,并对控制电路进行实验验证,实现漂浮式海上风力发电机系统的最大功率跟踪优化控制。

上述研究工作在围绕漂浮式海上风电能量转换机理关联和动态波动因素关系表述和分析方面尚未进行深入探索,这使得目前的风电系统优化控制研究在实际生产应用中的有效性仍显不足。因此,一个研究方向是如何在海上风电机组能量转换机理和波动分析的基础上,对漂浮式海上风电系统及 MPPT 控制问题进行系统建模和推理,集成显著性分析算法、多目标优化算法等方法,探索设计面向智能海上风电系统能量转换的动态优化方法。作者在此方面的前期工作(复杂系统关系模型研究、多目标优化算法研究、系统优化研究)[27-29,36-39,52]为开展进一步研究奠定了良好基础。

1.2.4　预应力混凝土浮式平台兆瓦级漂浮式海上风电机组系统研究现状小结

综上所述,目前关于预应力混凝土浮式平台兆瓦级漂浮式海上风电机组系统能量转换模型和系统优化研究的主要局限和需求在于:(1)如何通过风电系统能量转换理论研究与具体的漂浮式海上风电运行实验过程相结合,在典型复杂海况环境、典型风电机组运行特征、典型风电机组使用全生命周期下,探索风电机组能量转换与重要系统参数、控制目标、预应力混凝土浮式平台漂浮式海上风电机组损耗之间的内在机理关联;(2)如何系统分析智能海上风电装备、平台工况、运行工况中的各种波动性,辨析实际海上风电机组智能控制过程中的波动特征,并评估其与能量转换之间的机理关系,探索建立风电机组能量转换与运行过程中波动因素的内在机理关联;(3)如何从风电机组系统 MPPT 优化控制的角度,结合人工智能技术,建立自适应的智能控制优化理论和方法,提高针对预应力混凝土浮式平台漂浮式海上风电机组运行过程中对复杂机理关系和对动态波动因素处理和决策的智能性。

因此,研究基于预应力混凝土浮式平台的兆瓦级漂浮式海上风电机组系统及最大功率点跟踪复合控制,通过理论研究、数值模拟和实验评估,可为我国探索在复杂海况下预应力混凝土浮式平台兆瓦级漂浮式海上风电机组系统控制的新方法和途径,有望极大提高我国漂浮式海上风电装置的使用周期和经济价值,对保障预应力混凝土浮式平台兆瓦级漂浮式海上风电机组结构及运行安全有十分重要的学术意义和广阔的工程应用前景!

1.3　漂浮式海上风电机组主要研究任务

1.3.1　漂浮式海上风电机组研究目标

本书针对复杂海况和连续动态工作环境下的漂浮式海上风电机组运行过程,融合机械制造、数据分析、人工智能、系统控制、新能源科学等多个学科的理论、方法和算法,在充分考虑海上风电系统能量转换机理和控制系统动态性的基础上,以预应力混凝土浮式平台兆瓦级漂浮式海上风电机风电能量转换及 MPPT 系统作为主要控制优化对象,探索可以有效指导实际生产运行决策的智能海上风电系统和多目标的动态优化创新理论和方法。

在基础理论方面,建立风电机组"基础能量转换"与重要系统参数、控制目标、预应力混凝土浮式平台漂浮式海上风电机组损耗之间的关联关系;辨析"动态波动能量转换"与实际运行控制系统和复杂海况环境中多种波动因素之间的响应关系;基于"基础能量转换"和"动态波动能量转换"进行能量传递建模,据此提出面向漂浮式海上风电兆瓦级、连续运行任务的多目标、动态 MPPT 控制优化方法。

在关键技术方面,开发可支持漂浮式海上风电能量转换与运行要素正反向推理、高鲁棒、可扩展的动态风电机组能量转换分析和预测模型;开发针对运行过程动态性、随机性、不确定性的漂浮式海上风电机组和能量转换效率的多目标和动态优化控制方法。设计使用积分滑模补偿新的电流解耦控制器,提出一种重复控制和模糊自适应 PID 控制结合的复合控制变桨距方法。揭示基于多信号前馈的风电机组 MPPT 控制机理,研制和探索漂浮式海上风电机组及 MPPT 控制系统船池台架实验;通过力学及电学机理分析、实验材料制备、元器件研究与集成、控制设计与实验的结合,为发展复杂海况下预应力混凝土浮式平台兆瓦级漂浮式海上风电机组能量转换及 MPPT 复合控制提供新的理论、方法和技术支撑。

在预应力混凝土浮式平台方面,主要包括浮体和锚泊系统,预应力混凝土浮式平台上部安装的风力发电机重量大、重心位置高,将大幅提高系统整体的重心,需要具有更好的稳定性;在复杂海况下,预应力混凝土浮式平台要受浪、流等海洋环境载荷作用,其上部安装的风力发电机在工作时会产生巨大的推力,因此需要更高的抗倾覆能力。漂浮式海上风力机工作于近海/近岸深水海域,将处于更恶劣的海洋环境中,并面对更极端的天气和海况,结构和设备需要更高的可靠性、耐腐蚀性和生存性。因此,开发一种先进的设计方法,能够全面考虑环境、载荷、运动等特征,并将风力发电机、预应力混凝土浮式平台等作为整体统一筹划,以设计出更经济、安全的漂浮式海上风电机组。

1.3.2　漂浮式海上风电机组研究内容

针对研究目标所提出的科学研究与工程应用需求,本书将设置以下五个相互关联的研究内容,相应的研究内容及其关联关系如图 1-3 所示。

(1)在复杂海况下,对预应力混凝土浮式平台兆瓦级漂浮式海上风电机组,研究积分滑模控制下的双馈风力发电机最大功率点跟踪。

①在复杂海况下,基于预应力混凝土浮式平台的漂浮式海上风力发电机,提出并设计使用积分滑模补偿新的电流解耦控制器。

②使用内模控制策略,设计开环控制器,保证系统的动态性能。同时,使用积分滑模控制策略,为开环控制器补偿以消除偏差与外部扰动。

③建立积分滑模控制下的双馈风力发电机最大功率点跟踪的非线性动力学模型,通过仿真及船池模拟实验验证提出的控制方法相较于传统的控制策略具有更好的响应速度和更小的稳态误差。

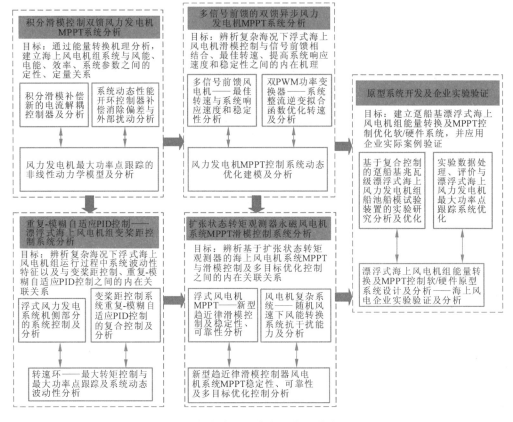

图 1-3 本书研究内容及其关联关系

（2）基于重复-模糊自适应 PID 控制，在复杂海况下，进行预应力混凝土浮式平台兆瓦级漂浮式海上风电机 PMSG 变桨距控制研究。

①研究漂浮式风力发电系统机侧部分的系统控制，通过 MATLAB/Simulink 搭建漂浮式海上直驱式风力发电控制系统模型，对风力发电变桨距控制系统提出一种重复控制和模糊自适应 PID 控制结合的复合控制变桨距方法。

②在传统的转速电流双闭环电机调速控制系统的基础上，电流环采用一种基于内模控制原理的 PI 控制器，转速环则采用最大转矩控制策略进行最大功率点跟踪。建立控制模型，采用内模控制原理整定 PI 参数，提高系统的稳定性。

③分别使用阶跃风速序列和随机风速序列，对提出的方案进行仿真分析，通过仿真及船池模拟实验验证本书提出的控制策略所具有的较好稳定性和动态性能，对直驱式风力发电机变桨距控制和双闭环调速系统进行优化。

（3）复杂海况下，对于预应力混凝土浮式平台兆瓦级漂浮式海上风电机，研究基于多信号前馈的双馈异步风力发电机最大功率点跟踪。

①提出一种基于多信号前馈的风力发电机最大功率点跟踪方法。通过引入多信号前馈得到的附加转速，叠加到传统方法的最佳转速，以作为该混合系统新的参考转速，来提高该系统的响应速度和稳定性。

②将滑模控制与信号前馈相结合,采用新的滑模控制律来削弱风力涡轮机的功率振荡问题,以此来提高系统的稳定性,采用双 PWM 功率变换器进行电力系统的整流和逆变,拟合函数来优化附加转速,并进行 MATLAB 软仿真。

③利用 ANSYS 软件建立预应力混凝土浮式平台兆瓦级漂浮式海上风电机系统的有限元仿真模型,模拟复杂海况,对基座海浪冲击过程及系统特性进行仿真分析,提出新结构和系统,研究风力涡轮机保持在最大功率点运行的可行性和有效性。

④结合 ANSYS、MATLAB 和 PSCAD/EMTDC,仿真研究预应力混凝土浮式平台兆瓦级漂浮式海上风电机系统,在复杂海况下基于多信号前馈的双馈异步风力发电机最大功率点跟踪问题。

(4)复杂海况下,对于预应力混凝土浮式平台兆瓦级漂浮式海上风电机,进行基于转矩观测器的永磁风力发电系统最大功率点跟踪的滑模控制研究。

①提出一种改进的基于扩张状态观测器的永磁风力发电系统最大功率点跟踪滑模控制方法。

②针对预应力混凝土浮式平台兆瓦级漂浮式海上风电机风能转化系统的非线性复杂情况,设计一种基于新型趋近律的滑模控制器,并消除滑模控制的抖振现象。

③通过船池及实验室试验模拟仿真,与传统控制方法进行比较,研究所提出控制方法对永磁风力发电系统最大风能追踪的稳定性和有效性。

④设计一种基于新型趋近律的滑模控制方法,显著提高系统的抗干扰能力,也显著提高漂浮式海上风电机永磁风力发电系统在最大风能追踪区域的稳定性和可靠性,所提出控制方法能使随机风速下风能转换系统(WECS)的抗干扰能力有显著提升。

(5)进行基于复合控制的预应力混凝土浮式平台兆瓦级漂浮式海上风力发电机船池船模试验装置的实验研究。

①根据复合控制及分析理论,研究预应力混凝土浮式平台漂浮式海上风电系统设计方法。

②研究基于多信号前馈的风力发电机最大功率点跟踪机理,并构建基于预应力混凝土浮式平台的兆瓦级漂浮式海上风力发电机船池船模实验装置平台。

③模拟复杂海况下,对预应力混凝土浮式平台兆瓦级漂浮式海上风力发电机船池船模试验装置的布置方式进行优化,研究复杂海况下预应力混凝土浮式平台漂浮式海上风电系统的系统控制台架实验。

④实验数据处理、评价与漂浮式海上风力发电机最大功率点跟踪系统优化。

⑤拟将前述动态海上风电机组能量转换系统控制优化理论、方法、算法及软/硬件系统在海上风电企业进行案例验证,检验本书研究内容的有效性,并在不断积累实际运行数据的基础上,逐步对本书研究内容进行修正与完善。

1.3.3　漂浮式海上风电机组关键科学问题

关键科学问题一:从风电机组能量转换机理分析角度,如何系统分析控制系统中海上风电的产生、能量传递过程,建立能量转换、MPPT 积分滑模控制、重复-模糊自适应 PID 控制、风电转化效率、关键模型参数、机组损耗之间的定性、定量关联关系。

风电能量转换机理分析既能描述风电机组系统的能量传递演化趋势,又能揭示风电转换、控制目标、关键模型参数、机组损耗状态等之间的相互影响关系,是支持智能控制动态优化的理论基础。然而,过往的研究在理论和实验两方面均存在一定的不足,尚缺乏细致诠释和归纳海上风电运行能量转换与复杂海况、运行效率、重要模型参数、风电机组损耗之间的内在关联关系。因此,本书拟针对典型漂浮式海上风电机组运行过程,通过控制理论、电力学、物理学、船池船模实验、数值分析方法,建立具体、细致的系统控制运行过程能量转化和风电机组损耗(故障)演化模型,同时以关键模型参数为系统输入变量,以浮式海上风电机组运行全生命周期中的不同状态水平为模型影响因子,建立能量转换与模型参数以及控制目标之间的定性、定量关联和约束关系,同时探索和总结这些关系在更大范围的通用性规律。

关键科学问题二:从海上风电运行过程中的能量转换系统动态波动分析角度,如何识别运行过程中能量动态波动性,并建立其与运行波动控制系统之间的关联关系。

海上风电系统和环境具有一定的动态性、不确定性、随机性,这些问题会使运行过程中产生动态波动能量转换和风电产生问题,过往的研究中对风电系统和环境的动态波动性与能量转换关系方面的理论和应用研究还比较少。对此,本书拟解决的一个关键问题在于对关键风电运行部件和环境(如浮式基础、塔筒、风机、电机、叶片关键部件)建立动态运行过程模型,通过对模型元素的动态监测,应用快速傅立叶变换和小波理论等,结合人工智能学习算法,从时域、频域、时-频域等角度高效分析监测多信号并识别其动态特征,同时研究能量转换机理、流体力学和动力学理论,揭示波动源与波动因素、风电产生之间内在本质物理关联、传递规律以及发展趋势,以指导实际复杂海况环境的动态波动风电系统优化。此创新研究思路将可有效搭建风电控制系统优化研究与工程应用实践之间的重要桥梁。

关键科学问题三:如何设计支持自适应的智能风电运行过程多目标、动态优化理论与方法。

智能风电运行系统优化是一项多参数、动态、多目标的优化任务,因此需要有机融合上述能量转换机理分析和动态波动因素分析结果,方能实现高效、可靠的优化多目标。本书拟通过研究构建动态多智能体复杂网络模型,系统地表达海上风电运行过程中多层次、多维度、动态的诸多风电转换影响因素之间的互联互动关系,演示和推理它们对风电能量转换的演变衍生规律,并在此基础上基于实际运行数据不断学习和更新多智能体复杂动态网络结构与系统参数,实现能量转换模型的拓展与完善。另一方面,本书拟研究如何结合最大功率点跟踪算法和多目标优化算法,以保证风电运行系统在整个风电生命周期中不断优化系统、提升控制优化精度和效果。对此,本书拟解决的一个关键科学问题是建立系统化的智能风电能量转换系统的动态优化方法和技术路线,以支持"优化—

风电运行过程知识更新—动态再优化"的新型智能风电运行动态、多目标优化任务。

关键科学问题四:如何设计和实现预应力混凝土浮式平台风电机组,分析其在复杂海况下运动以及不同波浪周期振动及力学特性。

预应力混凝土浮式平台上部安装的风力发电机重量大、重心位置高,将大幅提高系统整体的重心,需要具有更好的稳定性;在复杂海况下,预应力混凝土浮式平台要受浪、流等海洋环境载荷作用,其上部安装的风力发电机在工作时会产生巨大的推力,需要更高的抗倾覆能力。在复杂海洋环境中,面对更极端的天气和海况,结构和设备需要更高的可靠性、耐腐蚀性和生存性。开发一种先进的设计方法,能够全面考虑环境、载荷、运动等特征,并将风力发电机、预应力混凝土浮式平台等作为整体统一筹划,以设计出更经济、安全的漂浮式海上风电机组,分析其在静水中的自由衰减运动以及不同波浪周期下风机基础在纵荡、纵摇、垂荡三个自由度下的幅值运动响应,并将结果与试验值进行对比,防止共振,提高半潜式基础在波浪海况下的稳定性,研究预应力混凝土浮式平台和海上风电机组的耦合运动以及对风机整体性能的影响。

1.4 漂浮式海上风电机组的整体研究思路

面向预应力混凝土浮式平台兆瓦级漂浮式海上风力发电机系统控制向绿色智能化演进过程中所遇到的技术瓶颈和模式创新问题,在分析隐藏在上述问题背后的科学现象和原理、国内外研究现状与发展趋势的基础上,本书设置了五部分研究内容,以采用交叉学科、智能研究方法解决其中关键科学问题及其方法应用问题。据此,整体研究思路如图 1-4 所示。

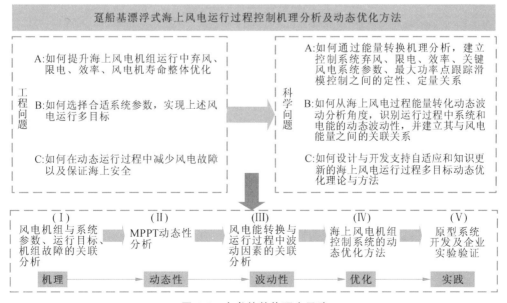

图 1-4 本书的整体研究思路

1.4.1 研究方案

本书以系统控制、绿色能源、机械制造、海洋船舶等多学科的交叉融合为理论基础，根据前述研究目标和内容，拟采取以系统控制的理论研究为根本，结合海洋能源技术创新为重点，通过保持与国内外同领域课题组以及工业界的紧密交流合作，将研究成果集成为原型软、硬件系统进行工程实际验证。本书将通过全面规划、分步实施，对风电能源转换系统机理模型、动态波动风电模型、智能控制动态优化方面开展系统性的研究工作。

本书的总体研究方案及技术路线如图 1-5 所示，具体表述如下。

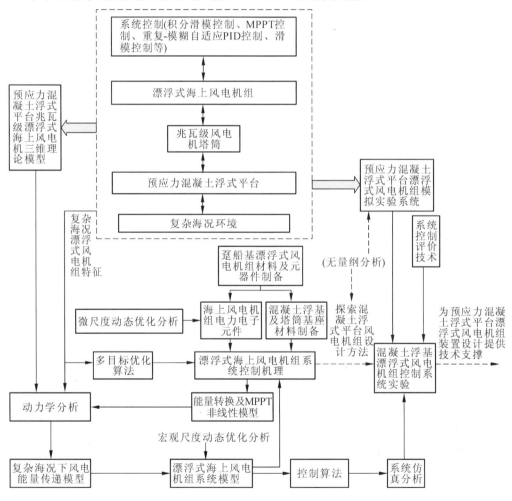

图 1-5　复杂海况下预应力混凝土浮式平台兆瓦级漂浮式海上智能风电机组系统研究方案及技术路线

（1）采取理论研究、系统总结集成再提高的总体研究思路。

作者和团队成员长期从事风力发电、机械工程及自动化、智能控制等应用基础研究工作，主持和参与了省部级以上的科研项目。本书针对预应力混凝土浮式平台兆瓦级漂浮式海上风力发电机系统控制研究中存在的几个关键科学问题和技术难题，从多学科交叉寻找创新点后的总结集成和系统再提高,可使得本书在较高起点上取得具有特色的研究成果。

(2)用机械力学和风电控制建模分析结合的方式,研究复杂海况预应力混凝土浮式平台漂浮式海上风电复合的 MPPT 智能控制系统;通过同步控制和分级控制优化分析,研究基于复合控制的最大功率点跟踪的设计与集成方法。

①从研究混凝土浮式平台-海上风电机组系统在复杂海况(盐雾腐蚀、海浪载荷、海冰冲撞、台风破坏等)作用下的非稳态行为出发,建立混凝土浮式平台-风电机组冲击振动的宏观力学模型;利用结构力学及多场耦合理论,研究该系统的安全性、可靠性问题,探索该系统预应力混凝土浮式平台漂浮式海上风电 MPPT 复合智能控制的关系模型。复杂海况下预应力混凝土浮式平台兆瓦级漂浮式海上智能风电机组系统耦合作用及 MPPT 控制机理的研究思路如图 1-6 所示。

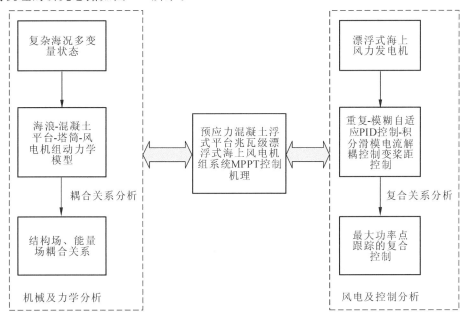

图 1-6 预应力混凝土浮式平台兆瓦级漂浮式海上智能风电机组系统耦合作用及 MPPT 控制机理研究思路

②根据复杂海况作用下预应力混凝土浮式平台-风电机组结构力学模型和振动特征,建立预应力混凝土浮式平台兆瓦级漂浮式海上风力发电机系统控制模型,通过 MATLAB/Simulink 搭建漂浮式海上直驱式风力发电控制系统模型,设计重复控制和模糊自适应 PID 控制结合的复合控制变桨距方法,采用基于内模控制原理的 PI 控制器,采用转速环最大转矩控制策略进行最大功率点跟踪,提高系统的稳定性,对直驱式风力发电机变桨距控制和双闭环调速系统进行优化。变桨距系统结构框图如图 1-7 所示。

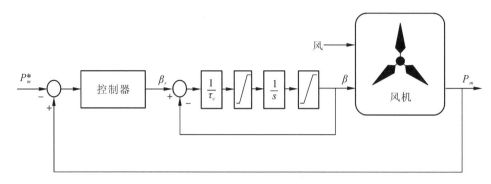

图 1-7　变桨距系统结构框图

③设计使用积分滑模补偿新的电流解耦控制器,使用内模控制策略,设计开环控制器,保证系统的动态性能。同时,使用积分滑模控制策略,为开环控制器补偿以消除偏差与外部扰动,建立积分滑模控制下的双馈风力发电机最大功率点跟踪的非线性动力学模型。

④设计基于多信号前馈的风力发电机最大功率点跟踪方法,引入多信号前馈得到的附加转速,提高该系统的响应速度和稳定性,将滑模控制与信号前馈相结合,采用双PWM 功率变换器进行电力系统的整流和逆变,探索拟合函数来优化附加转速,建立预应力混凝土浮式平台兆瓦级漂浮式海上风电机系统的有限元仿真模型,提出新结构和系统,研究风力涡轮机保持在最大功率点运行的可行性和有效性。

⑤提出改进的基于扩张状态观测器的永磁风力发电系统最大功率点跟踪滑模控制方法,设计基于新型趋近律的滑模控制器,搭建船池船模及实验室漂浮式风力发电机试验平台,研究所提出控制方法对永磁风力发电系统最大风能追踪的稳定性和有效性,设计基于新型趋近律的滑模控制方法,所提出控制方法能使随机风速下风能转换系统(WECS)的抗干扰能力有显著提升。

漂浮式海上风电永磁同步风力发电系统以及控制系统具体原理见图 1-8,展示独立变桨距型直驱式风力发电系统及其控制原理的模型。

同时,改进现有最大功率点跟踪(MPPT)模型及算法的设计方案,将影响风电机组最大功率点跟踪控制的因素分为风力机的动态性能和最大功率点的跟踪要求两大方面,围绕风速条件和风力机结构提取出多个具体的影响因素,包括平均风速、湍流强度、空气密度、风力机的转动惯量、叶片尺寸和最佳叶尖速比。通过建模仿真分析这些具体因素与现有两种功率曲线改进方法中的设定参数的量化关系,研究它们对 MPPT 控制的影响与作用机理。通过风速环境和风力机结构参数的变化提高风电机组的 MPPT 效果。

⑥采用理论推导和实验数据拟合相结合的方法,建立预应力混凝土浮式平台-漂浮式海上风电机组的非线性控制系统模型。

(3)以复杂海况及载荷下混凝土浮式平台-漂浮式海上风电机组的力学行为分析和仿真研究为依据,制备钢混结构预应力混凝土浮式平台及风力机组控制实验台,控制系统

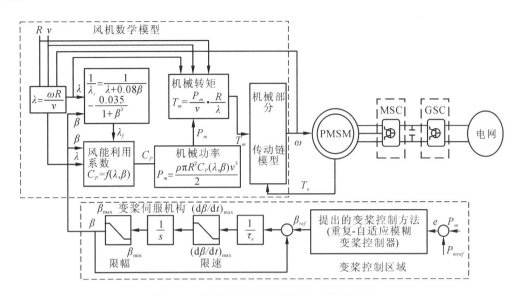

图 1-8　直驱永磁同步风力发电系统原理图

的安全性、可靠性效果评价,拟结合动力学行为及电学仿真,采取基于无量纲分析方法设计实验平台进行验证的研究路线。

①制备预应力混凝土浮式平台-塔筒实验台。预应力混凝土浮式平台及塔筒制备效果见图 1-9。

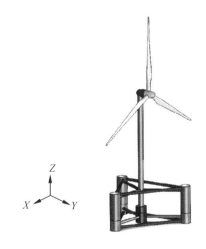

图 1-9　预应力混凝土浮式平台及塔筒制备效果

②利用 ANSYS 软件设计预应力混凝土浮式平台-漂浮式风电机组系统的有限元模型,模拟复杂海况下形成的预应力混凝土浮式平台-漂浮式风电机组全工况,对海浪-预应力混凝土浮式平台的振动过程及塔筒-风电机组特性进行仿真分析;用 FAST 和MATLAB 软件研究风电机组系统控制算法,并仿真复杂海况影响效果。基于预应力混凝土浮式平台-漂浮式风电机组控制系统的模拟平台设计及实验思路见图 1-10。

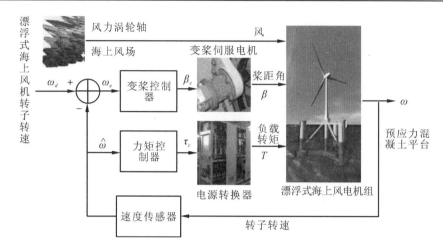

图 1-10　漂浮式风电机组控制系统的基本模拟实验平台设计原理图

③构建基于预应力混凝土浮式平台-漂浮式风力机组控制系统模拟实验平台,用 FAST 和 MATLAB/Simulink 软件平台,以 NREL 5MW 漂浮式海上风电机组为仿真模型验证复合 MPPT 控制器的有效性,验证负载转矩观测器的正确性和前馈补偿方案的可行性,PMSG 采用 d 轴电流为零的磁场定向解耦策略进行控制,整个系统的控制框图如图 1-11 所示。

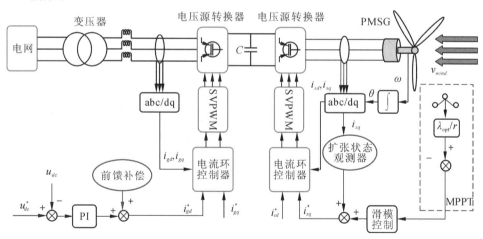

图 1-11　MPPT 系统控制框图

(4)原型软件系统、工业案例检验

①在前述研究方案的基础上,结合项目团队现有的研究积累与实验条件设备,结合海上风电企业需求,开发出一套支持智能运行自适应优化的软/硬件原型系统。同时,根据企业实际装备海上运行数据,通过理论模型与实际应用的对比分析,逐步验证和完善本书成果在实际生产运行过程中的有效性和可靠性。

②工业实验拟采用两台海上风电机组验证控制系统优化效果,从系统、浮式基础、风电机组不同层面逐步验证本书研究的理论、方法、算法。同时,设计的案例应从简单到复

杂逐层实现验证。验证过程中,通过自主开发的海上风电感知装置在线获取智能控制运行能量转换实时状态信息,同时采用控制器数据采集装置等手段获取风电运行生产过程相关的状态信息。所有的相关数据通过分布式信息网络系统采集和汇聚。

③海上风电数据特点为量大、动态变化、多源、多层次,对此拟结合可扩展数据仓库模式处理技术,以支持海量多状态感知大数据的在线高速动态采集和存储。系统核心将结合模糊逻辑、深度学习、动态关系网络、进化优化算法等人工智能和优化方法,进行智能风电优化分析和决策。

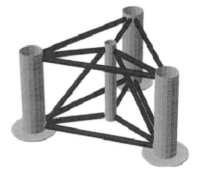

图 1-12 半潜式平台结构模型

(5)半潜式预应力混凝土浮式基础模型参数的选取

研究 NREL 5MW 风机特点,设计新型半潜式三浮筒预应力混凝土风机平台,半潜式平台结构模型如图 1-12 所示。该平台是由斜撑连接的三个大型浮筒组成,三个立柱浮筒呈正三角形分布,位于中央的立柱用于安置风力机,这样风力机所受的风载荷便可以通过塔架传给中央立柱,再由斜撑分散到其他立柱,来减小风载荷对风机系统的影响。浮体立柱底部设计有直径 20m 的垂荡板,减少了平台纵摇和垂荡运动。半潜式浮式基础稳定性较好、适用水深范围较广,且运行可靠。该平台参数见表 1-1。半潜式预应力混凝土浮式平台风机效果图见图 1-13。

表 1-1　半潜式浮式基础参数

名称	参数	单位
中浮筒直径	5.5	m
中浮筒高度	30	m
侧浮筒直径	10	m
侧浮筒高度	30	m
斜撑直径	2	m
浮筒圆心距离	60	m
平均吃水	20	m
垂荡板直径	20	m
垂荡板厚度	0.05	m
排水量	6542	t
重心	16.79	m

根据 NREL 5MW 漂浮式海上风电机组特点,基于船池实验室模拟实验,设计预应力混凝土平台风电机组样机,其中,半潜式预应力混凝土浮式基础样机参数如表 1-2 所示。

图 1-13　半潜式预应力混凝土浮式平台风机效果图

表 1-2　半潜式预应力混凝土浮式基础样机参数

名称	参数	单位
中浮筒直径	0.40	m
中浮筒高度	3.00	m
侧浮筒直径	0.40	m
侧浮筒高度	3.00	m
斜撑直径	0.20	m
浮筒圆心距离	5.00	m
平均吃水	1.50	m
垂荡板直径	1.20	m
垂荡板厚度	0.02	m
排水量	0.02	t
重心	1.50	m

1.4.2　研究可行性分析

本书的学术思想和研究方案是基于作者已开展的相关科研项目,在通过文献检索、实践调研了解国内外研究现状与工业发展趋势的基础上进行的深入分析和思考。目前为止,作者在相关研究方向上已开展了较长期的积累并取得了一系列研究成果,其内容涉及港口船舶岸电系统优化控制、复杂系统协同控制优化、风电数据分析和人工智能方法、风电系统测量和监测等,这些工作为本书研究工作提供了有效的理论和技术基础。同时,本书所提出的理论成果已经在一部分科研项目上得到应用,在项目计划、实验方法、技术路线和方案、项目实施等方面积累了比较丰富的实践经验,这些项目经验为本书所提出的理论观点奠定了工程实践基础。

1.4.2.1　前期理论和应用研究积累方面

(1)复杂系统控制优化研究

从 2007 年开始,受国家留学基金委和欧盟资助项目支持,本书作者以及合作者开展了复杂系统控制及风电优化系列研究工作,作者受国家公派在德国哈根大学攻读博士学位(2008.09—2010.08),指导教师为国际智能与电气自动化控制领域著名专家 Wolfgang A. Halang 教授,并接受了国际电气智能控制领域著名专家 Zhong Li 教授的指导,作者在该校主要从事复杂系统及其在多智能体控制领域的应用基础研究,研究了电气自动化器件设计优化和多智能体模拟台架实验;作者受沙特阿拉伯王国中长期科技和创新综合规划科研项目资助,任沙特国王大学项目主要参与人及博士后(2011.11—2012.12),合作教师为 Yousef A. Alotaibi 教授,对复杂网络系统控制过程的协同机理分析、能源生产运行优化、调度优化等方面进行了细致的实际研究;作者受欧盟玛丽居里基金会项目资助在卢森堡大学做玛丽居里学者(2013.04—2016.06),指导教师为国际能源与电气自动化控制领域著名专家 Holger Voos 教授,并接受了国际观测器智能控制领域著名专家 Mohamed Darouach 教授的指导,作者在该校主要从事复杂系统及其在风电场控制领域的应用基础研究,研究了风电场协同控制优化和模拟台架实验,在风电控制、智能结构及其在能源工程中的应用基础研究处于国际领先水平。作者受国家公派在德国柏林工业大学做高级研究学者(2019.05—2019.11),合作教师为国际智能与系统控制领域著名专家 Joerg Raisch 教授,作者在该校主要从事复杂系统及其在海上风电控制领域的应用基础研究,研究了电气自动化器件系统优化和多智能体模拟台架实验。

通过系列实验和理论分析,研究了重要复杂系统参数和复杂海况下风电系统状态之间的关联关系,通过优化模型参数实现了智能风电能量转换和提高系统控制性能。因此,本书提出的漂浮式海上风电系统控制理论的工程实践和推广应用已有较为宝贵的前期工作基础和优良的国际合作空间。

(2)漂浮式风电系统运行数据采集和控制系统部署

作者在欧盟卢森堡系列科研项目支持下,设计了基于复杂多智能体的风电模型及控制系统,此系统可以作为本书研究的基础,根据本书的具体要求进行相应的改动、升级,并添加新功能,以支持数据分析和海上风电系统优化研究。针对漂浮式海上风力发电系统智能控制,从复杂系统、船舶岸电、控制模型、多元数据建模、多目标优化、最大功率点跟踪等方面系统总结了目前的研究工作,发表了综述论文。系统总结了课题组和国际合作项目围绕海上风电系统控制研究,出版港口船舶岸电系统控制专著。相关海上风电实验系统数据采集和分析系统见图 1-14。

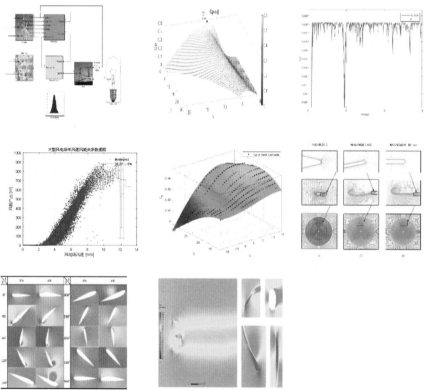

图 1-14　作者在船模船池海上风电模型系统控制方面的部分研究工作图

作者注重相关国际合作和科研成果在工业上的检验和应用。在 FP7-ERCIM Fellowship programme(欧盟第七研发框架计划子项目,2013—2014 年任项目负责人)、the Fonds National de la Recherche Luxembourg(欧盟卢森堡国家研究基金项目,担任 CORE 项目负责人)和 Kingdom of Saudi Arabia the Long-Term Comprehensive National Plan for Science, Technology and Innovation(沙特阿拉伯王国中长期科技和创新综合规划科研项目,任子项目主要参与人)等项目的支持下,作者对复杂系统控制过程的协同机理分析、能源生产运行优化、调度优化等方面进行了细致的实际研究,此研究在多家企业的较复杂生产应用环境中进行了检验和实践。作者主持或参与的风电控制系统项目研讨会的情况见图 1-15。

欧盟FP7项目工业研讨会

欧盟CORE项目系统研讨会

德国柏林工业大学研讨会

欧盟卢森堡大学科研团队

卢森堡大学项目成员

在德国汉堡船模船池研究所

参与沙特国家项目

图 1-15　作者主持或参与的风电控制系统项目研讨会的情况

综上所述,基于预应力混凝土浮式平台漂浮式海上风电系统控制理论和方法具有较良好的研究基础,在理论研究和技术储备方面均可行。

1.4.2.2　实验环境和应用验证的可行性分析

作者及所在的项目组依托武汉理工大学国家水运安全工程技术研究中心、船舶动力工程技术交通运输行业(交通运输部)重点实验室、港口装卸技术交通运输行业(交通运输部)重点实验室以及交通与物流工程学院的港口机械装备开展机械检测、船舶海洋、风电、智能控制机理实验。将根据所需的硬件设备、系统平台、相关需求数据、模型库和数据库等资源,搭建相应的软/硬件实验环境,开发相应的软/硬件原型系统,并将系统部署在智慧海上风电企业进行实际海上风电大数据的收集和分析、系统验证和企业实验,以支持项目研究。

本书作者潘林教授曾担任欧盟卢森堡大学智能控制研究所玛丽居里学者,受玛丽居里学会资助,任该所新能源研究方向负责人。从 2011 年至 2012 年,任沙特阿拉伯王国中长期科技和创新综合规划科研项目子项目主要参与人。从 2019 年至 2020 年,主持上海交通大学海洋工程国家重点实验室开放基金项目,研究"三峡坝区绿色岸电水上新能源无人船及其电缆提升输送装置关键技术研究"课题。

本书的主要特色是通过交叉融合新能源、控制科学和信息科学学科,将理论分析模型、人工智能模型、复杂网络表达和推理模型、动态多目标优化模型紧密集成,实现面向实时连续、复杂海况风电动态运行及多目标优化方法。此外,通过相应的软/硬件原型系统来支持项目研究内容实现,并将之应用于实际风电生产运行过程中以验证并不断地改进发展相关的理论、算法和方法。

本书的具体的理论创新点总结如下:

(1)本书从海上风电运行过程中风电产生和能量传递的内在机理角度展开研究,从控制科学和系统本源的层面建立、验证智能风电系统的多维度、多因素关联的风电 MPPT 形成和演化规律,揭示能量转换与系统模型参数、积分滑模控制、重复-模糊自适应 PID 控制、风电转化效率、风电机组损耗(故障)不同状态之间的定性、定量关联关系;

(2)本书的一个突出的理论创新点是将机理分析与数据技术、深度学习、人工智能等新兴技术相融合,从海量、具有噪声、冗余、误差等特性的实际海上风电运行生产大数据中筛选、挖掘、识别出潜在的波动能量转换模式,以探索实际运行中波动能量转换与风电机组损耗(故障)状态、机组运行状况等复杂动态波动因素之间的量化影响关系,据此开辟智能海上风电系统中波动能量转换建模的新方法;

(3)本书另一个理论创新点是针对上述能量转换和影响因素的复杂、动态关联关系,建立一个可拓展、可推理、具有鲁棒性的多智能体复杂动态网络分析模型,并在此基础上结合风电最大功率点跟踪分析和多目标优化算法,支持面向连续、实时运行的智能海上风电系统的整体、动态性能(比如降低风电机组故障率,提高风电的有效使用率),并均衡保证高质、高效、延长风电机组使用周期等多重生产运行目标的实现,从而满足实际海上风电机组运行生产的多目标、多因素、多变化的实际需求。

研究过程中所需的预应力混凝土浮式平台漂浮式海上风电机组智能控制运行设备由武汉理工大学交通与物流工程学院港口装卸技术交通运输行业(交通运输部)重点实验室、武汉理工大学"国家水运安全工程技术研究中心"及船舶动力工程技术交通运输行业(交通运输部)重点实验室提供。武汉理工大学提供漂浮式基础平台、风电机组等研究设备以及材料/装备测试和分析仪器。这些科研平台拥有大量先进的智能控制科研仪器和相关设备,同时具有大量实际运行数据,为研究的开展提供实验场地、实验数据分析等支持,这些条件为研究的实施提供了坚实的保障。

武汉理工大学国家水运安全工程技术研究中心（National Engineering Research Center for Water Transport Safety，简称智能交通中心/WTS Center）、船舶动力工程技术交通运输行业（交通运输部）重点实验室、港口装卸技术交通运输行业（交通运输部）重点实验室除具备项目所需的通用测试控制设备外，还有 ANSYS、FAST、PSCAD/EMTDC、MATLAB 等软件平台，dSpace 控制器快速开发平台等，并利用交通运输部、教育部等相关基金项目资助，已建有港口节能装备实验台、船模船池拖曳模拟测试系统、风力机测试平台等；拥有船舶结构动态试验系统（MTS）、港口装备动态信号采集及分析仪、多种大型港口起重机设备、大型深浅两用船模拖曳水池、露天操纵水池（均为国际权威组织 ITTC 会员单位），拥有湖北木兰天池及汤逊湖水上实验基地。上述软/硬件设备资源为本书研究中理论方法的验证和原型系统的开发测试提供了基础条件，保障项目工作的顺利开展，为本书研究的理论模型提供良好的测试、实验和验证的平台。

参 考 文 献

[1]　2019 政府工作报告，http://www.gov.cn/zhuanti/2019qglh/2019lhzfgzbg/index.htm.

[2]　德国工业 4.0，https://ec.europa.eu/growth/tools-databases/dem/monitor/sites/default/files%20/DTM_Industrie%204.0.pdf.

[3]　制造美国，https://www.cesmii.org/manufacturing-usa/.

[4]　工信部工业绿色发展规划，http://www.miit.gov.cn/n1146295/n1652858/n1652930/n3757016/c5143553/content.html.

[5]　Offshore wind in Europe key trends and statistics 2019，https://windeurope.org/about-wind/statistics/offshore/european-offshore-wind-industry-key-trends-statistics-2019/.

[6]　刘超，徐跃.漂浮式海上风电在我国的发展前景分析[J].中外能源，2020，25(02)：16-21.

[7]　舟丹.美国大力支持浮式海上风电发展[J].中外能源，2020，25(02)：21.

[8]　文锋.我国海上风电现状及分析[J].新能源进展，2016，4(02)：152-158.

[9]　IOANNOU A，ANGUS A，BRENNAN F. Stochastic financial appraisal of offshore wind farms[J]. Renewable Energy，2020，145：1176-1191.

[10]　HÜBLER C，PIEL J，CHRIS S，et al. Influence of structural design variations on economic viability of offshore wind turbines：An interdisciplinary analysis[J]. Renewable Energy，2020，145：1348-1360.

[11]　ZHANG M M，TAN B，XU J Z. Smart load control of the large-scale offshore wind turbine blades subject to wake effect[J]. Science Bulletin，2015，60(19)：1680-1687.

[12]　LI J，CHEN J Y，CHEN X B. The analysis and application on the typhoon-induced vibration control of the wind turbine with a pendulum damper[J]. Advanced Materials Research，2013，773：193-198.

[13]　李静，陈健云，柴健，等.磁流变阻尼器对近海风机的半主动控制研究[J].水利与建筑工程学报，2013(5)：62-65.

[14] 赵静,张亮,叶小嵘,等. 模型试验技术在海上浮式风电开发中的应用[J]. 中国电力,2011,44 (09):55-60.

[15] WU J,WANG Z X,WANG G Q. The key technologies and development of offshore wind farm in China[J]. Renewable & Sustainable Energy Reviews,2014,34:453-462.

[16] 艾超,陈立娟,孔祥东,等. 反馈线性化在液压型风力发电机组功率追踪中的应用[J]. 控制理论与应用,2016,33(7):915-922.

[17] KIAMINI S,JALILVAND A,MOBAYEN S. LMI-based robust control of floating tension-leg platforms with uncertainties and time-delays in offshore wind turbines via T-S fuzzy approach [J]. Ocean Engineering,2018,154(15):367-374.

[18] YANG F,SONG Q W,WANG L,et al. Wind and wave disturbances compensation to floating offshore wind turbine using improved individual pitch control based on fuzzy control strategy[J]. Abstract and Applied Analysis,2014(3):1-10.

[19] COLOMBO L,CORRADINI M L,IPPOLITI G,et al. Pitch angle control of a wind turbine operating above the rated wind speed:A sliding mode control approach[J]. ISA Transactions, 2020,95(1):95-102.

[20] PRASAD S,PURWAR S,KISHOR N. Non-linear sliding mode control for frequency regulation with variable-speed wind turbine systems[J]. International Journal of Electrical Power & Energy Systems,2019,109(3):19-33.

[21] ABOLVAFAEI M,GANJEFAR S. Maximum power extraction from a wind turbine using second-order fast terminal sliding mode control[J]. Renewable Energy,2019,139:1437-1446.

[22] 韩云昊,方基泽,杨慧霞,等. 基于滑模状态观测器的永磁风电系统最大功率点跟踪控制策略[J]. 上海电力学院学报,2019,35(06):580-586.

[23] JENSEN N. A note on wind generator interaction,Risø M 2411 RISø National Laboratory Roskilde,November 1983.

[24] 赵飞,李兵兵,蔚步超,等. 考虑风切变的风电场尾流模型实验研究[J]. 中国测试,2020,46(01): 154-159.

[25] 苏柏松,解大,娄宇成,等. 随机载荷激励下的风力发电机组首次穿越模型[J]. 电力系统保护与控制,2015,43(02):40-47.

[26] 郑大周,曾东,李广磊,等. 双馈型风力发电机组电气模型的建立与仿真研究[J]. 电气工程学报, 2019,14(03):81-89.

[27] LI M C,XIAO H B,PAN L,et al. Study of generalized interaction wake models systems with ELM variation for offshore wind farms[J]. Energies,2019,12(5):863.

[28] PAN Y P,YANG C G,PAN L,et al. Integral sliding mode control:performance,modification and improvement[J]. IEEE Transactions on Industrial Informatics,2018,14(7):3087-3096.

[29] PAN L,TANG X,PAN Y P. Generalized and exponential synchronization for a class of novel complex dynamic networks with hybrid time-varying delay via IPAPC[J]. International Journal of Control,Automation and Systems,2018,16(5):2501-2517.

[30] 杨晨星. 双馈风电系统的控制方法研究[D]. 北京:北京科技大学,2019.

[31] 王丹.直驱型风电机组的并网换流系统控制策略研究[D].北京:华北电力大学,2016.

[32] 鲁阳.海上风电系统故障预测与视情维修方法研究[D].哈尔滨:哈尔滨工程大学,2018.

[33] POIRETTE Y,GUITON M,HUWART G,et al. Design optimization of dynamic inter-array cable systems for floating offshore wind turbines[J]. Renewable and Sustainable Energy Reviews, 2019,111:622-635.

[34] LI L,LIU Y C,YUAN Z M,et al. Wind field effect on the power generation and aerodynamic performance of offshore floating wind turbines[J]. Energy,2018,157:379-390.

[35] KIM J,DAM T,SHIN H. Validation of a 750 kW semi-submersible floating offshore wind turbine numerical model with model test data, part Ⅱ: Model-Ⅱ [J]. International Journal of Naval Architecture and Ocean Engineering,2020,12:213-225.

[36] XIN T,FABIEN L,OLIVIER P,et al. Network design of a multi-period collaborative distribution system[J]. International Journal of Machine Learning and Cybernetics,2019,10(2):279-290.

[37] PAN Y P,MENG J E,LIU Y Q,et al. Composite learning fuzzy control of uncertain nonlinear systems[J]. International Journal of Fuzzy Systems,2016,18(6):990-998.

[38] XU Y H,ZHOU W N,FANG J N,et al. Adaptive synchronization of stochastic time-varying delay dynamical networks with complex-variable systems [J]. Nonlinear Dynamics, 2015, 81 (4): 1717-1726.

[39] PAN L,GUAN Z H,ZHOU L. Chaos multiscale-synchronization between two different fractional-order hyperchaotic systems based on feedback control[J]. International Journal of Bifurcation and Chaos,2013,23(8):1-16.

[40] LIO W H,JONES B L,ROSSITER J A. Estimation and control of wind turbine tower vibrations based on individual blade-pitch strategies [J]. IEEE Transactions on Control Systems and Technology,2019,27(4):1820-1828.

[41] LEE S,CHUN K. Adaptive sliding mode control for PMSG wind turbine systems[J]. Energies, 2019,12(4):595-612.

[42] REN H,ZHANG H,DENG G,et al. Feedforward feedback pitch control for wind turbine based on feedback linearization with sliding mode and fuzzy PID algorithm[J]. Mathematical Problems in Engineering,2018(8):1-13.

[43] 周兴伟,周波,郭鸿浩,等.电励磁双凸极风力发电机系统 MPPT 控制策略的对比[J].电源学报, 2014(06):48-52.

[44] 张晴晴.结合叶尖速比法与三点比较法的风力发电机最大功率点跟踪控制策略研究[J].电力学报,2019,34(06):585-590.

[45] 刘平平,马昕,张贝克.变桨距风电机组仿真模型与控制[J].计算机仿真,2013,30(6):143-147.

[46] 孙冠群,王小东,张黎锁,等.开关磁阻风力发电机变励磁电压 MPPT 控制[J].电机与控制学报, 2019,23(03):113-119.

[47] PRASAD S,PURWAR S,KISHOR N. Non-linear sliding mode control for frequency regulation with variable-speed wind turbine systems[J]. International Journal of Electrical Power & Energy Systems,2019,107(11):19-33.

[48] ASGHARNIA A,SHAHNAZI R,JAMALI A. Performance and robustness of optimal fractional fuzzy PID controllers for pitch control of a wind turbine using chaotic optimization algorithms [J]. ISA Transactions,2018,79:27-44.

[49] RODRIGUEZ S N,JAWORSKI J W. Strongly-coupled aeroelastic free-vortex wake framework for floating offshore wind turbine rotors. Part 2:Application[J]. Renewable Energy,2019,141(10): 1127-1145.

[50] SARKAR S,CHEN L,FITZGERALD B,et al. Multi-resolution wavelet pitch controller for spar-type floating offshore wind turbines including wave-current interactions[J]. Journal of Sound and Vibration,2020,470(6):115-170.

[51] LI X H,ZHU C C,FAN Z X,et al. Effects of the yaw error and the wind-wave misalignment on the dynamic characteristics of the floating offshore wind turbine[J]. Ocean Engineering,2020, 199(4):106960.

[52] PAN L,ZHOU L,LI D Q. Synchronization in novel three-scroll unified chaotic system(TSUCS) and its hyper-unified chaotic system using active pinning control[J]. Nonlinear Dynamics,2013, 73(3):2059-2071.

[53] PEREZRUA J,STOLPE M,DAS K,et al. Global optimization of offshore wind farm collection systems[J]. IEEE Transactions on Power Systems,2019,35(3):2256-2267.

[54] BAGHERI P,KIM J M. Evaluation of cyclic and monotonic loading behavior of bucket foundations used for offshore wind turbines[J]. Applied Ocean Research,2019,91:101865.

[55] YIN X X,ZHAO X W. Big data driven multi-objective predictions for offshore wind farm based on machine learning algorithms[J]. Energy,2019,186:115704.

[56] 段磊,李晔.漂浮式海上大型风力机研究进展[J].中国科学:物理学 力学 天文学,2016,46(12): 18-28.

[57] 陈嘉豪,刘格梁,胡志强.海上浮式风机时域耦合程序原理及其验证[J].上海交通大学学报, 2019,53(12):1440-1449.

[58] 张佳丽,李少彦.海上风电产业现状及未来发展趋势展望[J].风能,2018(10):48-52.

[59] 柯世堂,胡丰,曹九发,等.漂浮式海上风力机全机结构自振特性仿真[J].南京航空航天大学学报,2015,47(04):595-601.

[60] 王磊.海上风电机组系统动力学建模及仿真分析研究[D].重庆:重庆大学,2011.

[61] PEREZRUA J,CUTULULIS N A. Electrical cable optimization in offshore wind farms—A review [J]. IEEE Access,2019,7:85796-85811.

[62] KANG J C,SUN L P,SOARES C G. Fault tree analysis of floating offshore wind turbines[J]. Renewable Energy,2019,133:1455-1467.

[63] LI L,LIU Y C,YUAN Z M,et al. Dynamic and structural performances of offshore floating wind turbines in turbulent wind flow[J]. Ocean Engineering,2019,179(1):92-103.

[64] PAN L,WANG X D. Variable pitch control on direct-driven PMSG for offshore wind turbine using Repetitive-TS fuzzy PID control[J]. Renewable Energy,2020,159:221-237.

2 漂浮式海上风电机组双馈风力发电系统滑模控制

海上风力发电技术是当前迅速发展的新能源技术之一,这一技术所带来的经济价值和生态价值促使各国进行了大量的开发与研究。双馈风力发电机是变速恒频风力发电机的主要形式之一,具有转子励磁灵活、功率变换器容量小、功率调节性能好等优点。本章基于双馈电机的数学模型和矢量控制策略的基本理论,研究了双馈风力发电机的最大风能捕获问题。

本章以漂浮式海上风电机组双馈风力发电机为研究对象,旨在通过设计满足性能要求的控制器,以提高风力发电机转速控制性能的方式使得风能捕获效率最大化。本章主要内容如下:

第 2.1 节,漂浮式海上风电机组双馈风力发电系统控制基本理论,主要介绍了本章的研究背景及当前相关技术的发展情况。对漂浮式海上风电机组双馈风力发电系统控制策略的国内外研究现状进行了总结与分析,并提出了本书的研究内容与结构。第 2.2 节,漂浮式海上风电机组双馈风力发电系统结构及控制分析,详尽分析了双馈风力发电系统各个组成部分的特性,包括风力涡轮机、传动系统和双馈感应发电机。并对目前主流的双闭环 PI 矢量控制策略原理及最大风能点追踪的实现进行了详细分析。风力发电系统和控制器的数学模型也在本节给出。第 2.3 节,介绍了基于滑模控制的改进漂浮式海上风电机组 DFIG 控制策略。本章将内模控制理论和滑模控制理论结合起来,实现对基础 DFIG 控制策略的改进。针对双馈风力发电系统特性,对这两种控制策略做了详尽的分析,由此提出了内模-积分滑模控制器。同时,对抖振的产生进行了原理上的分析,并给出了抑制策略。

2.1 风电系统控制基本理论

2.1.1 风电背景

随着世界经济的快速增长,人类发展对能源的需求不断增加,不可再生能源的储量却不断减少,使用不可再生能源的弊端也逐步显现。能源危机和环境危机已经成为全球范围内急需解决的问题。当前,用于替代化石燃料的能源包括核能和可再生能源。然而,核电的开发和建设需要巨大的成本,其投入运行后还会存在核泄漏风险和核废料处理问题。因此,要想长远地解决能源和环境问题,需要依靠取之不尽且环境友好的可再生能源。

在这样的背景下,诸如风能、水能、太阳能、潮汐能、地热能等各种可再生能源的开发和利用方案被研究出来。在上述可再生能源的开发方式中,风力发电的技术最为成熟,也最具有开发前景[1]。在全球可再生能源发电装机总量中,风力发电的占比了超过一半,具有绝对优势[2-3]。与其他可再生能源利用方式相比,风力发电具有建设周期较短、建设规模灵活、不产生排放、不影响绿地种植等特点。自21世纪以来,世界各国都将风能作为国家能源发展的重点,纷纷加大对风电发展的投入。在国家政策的扶持下,全球的风电产业及相关技术都取得了快速的发展[4-6]。当前,风机的全球装机总量正在稳步增长,风力发电系统正从小容量、单风机系统向大容量、大规模风力发电场转化。

水电是我国可再生能源中利用率最高的发电形式,但我国目前对水电的资源的开发利用率已超过46%,其剩余开发潜力有限[7]。相对而言,随着海上风力发电成本的不断降低,海上风力发电的需求持续增加,整个风电行业十分具有前景。但同时,海上风力发电的运行过程中仍会产生不少问题,如并网问题、消纳问题及对电网电能质量的影响等问题[8-10]。因此,针对海上风力发电技术的进一步研究十分必要。将风能最大限度地转换为电能,并实现大规模风力发电并网有助于促进风电产业的高效发展。

2.1.2 国内外研究现状

2.1.2.1 变速恒频风力发电系统常用拓扑结构

根据风力发电机运行的方式不同,风力发电系统可分为恒速恒频(Constant Speed Constant Frequency, CSCF)风力发电系统和变速恒频(Variable Speed Constant Frequency, VSCF)风力发电系统[11-12]。CSCF风力发电系统通过保持发电机转速恒定来获得恒定的发电频率,而VSCF风力发电系统可根据风速的变化调节发电机的转速。相较于CSCF风力发电系统,VSCF风力发电系统能以更高的效率捕获风能,提高整个发电机组的运行效率。在风力发电技术日益成熟的背景下,CSCF机组正被VSCF机组逐步取代。常见的VSCF风力发电系统分为以下几种:

(1)带齿轮箱的全功率VSCF风力发电系统

带齿轮箱的全功率VSCF风力发电系统如图2-1所示。风机通过齿轮箱减速后与发电机转子连接,发电机定子通过电力变换器与电网连接。这种VSCF发电系统变速范围宽,适合在风速变化较大的环境下运行。由于电力变换器位于定子侧,直接与电网相连,电力变换器的容量必须与发电机容量相等。因此,这种VSCF发电系统变频器体积较大,安装和维护成本较高。

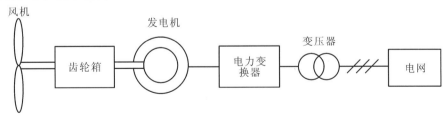

图 2-1 带齿轮箱的全功率 VSCF 风力发电系统

（2）直驱式 VSCF 风力发电系统

直驱式 VSCF 风力发电系统如图 2-2 所示。在这种风力系统中，风机直接与发电机转子连接。由于省去了齿轮箱等传动结构，制造成本和机械故障发生概率都有显著降低。直驱式 VSCF 风力发电系统可使用的发电机包括永磁同步发电机（PMSG）[13]、电励磁同步发电机（EESG）[14] 以及混合励磁同步发电机（HESG）[15]。近年来，采用永磁同步发电机的风力发电系统正在占据越来越多的市场份额。但由于永磁同步电机磁极对数多，其体积庞大，不便于安装和维护。此外，永磁材料还有退磁的风险。整体而言，永磁同步电机的技术水平不如双馈电机成熟。

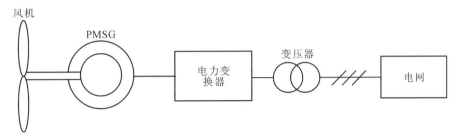

图 2-2 直驱式 VSCF 风力发电系统

（3）双馈 VSCF 风力发电系统

双馈 VSCF 风力发电系统如图 2-3 所示。这种发电系统使用的发电机为双馈感应发电机（DFIG），风机通过齿轮箱与发电机转子连接。同时，使用电力变换器对转子进行励磁，发电机定子则直接与电网连接。由于发电机的定子和转子都接入电网，且发电机转子可通过电力变换器实现发电机与电网间的能量双向流动，故称作双馈感应发电机。

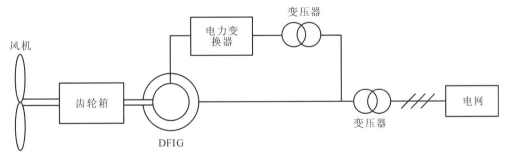

图 2-3 双馈 VSCF 风力发电系统

采用双馈型风力发电机的变速恒频发电系统是目前风力发电系统的主要形式之一。通过应用电力变换器对电机转子进行励磁，能够对各种控制量进行解耦。这种风力发电系统有类似于同步电机的调节能力，能对电网的电压和频率起到调节作用。此外，由于电力变换器位于转子侧，而转子侧电路的功率取决于电机转速的范围，相较于直驱式和全功率 VSCF 系统，这类风力发电系统的电力变换器容量明显减小。但同时，由于电力变换器较小的容量，需要稳定可靠的控制系统来弥补其在控制性能上的弱势。因此，业内对双馈型风力发电系统的变流器控制策略进行了深入研究。

2.1.2.2 双馈电机励磁控制策略

双馈风力发电机因其独特的优势在风力发电领域占据很大的比重,随着风力发电机向大容量、大规模转化,对相应的运行性能要求提出了新的挑战。驱动控制系统的性能直接关系到发电机的运行性能,因此,发电机控制策略是影响发电机运行质量的关键。应用于双馈风机的控制策略主要包括矢量控制策略(VC)、直接转矩控制策略(DTC)以及直接功率控制策略(DPC)。

(1)矢量控制策略

包括双馈发电机在内的感应电机属于多变量、强耦合系统,矢量控制策略通过坐标变换的方式,使得三相异步电机数学模型在形式上接近于直流电机,从而实现对转矩和励磁分量的单独控制。采用矢量控制策略时,会选择某一特殊的旋转矢量与坐标轴重合,不同的旋转矢量会获得不同的控制模型,从而在控制性能上有所区别。矢量控制对电机的模型进行了变换,在降低了控制策略实现难度的同时还拥有良好的鲁棒性,因此,成为目前 DFIG 控制领域应用最为广泛的控制方法。

朱云国等[16]针对无刷双馈风力发电机,提出了基于定子功率侧磁链观测的控制策略。该控制策略通过对定子磁链进行观测获得参考模型,同时,结合可调模型来估算电机的转速,从而实现功率的解耦控制。张琛等[17]通过采用基于转子磁链自定向的虚拟同步控制方法,实现了转子侧的控制。廖正斐[18]通过定子磁链进行矢量定向,建立了以电流为内环、转速为外环的控制系统,进行风力发电机的最大功率点追踪。Pati S 等[19]在机侧变流器中采用定子磁链定向矢量控制,在网侧变流器中采用电网电压定向控制,实现对风力发电机的矢量控制。

(2)直接转矩控制策略

矢量控制策略中,控制器一般为包含 PI 控制的线性系统,而 PWM 变换器的非线性结构会使得这类控制器的控制效果不理想。直接转矩控制策略的特点是不进行类似于矢量控制的坐标变换,直接对转矩进行控制。对转矩的直接控制使得其简化了控制器的结构,并拥有更快的动态响应速度。这种控制方式已经在笼型异步电机中进行了较为深入的研究,但在双馈电机领域,相关的研究与应用还不多见。

钱坤[20]使用基于电压矢量的直接转矩控制策略对无刷双馈电机进行调速,通过选取合适的控制绕组幅值和相位角来引导电机。刘岩等[21]使用了一种三电平的直接转矩控制方法。这种控制方法增加了电压的可选择性,改善了转矩脉动,可获得更好的磁链轨迹。

(3)直接功率控制策略

直接功率控制与直接转矩控制本质上有一定程度的相似性,两者的区别在于,直接转矩控制所采用的控制方式与普通笼型异步电机的调速方式一样,通过对电磁转矩的控制实现对被控对象的转速控制;直接功率控制则是从功率的角度进行控制,其控制量为无功功率和有功功率。

葛凯等[22]提出了一种开关频率恒定的 SVPWM-DPC 策略,这种控制策略实现了有功功率和无功功率解耦以及功率因素任意可调。宋亦鹏[23]提出了一种基于矢量比例积分调节器的直接控制策略,并验证了采用这种控制方式的双馈风力发电系统在低次谐波畸变下的运行性能。分析表明,这种控制方式有较好的闭环控制稳定性和控制精度。Nian H 等[24]提出了一种协调直接功率控制策略,通过使用虚拟相位角代替锁相环获得的实际相位角,消除锁相环和电网不平衡间的耦合。Errouissi R 等[25]使用泰勒级数来在一定的时间范围内预测同步参考系中的定子电流,预测的定子电流直接用于计算所需的转子电压,从而减小实际定子电流与其参考值之间的差异。

直接功率控制策略和直接转矩控制策略都有较快的动态响应,这两种控制策略可在不需要测量转子转速的情况下采用,可应用于无速度传感器控制场景下。

2.1.2.3　先进控制技术在风力发电系统中的应用

（1）模糊控制

模糊控制的设计思想源自人类在生产实践中的行为,通过将真实人类的控制概念抽象化来实现模糊控制。在模糊控制中,数值输入的变量通过模糊化转换为输入模糊集,输入模糊集通过模糊规则表处理后获得输出模糊集,输出模糊集最后通过解模糊得出数值输出。这种控制方法不需要深入了解系统本身的性质,系统中复杂的难建模部分可被省去。当被控系统中存在大量不精确信息时,模糊控制可在不建立精确数学模型的前提下,实现对复杂难控系统的优化控制。由于模糊控制采用了真实人类的控制思想,相较于传统 PID 控制,这种控制方法在鲁棒性和控制性能方面十分优秀。

Zhang S 等[26]提出了一种用于风电场的基于模糊逻辑的频率控制器,控制器使用系统频率偏差和频率变化率提供双向有功功率注入。该控制器通过消除不灵活的风能消纳和最小化所需的存储容量,确保风电场和存储单元的能源得到最佳利用。Krishnama R 等[27]提出了一种用于 DFIG 风力发电系统的新型模糊控制策略。所提出的控制策略能够处理分布式网络运行条件中的不确定因素,例如故障、负载变化和风速。Rashid G 等[28]提出了一种模糊逻辑控制器的并联谐振故障限流器,以改进 DFIG 风电场的故障穿越能力,并使用软件仿真验证了其有效性。Ashourizadeh A 等[29]针对 DFIG 风力发电机设计了新型控制器,所提出的控制器包括一个主速度控制器和两个辅助控制器。主速度控制器基于模糊逻辑设计,用于使 DFIG 在风速发生任何紊乱后迅速返回最大功率点。两个辅助控制器分别用于频率偏差控制和风速振荡控制。频率偏差控制器用于辅助 DFIG 频率控制,风速振荡控制器减轻风速波动对输出功率的影响。Ayrir W 等[30]针对 DFIG 风力发电机系统将模糊控制设计与直接转矩控制方法相结合,所提出的控制方法使用模糊推理系统代替了滞环控制器。并通过软件仿真证明了新的控制方法优于传统控制方法。任志玲[31]将粒子群优化算法和模糊 PI 结合起来设计了一种新的转矩控制方法,通过在低负荷区控制发电机转矩以保持最优的叶尖速比,以实现功率输出最大化。

（2）神经网络控制

神经网络控制起源于 20 世纪 80 年代,对于解决复杂应用场景下的控制问题有着不错的表现。这种控制方法的特点在于其对过程或对象有着强大的学习能力,通过对过程或对象固有信息的学习,神经网络控制方法能够在被控对象包含不可知、不确定特性的情况下实现对其的控制。在神经网络控制系统中,这种控制方法通常被用于实现控制器或辨识器,不少不精确的复杂多变非线性系统问题通过神经网络控制都能被较好地解决。

Amel 等[32]设计了一种基于人工神经网络的控制策略,通过利用电压幅值和相位角信息进行故障分类,保证风力发电系统面对突发故障时依然能够正常工作。Geethanjali等[33]利用神经网络设计了一种桨距角控制器,使得当风速高于或低于风力机的额定速度时,可以平滑输出功率波动,以减轻并网风能转换系统中的输出功率波动。Chaoui H等[34]提出了用于对 DFIG 风力发电系统进行直接功率控制的神经网络控制器。通过使用自适应学习保证收敛,可使风能转换系统在其自身固有非线性和风速不可预测性的情况下,实现对速度的精确控制。Sitharthan R 等[35]设计了一种基于径向基函数的神经网络的控制策略,通过使用最佳转矩控制方法,将产生的转矩保持在最佳水平来捕获风能。该控制策略不仅可以将获取的风能最大化,还可以对风速的变化做出快速响应,使电力变换器的损耗保持在可忽略的范围内。Douiri M R[36]提出了一种基于神经网络的直接功率控制策略,用于功率控制,并使 DFIG 与电网电压定向控制同步。所提出的控制系统大大缩短了执行时间,从而将控制时间延迟引起的错误降到最低。王一博等[37]为 DFIG 风力发电系统设计了一种新型控制器,其设计结合了神经网络和滑模控制。通过二阶滑模削弱传统滑模控制的抖振,并使用神经网络对系统的不确定部分进行拟合。

（3）自适应控制

自适应控制通过辨识或计算使得控制模型在控制过程中不断完善,从而减小控制对象特性变化和环境干扰造成的影响。当自适应控制系统运行时,将不断测量参数,使得控制效果达到最优化。

Tohidi A 等[38]提出了一种基于矢量控制的 DFIG 风力发电机组的控制策略。根据随机风速曲线下风力发电机的最大功率点估计值,采用自适应在线方法对其进行跟踪。Shi K 等[39]提出了一种基于扰动估计的非线性自适应功率解耦控制器。通过扰动估计,DFIG 风力发电系统可实现完全解耦,并且可以通过输出反馈控制来控制转子电流。Chen J 等[40]设计了一种改进的转子制动保护自适应控制策略,以增强 DFIG 风力发电系统在电网电压跌落时的运行性能。该策略通过计算故障时段的转子电流来自动调节转子制动电阻和保护时间。Patnaik R K 等[41]提出了一种新型自适应终端滑模控制方法,适用于基于 DFIG 风力发电系统的转子侧和电网侧变流器。这种方法独立于锁相环的未建模动态,从而减少了计算控制目标时的非线性。与传统方法相比,终端滑模控制器设计提供了更好的瞬态响应,可应对亚同步和同步运行状态的各种干扰。林旭[42]针对DFIG 风力发电系统提出了一种基于扰动观测器的多回路自适应控制策略,这种控制方法能够消除建模误差和外界扰动造成的影响,以保证状态变量的值足够精确。

2.2　漂浮式海上风电机组双馈风力发电系统结构及控制分析

本节从双馈风力发电系统结构出发,对风电系统的各个组成部分进行分析,并对其发电机部分的数学模型做出了详细推导。针对双馈电机原始数学模型多变量、强耦合等特点,将模型所在的三相静止坐标系转换为两相旋转坐标系,简化了模型计算。同时,分析了风力发电机最大功率点追踪的原理,并给出了基于矢量控制的转速控制方法。为后文使用先进控制策略改进发电系统控制效果建立了理论基础。

2.2.1 风力机及其传动系统特性

从第 2.1 节可以看出,风力发电机是一种捕获风中的能量并将其转化成电力输送至电网的设备。在双馈风力发电系统中,能量的转化包括风力机中风能到机械能的转化和发电机中机械能到电能的转化。机械能在整个系统中的流动经过了传动轴系和齿轮箱等结构,最终输入发电机中。风力机输出的机械能总量主要由风速和风力机的气动特性决定,同时,输送给发电机的机械能变化特性也与传动系统的机械特性密切相关。

2.2.1.1 风力机数学特性

风力机叶片外形依据空气动力学设计,风在通过风力机叶片时会在叶片前后产生压力差并产生转矩,使得叶片转动,从而将迎风面积内的部分风能捕获。风力机所捕获的风能通常用式(2-1)描述:

$$P_m = 0.5\, C_P(\lambda,\beta)\rho A v^3 \tag{2-1}$$

式中,P_m 为风力机的输出功率;C_P 为风能利用系数,其大小与叶尖速比 λ 和桨距角 β 有关;ρ 为风力机叶轮范围内的空气密度;A 为风机叶轮能够扫过的面积,其值取决于风机叶片长度;v 为风速。

在式(2-1)中,空气密度和风力机叶片扫掠面积可视为定值,不可改变,风速则不可控。因此,风能利用系数是评估整个系统发电效率的关键。根据贝茨理论,风能利用系数不超过 0.593。大功率的风力发电场合下多使用水平轴风力机,其风能利用系数为0.2~0.5,考虑到风力机在实际环境中受到的风速和风向波动影响,实际的风能利用系数约为 0.4[43-44]。通常而言,风机按照桨距角可否改变分为定桨距和变桨距两种风机类型。定桨距风机是一种不能改变桨距角的风力发电机,可认为其桨距角恒为零,变桨距风机的叶片可调节桨距角。风机的风能利用系数可写成式(2-2)的形式:

$$\begin{cases} C_P(\lambda,\beta) = 0.22\left(\dfrac{116}{\lambda_i} - 0.4\beta - 5.0\right)\mathrm{e}^{-12.5/\lambda_i} \\[2mm] \dfrac{1}{\lambda_i} = \dfrac{1}{\lambda + 0.08\beta} - \dfrac{0.035}{\beta^3 + 1} \end{cases} \tag{2-2}$$

叶尖速比 λ 定义为风轮叶尖线速度与风速之比,即 $\lambda = \omega R/v$,ω 为风机叶轮的旋转角速度,R 为叶片长度。

风能利用系数随叶尖速比与桨距角的变化趋势如图 2-4 所示。

如果桨距角保持不变,只有一个叶尖速比可以使得风机的风能捕获效率最大化。当叶尖速比取足够大的值时,风能利用系数将随着桨距角的增大迅速降低。发电系统运行于额定功率之下时,桨距角将处于零位,这样风机就可以尽可能多地捕获风能。当风速较大时,可通过采用增大桨距角的方法限制功率输出,防止过大的输出能量损坏电气系统。变桨距风机可看作定桨距风机的扩展,可调节的桨距角能够克服定桨距风机的许多缺点。相对而

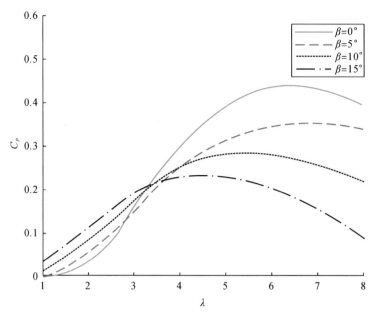

图 2-4　风力机气动特性

言,定桨距风机的特性能够展现变桨距风机特性的基本情况,针对定桨距风机进行的分析和研究更能具有代表性。因此,本节将以定桨距风机的特性作为研究对象。

对于 VSCF 风力发电系统而言,按照不同风速下控制过程的方法和目的区别,可使用三个不同的运行区域进行划分。风力机在不同运行区域下转速与输出功率存在如图 2-5所示关系。

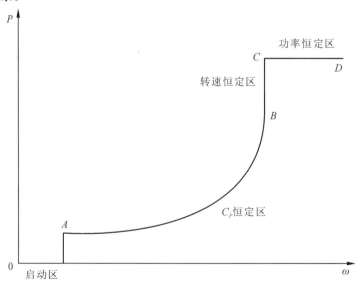

图 2-5　风力发电机运行区域

第一个区域为启动区,当风速逐渐上升至切入风速时,风力发电机运行于该区域。此时,发电机不接入电网,控制目标为实现发电机并网控制。风力机控制系统用于保持发电机转速恒定或使其稳定于一个特定范围内。发电机控制系统用于调整定子电压以满足并网条件。

第二个区域可进一步划分为变速运行区和转速恒定区,当风电机组从并网到运行至风速达到额定风速前在该区域运行,该区域的控制目标是向电网输送电力。在变速运行区,风力机的转速会根据风速变化进行调节,以保证风能利用系数为最大值。因此,这个子区域也称为 C_P 恒定区。当风速进一步增加,继续使得风能利用系数最大会致使风力发电机转速超过最大值,进而损坏发电机系统。对此,控制目标将改变为维持风力机在最大允许转速下运转。

第三个区域是功率恒定区,当风速超过额定风速时,风力机在该区域运行。在这一区域内,发电机及变换器功率将到达最大允许值。为保证系统输出功率不超过功率上限,风力机的转速将随风速增加而快速下降,变桨距风机也可通过变换桨距角实现恒功率运行。若风速进一步增大,以至于超过切出风速时,风力发电机自身将可能受到破坏,风力发电系统此时将停止运行。

在以上风力发电机运行区域中,变速运行区是本章研究的重点。风力发电场在选址时会考虑该地区的风速变化情况,使得风机很大一部分时间都运行于变速运行区,此时,控制系统的性能将显著影响风机的发电量。此外,这一区域中控制系统需要快速响应风速的变化,这对控制系统提出了较高的动态性能要求。

2.2.1.2 传动系统数学特性

由于风能是一种能量密度很低的可再生能源,风力涡轮机的叶片速度通常很低,大约每分钟几十转。而双馈感应电机作为一种异步电机,其设计的切入转速可达每分钟数百至上千转。因此,对于双馈风力发电系统而言,需通过变速装置提高发电机的输入转速,使其满足发电机的运行要求,其简化后的传动系统如图 2-6 所示。传动系统中包含风机叶轮、齿轮和发电机,分别通过低速轴和高速轴连接,连接轴考虑了弹性作用和阻尼作用。

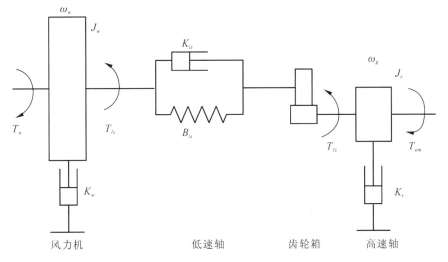

图 2-6 传动系统模型

由以上分析可知,传动系统运动方程如式(2-3)所示:

$$
\begin{cases}
J_w \dot{\omega}_w = T_a - K_w \omega_w - T_{ls} \\
J_r \dot{\omega}_g = T_{hs} - K_r \omega_g - T_{em} \\
T_{ls} = K_{ls}(\omega_w - \omega_{ls}) + B_{ls}(\theta_w - \theta_{ls}) \\
n_g = \dfrac{T_{ls}}{T_{hs}} = \dfrac{\omega_g}{\omega_{ls}} = \dfrac{\theta_g}{\theta_{ls}}
\end{cases}
\tag{2-3}
$$

其中,$\mathrm{d}\theta_r/\mathrm{d}t = \omega_r$,$\mathrm{d}\theta_{ls}/\mathrm{d}t = \omega_{ls}$。$T_a$ 为风力机的输出转矩,T_{ls} 为低速侧齿轮的输入转矩,T_{hs} 为高速侧齿轮的输入转矩,T_{em} 为发电机的电磁转矩;ω_g、ω_{ls}、ω_w 为相应结构的旋转角速度,J_r、J_w 为相应结构的转动惯量,K_r、K_w、K_{ls} 为相应结构的摩擦系数,B_{ls} 为低速侧齿轮的弹性系数,n_g 为传动比。

以上运动方程能很好地描述传动系统特性,但其较为复杂,不适合用于控制系统设计。因此,可将低速侧的转矩、转速和转动惯量折算至高速侧,同时假设低速轴为完全刚性的,忽略其弹性作用和阻尼作用。变换后可获得风力发电机传动系统的集中质量块等效模型,如式(2-4)所示:

$$
\begin{cases}
J_t \dot{\omega}_g = \dfrac{T_a}{n_g^2} - T_{em} - K_r \omega_g \\
J_t = \dfrac{J_w}{n_g^2} + J_r \\
K_t = \dfrac{K_w}{n_g^2} + K_r
\end{cases}
\tag{2-4}
$$

其中,J_t 为折算后的高速轴等效转动惯量,K_t 为折算后的高速轴等效摩擦系数。

2.2.2 双馈型感应电机特性

双馈型感应电机本质上是一种绕线式异步电机,其转子一般通过交流变换器进行励磁,定子直接接入电网输送电能。虽然在结构上双馈感应电机与异步电机几乎相同,但其运行特性却与异步电机有较大区别,甚至在某些特性上与同步电机类似。双馈感应机及其驱动控制系统对于整个风力发电系统而言至关重要,其动态性能的好坏直接影响输出电能的质量以及整个电力系统的稳定性。因此,双馈型感应电机数学模型正是电机控制特性研究的直接需要,也是本章所研究的核心对象。

2.2.2.1 三相坐标系下 DFIG 模型

考虑到包括双馈电机在内的异步电机通常具有各种复杂的难建模特性,在建立双馈电机的数学模型时,往往会做出以下假设:忽略空间谐波,忽略磁路饱和,忽略铁芯损耗,忽略电机参数的变化。同时将转子绕组参数转换为定子侧,转换后两侧绕组匝数相等。

根据基尔霍夫定律和楞次定律,可以得到定子侧和转子侧的电压平衡方程,如式(2-5)所示:

$$\begin{bmatrix} u_A \\ u_B \\ u_C \\ u_a \\ u_b \\ u_c \end{bmatrix} = \begin{bmatrix} R_s & 0 & 0 & 0 & 0 & 0 \\ 0 & R_s & 0 & 0 & 0 & 0 \\ 0 & 0 & R_s & 0 & 0 & 0 \\ 0 & 0 & 0 & R_r & 0 & 0 \\ 0 & 0 & 0 & 0 & R_r & 0 \\ 0 & 0 & 0 & 0 & 0 & R_r \end{bmatrix} \begin{bmatrix} i_A \\ i_B \\ i_C \\ i_a \\ i_b \\ i_c \end{bmatrix} + p \begin{bmatrix} \psi_A \\ \psi_B \\ \psi_C \\ \psi_a \\ \psi_b \\ \psi_c \end{bmatrix} \tag{2-5}$$

式中,下标 A、B、C 分别代表定子侧 A、B、C 相相关参数,下标 a、b、c 分别代表转子侧 A、B、C 相相关参数,$u_i(i=A,B,C,a,b,c)$ 为各绕组的电压,$i_i(i=A,B,C,a,b,c)$ 为各绕组的电流,$\psi_i(i=A,B,C,a,b,c)$ 为各绕组的磁链,R_s 为定子绕组电阻,R_r 为转子绕组电阻,$p=\mathrm{d}/\mathrm{d}t$ 为微分算子。

电机的三相坐标系下绕组磁链方程如式(2-6)所示:

$$\begin{bmatrix} \psi_A \\ \psi_B \\ \psi_C \\ \psi_a \\ \psi_b \\ \psi_c \end{bmatrix} = \begin{bmatrix} L_{AA} & L_{AB} & L_{AC} & L_{Aa} & L_{Ab} & L_{Ac} \\ L_{BA} & L_{BB} & L_{BC} & L_{Ba} & L_{Bb} & L_{Bc} \\ L_{CA} & L_{CB} & L_{CC} & L_{Ca} & L_{Cb} & L_{Cc} \\ L_{aA} & L_{aB} & L_{aC} & L_{aa} & L_{ab} & L_{ac} \\ L_{bA} & L_{bB} & L_{bC} & L_{ba} & L_{bb} & L_{bc} \\ L_{cA} & L_{cB} & L_{cC} & L_{ca} & L_{cb} & L_{cc} \end{bmatrix} \begin{bmatrix} i_A \\ i_B \\ i_C \\ i_a \\ i_b \\ i_c \end{bmatrix} \tag{2-6}$$

式中,$L_{ii}(i=A,B,C,a,b,c)$ 为各绕组的自感,$L_{ij}(i,j=A,B,C,a,b,c,$ 且 $i\neq j)$ 为各绕组的互感,其中,$L_{ij}(i,j=A,B,C,$ 且 $i\neq j)$ 或 $L_{ij}(i,j=a,b,c,$ 且 $i\neq j)$ 为常量,其余为与电机转子角度 θ 有关的量。

式(2-6)中,定子自感和转子自感满足式(2-7)的关系:

$$\begin{cases} L_{AA}=L_{BB}=L_{CC}=L_{ms}+L_{ls} \\ L_{aa}=L_{bb}=L_{cc}=L_{ms}+L_{rs} \end{cases} \tag{2-7}$$

其中,L_{ms} 为互感系数,L_{ls} 为定子漏感系数,L_{rs} 为转子漏感系数。

定子与其他定子、转子与其他转子间相差角度为 $120°$,因此,相关的互感满足式(2-8)的关系:

$$\begin{cases} L_{AB}=L_{BC}=L_{CA}=L_{BA}=L_{CB}=L_{AC}=-\dfrac{1}{2}L_{ms} \\ L_{ab}=L_{bc}=L_{ca}=L_{ba}=L_{cb}=L_{ca}=-\dfrac{1}{2}L_{ms} \end{cases} \tag{2-8}$$

转子与定子间的互感为与转角 θ_r 有关的量,满足式(2-9)的关系:

$$\begin{cases} L_{Aa}=L_{Bb}=L_{Cc}=L_{aA}=L_{bB}=L_{cC}=L_{ms}\cos\theta_r \\ L_{Ab}=L_{Bc}=L_{Ca}=L_{aB}=L_{bC}=L_{cA}=L_{ms}\cos(\theta_r+120°) \\ L_{Ac}=L_{Ba}=L_{Cb}=L_{aC}=L_{bA}=L_{cB}=L_{ms}\cos(\theta_r-120°) \end{cases} \tag{2-9}$$

三相坐标系下,双馈电机的转矩可由式(2-10)表示:

$$T_{em}=\frac{1}{2}n_p i^T \frac{\partial L(\theta)}{\partial\theta}i=T_L+\frac{J_r}{n_p}\frac{\mathrm{d}\omega_r}{\mathrm{d}t}+\frac{K_r}{n_p}\omega_r \tag{2-10}$$

式中，T_L 为负载，n_p 为磁极对数，ω_r 为电机转子的电角速度，其与转子机械角速度的关系为 $\omega_r = n_p \omega_g$。

综上所述，原始坐标系下 DFIG 的数学模型非常复杂，不仅电压、电流和磁链之间相互耦合、存在微分关系，互感系数也和电机的旋转角度有关，进一步加剧了模型的复杂程度。因此，需采用一定的变换方法削弱各变量之间的耦合以简化计算。

2.2.2.2　两相静止坐标系下 DFIG 模型

对 DFIG 原始三相坐标系下的模型进行简化的方法通常为坐标变换，将三相电动机变换成直流电动机的形式后，可以通过模仿直流电动机来控制。当三相对称电流接入三相对称绕组时，可产生恒定幅度的旋转磁场，这也可通过两相绕组产生。对于一组对称多相电流，若能找到另一组对称多相电流，使得它们产生的磁场在任意时刻都是相同的，可认为两组电流是等效的。

设两相坐标系为一直角坐标系，α 轴为水平轴，其正方向向右；β 轴为垂直轴，其正方向向上。令 α 轴与原始三相坐标系 A 轴重合，如果两个绕组具有相同的磁动势，则满足式（2-11）的关系：

$$\begin{cases} N_2 i_\alpha = N_3 (i_A - i_B \cos 60° - i_C \cos 60°) \\ N_2 i_\beta = N_3 (i_B \cos 30° - i_C \cos 30°) \end{cases} \tag{2-11}$$

其中，N_2 为两相 $\alpha\beta$ 坐标系下的有效绕组，N_3 为原始三相坐标系下的有效绕组。通常，为使得变换矩阵为方阵，还要加上零轴磁动势，如式（2-12）所示：

$$N_2 i_0 = K N_3 (i_A + i_B + i_C) \tag{2-12}$$

根据前文所述电流值幅值相等的等效变换条件，可以得到变换矩阵，如式（2-13）所示：

$$\begin{bmatrix} i_\alpha \\ i_\beta \\ i_0 \end{bmatrix} = \frac{2}{3} \begin{bmatrix} 1 & -\dfrac{1}{2} & -\dfrac{1}{2} \\ 0 & \dfrac{\sqrt{3}}{2} & -\dfrac{\sqrt{3}}{2} \\ \dfrac{1}{2} & \dfrac{1}{2} & \dfrac{1}{2} \end{bmatrix} \begin{bmatrix} i_A \\ i_B \\ i_C \end{bmatrix} = C_{3s/2s} \begin{bmatrix} i_A \\ i_B \\ i_C \end{bmatrix} \tag{2-13}$$

对式（2-5）中的定子电压部分进行变换，可得式（2-14）：

$$\begin{bmatrix} u_{s\alpha} \\ u_{s\beta} \end{bmatrix} = R_s \begin{bmatrix} i_{s\alpha} \\ i_{s\beta} \end{bmatrix} + p \begin{bmatrix} \psi_{s\alpha} \\ \psi_{s\beta} \end{bmatrix} \tag{2-14}$$

其中，各物理量的意义与三相坐标系下一致，下标 $s\alpha$ 表示定子侧参数在 α 轴上的分量，下标 $s\beta$ 表示定子侧参数在 β 轴上的分量。

三相坐标系下转子电流相对于电角速度静止。因此，对于与转子有关的量，其两相静止坐标系下的变换矩阵还包含旋转矩阵。如式（2-15）所示：

$$\begin{bmatrix} i_\alpha \\ i_\beta \\ i_0 \end{bmatrix} = \frac{2}{3} \begin{bmatrix} \cos\theta_r & -\sin\theta_r & 0 \\ \sin\theta_r & \cos\theta_r & 0 \\ 0 & 0 & 1 \end{bmatrix} \begin{bmatrix} 1 & -\frac{1}{2} & -\frac{1}{2} \\ 0 & \frac{\sqrt{3}}{2} & -\frac{\sqrt{3}}{2} \\ \frac{1}{2} & \frac{1}{2} & \frac{1}{2} \end{bmatrix} \begin{bmatrix} i_A \\ i_B \\ i_C \end{bmatrix} = C_{3s/2s} \begin{bmatrix} i_A \\ i_B \\ i_C \end{bmatrix} \tag{2-15}$$

对式(2-5)中的转子电压部分进行变换,可得式(2-16):

$$\begin{bmatrix} u_{r\alpha} \\ u_{r\beta} \end{bmatrix} = R_r \begin{bmatrix} i_{r\alpha} \\ i_{r\beta} \end{bmatrix} + p \begin{bmatrix} \psi_{r\alpha} \\ \psi_{r\beta} \end{bmatrix} + \omega_r \begin{bmatrix} \psi_{r\beta} \\ -\psi_{r\alpha} \end{bmatrix} \tag{2-16}$$

其中,下标 $r\alpha$ 表示转子侧参数在 α 轴上的分量,下标 $r\beta$ 表示转子侧参数在 β 轴上的分量。

对式(2-16)所示的方程进行变换,可得式(2-17):

$$\begin{bmatrix} \psi_{s\alpha} \\ \psi_{s\beta} \\ \psi_{r\alpha} \\ \psi_{r\beta} \end{bmatrix} = \begin{bmatrix} L_s & 0 & L_m & 0 \\ 0 & L_s & 0 & L_m \\ L_m & 0 & L_r & 0 \\ 0 & L_m & 0 & L_r \end{bmatrix} \begin{bmatrix} i_{s\alpha} \\ i_{s\beta} \\ i_{r\alpha} \\ i_{r\beta} \end{bmatrix} \tag{2-17}$$

其中 $L_m = 1.5L_{ms}$ 为两相坐标系下等效互感系数, $L_s = L_m + L_{ls}$ 为两相坐标系下定子绕组的等效自感系数, $L_r = L_m + L_{lr}$ 为两相坐标系下转子绕组的等效自感系数。

对式(2-17)所示转矩平衡方程进行变换,可得式(2-18):

$$T_{em} = \frac{3}{2} n_p (\psi_{s\alpha} i_{s\beta} - \psi_{s\beta} i_{s\alpha}) = T_L + \frac{J_r}{n_p} \frac{d\omega_r}{dt} + \frac{K_r}{n_p} \omega_r \tag{2-18}$$

2.2.2.3　两相旋转坐标系下 DFIG 模型

对原始的双馈电机模型进行转化,已大大简化了复杂程度。考虑到大部分参数都呈现正弦变化,将坐标系按照相同的规律进行旋转后,这些参数将转化为直流量,可进一步简化模型。

设两相旋转 dq 坐标系旋转速度为 ω_1,则可得变换矩阵如式(2-19)所示:

$$\begin{bmatrix} i_d \\ i_q \end{bmatrix} = \begin{bmatrix} \cos\theta_1 & \sin\theta_1 \\ -\sin\theta_1 & \cos\theta_1 \end{bmatrix} \begin{bmatrix} i_\alpha \\ i_\beta \end{bmatrix} = C_{2s/2r} \begin{bmatrix} i_\alpha \\ i_\beta \end{bmatrix} \tag{2-19}$$

变换后的电压方程如式(2-20)所示:

$$\begin{bmatrix} u_{sd} \\ u_{sq} \\ u_{rd} \\ u_{rq} \end{bmatrix} = \begin{bmatrix} R_s & 0 & 0 & 0 \\ 0 & R_s & 0 & 0 \\ 0 & 0 & R_r & 0 \\ 0 & 0 & 0 & R_r \end{bmatrix} \begin{bmatrix} i_{sd} \\ i_{sq} \\ i_{rd} \\ i_{rq} \end{bmatrix} + \begin{bmatrix} p & -\omega_1 & 0 & 0 \\ \omega_1 & p & 0 & 0 \\ 0 & 0 & p & \omega_r - \omega_1 \\ 0 & 0 & \omega_1 - \omega_r & p \end{bmatrix} \begin{bmatrix} \psi_{sd} \\ \psi_{sq} \\ \psi_{rd} \\ \psi_{rq} \end{bmatrix} \tag{2-20}$$

同理,式(2-17)和式(2-18)所示磁链和转矩方程也可变换为式(2-21)和式(2-22):

$$\begin{bmatrix} \psi_{sd} \\ \psi_{sq} \\ \psi_{rd} \\ \psi_{rq} \end{bmatrix} = \begin{bmatrix} L_s & 0 & L_m & 0 \\ 0 & L_s & 0 & L_m \\ L_m & 0 & L_r & 0 \\ 0 & L_m & 0 & L_r \end{bmatrix} \begin{bmatrix} i_{sd} \\ i_{sq} \\ i_{rd} \\ i_{rq} \end{bmatrix} \tag{2-21}$$

$$T_{em}=\frac{3}{2}n_p(\psi_{sd}i_{sq}-\psi_{sq}i_{sd})=T_L+\frac{J_r}{n_p}\frac{\mathrm{d}\omega_r}{\mathrm{d}t}+\frac{K_r}{n_p}\omega_r \qquad (2\text{-}22)$$

完成坐标变换后的 DFIG 数学模型 d、q 两轴相互垂直,相互间不存在互感耦合,对于正弦变化的电压和电流,两相旋转坐标系的组成部分不再随时间正弦变化,模型的分析和控制系统设计难度被进一步降低。

2.2.2.4 DFIG 运行特性分析

DFIG 的定子连接于三相电网上,转子通过电力变换器由交流励磁。通过对转子电流波形特性进行调节,可以实现风力机的变速恒频运行。假设双馈感应电机定转子绕组是对称的,则 DFIG 的定子电流频率、转子电流频率和转速之间满足如式(2-23)所示的关系:

$$f_1=\frac{n_p\omega_g}{2\pi}+f_2 \qquad (2\text{-}23)$$

其中,f_1 为定子电流频率,f_2 为转子电流频率,且满足 $f_2=sf_1$,s 为转差率,因此 f_2 也称为转差频率。由于发电机定子直接连接电网,为保证风力发电系统变速恒频运行,定子电流频率 f_1 只与电网频率有关,为固定值。当风速变化时,电机的转速也随之变化,电力变换器通过调节转子电流频率使得输出电能频率恒定。

若忽略发电系统的机械损耗以及电气系统中的铁耗,双馈风力发电系统的功率关系可由式(2-24)表示:

$$\begin{cases} P_m+P_r=P_s+P_{Cus}+P_{Cur} \\ P_r=s(P_s+P_{Cus})+P_{Cur} \\ P_m=(1-s)P_{em} \end{cases} \qquad (2\text{-}24)$$

其中,P_r 为转子电磁功率,$P_r>0$ 表示电能从电网流入转子,P_s 为定子有功功率,$P_s>0$ 表示电机定子向电网馈送电能,P_{Cus} 和 P_{Cur} 分别表示定子绕组和转子绕组线圈上的铜耗,P_{em} 为电磁功率。考虑到大功率风力发电机额定风速附近工作时铜耗的占比非常小,在分析电机功率平衡关系时,可忽略铜耗的作用。上述公式可被化简为如式(2-25)所示的形式:

$$P_r=sP_s \qquad (2\text{-}25)$$

因此,DFIG 的工作状态按照转速的不同可划分成以下几种:

(1)当转子转速较低,转差率 $s>0$ 时,发电机工作于亚同步状态。此时,转子的旋转磁场转向与转速方向一致,转子通过电力变换器从电网吸收能量。

(2)当转子转速较高,转差率 $s<0$ 时,发电机工作于超同步状态。此时,转子的旋转磁场转向与转速方向相反,转子通过电力变换器向电网馈送能量。

(3)当转子转速恰好与同步转速一致,使得转差率 $s=0$ 时,发电机工作于同步状态。此时,转子与电网之间无能量交换,转子由电力变换器提供直流励磁。

2.2.3 电力变换器励磁控制

由漂浮式海上风电机组双馈风力发电系统的拓扑结构可知,发电机的定子直接连接于电网上,可看作定子绕组串联于一个固定频率和幅值的电动势之上。而发电机的转子励磁由电力变换器单独提供,转子电路可视为串联了一个可控的交流电动势。作为变速恒频风力发电系统,双馈风力系统发电机定子电动势与电网一致,但转子电动势需要根据风速特性进行变化,这使得电机定子和转子的电动势频率和幅值在大部分时间下并不一致。电力变换器正是用于解决这一问题,其作用为对电网电动势的频率和幅值进行变换,以满足转子励磁的需求。电力变换器的有效运行正是保证风力发电系统有效运转的前提。

2.2.3.1　电力变换器结构特性

对于漂浮式海上风电机组双馈风力发电系统而言,电力变换器通常需满足如下要求:

(1)由前文对 DFIG 运行状态的分析可知,在风力发电机运行过程中,DFIG 的定子绕组将持续为电网输出能量,但转子侧的能量流动方向会随着发电机转速变化而发生改变。因此,电力变换器需要具备能量双向流动的能力,使得 DFIG 在各个工作状态下能量能够在电网和转子之间自由流动。

(2)电力变换器包含电力电子开关元件,属于非线性的负载,其工作过程中会在DFIG 转子侧中产生谐波,损害绕组线圈。同时,转子侧的谐波成分也会随着电机的耦合作用对定子侧产生影响,进而将谐波引入电网中。此外,电力变换器本身直接连接在电网中,谐波成分也能够直接通过电力变换器进入电网。这将使得电网受到污染,降低电能质量并损害其他设备。因此,电力变换器需要拥有优异的输入和输出特性,抑制谐波成分进入电网中。

(3)DFIG 在运行过程中需要在定子和转子气隙间建立磁场,这需要 DFIG 转子吸收一定的无功功率来完成,这部分无功功率通常不适合由电网提供。若遇到电网电压不平衡或负载为非线性的工况,转子则需要更多无功功率保证正常运行。因此,电力变换器还需要提供无功功率满足运行要求。

能够满足 DFIG 上述性能要求的电力变换器包括如下几类:

(1)交-交变换器

交-交变换器是一种使用反并联晶闸管的电力变换器,主要用于大功率的变速恒频水电系统中。采用晶闸管作为电力电子开关元件使得这类电力变换器在满足容量需要的同时其成本不会太高。通过调节整流器的切换频率可实现对输出电压频率的控制,通过调节晶闸管的控制角可实现对输出电压幅值的控制。然而,通过这种变换方式输出的电压波形并非标准的正弦波形,而是由多组电网电压片段组合而成,谐波成分较高。对于DFIG 风力发电系统而言,若采用 36 个晶闸管组成的 6 脉波三相桥式电路,输出电压中过高的谐波可能无法满足要求;若采用 72 个晶闸管组成的 12 脉波三相桥式电路,则意味着需要使用更多的晶闸管。大量的晶闸管使用不仅会使得成本增加,也会使得控制系统复杂度增加,可靠性降低。

(2)矩阵式交-交变换器

矩阵式交-交变换器是一种采用全控型电力电子器件的电力变换器,因其开关器件呈矩阵形状排列而得名。在输入端和输出端后连接合适的电力变换器,通过控制其开关元件的动作即可实现对电压幅值、频率和相位的调节。这种电力变换器通过一级功率变换实现变频输出,不需要电容等直流环节,具有优良的控制性能。但对于这类控制器件在DFIG 风力发电领域的控制方法还处在研究阶段,其本身的结构也使得其控制策略十分复杂。

（3）交-直-交变换器

交-直-交变换器是一种十分常见的变频器结构,广泛用于交流电机调速控制中。电网中的三相交流电首先整流转化成直流电,再通过逆变重新转化为交流电。在直流电转化为交流电的过程中,其频率、相位和幅值可根据需要重新调节。交-直-交变换器根据中间直流环节的区别可分为电压型和电流型两种变换器。电压型变换器使用电容作为储能环节,在其工作过程中,中间直流环节的电压基本保持稳定,在逆变时作为电压源使用;电流型变换器使用电感作为储能环节,中间直流环节的电流在工作过程中基本保持稳定,在逆变时作为电流源使用[45]。电流型变换器由于包含了较大的电感,在电网发生故障时,能对电力电子开关元件起到额外的保护作用。但另一方面,电感也会降低响应速度,在方波调制时还会产生较多的谐波[46]。

通过上述对各类电力变换器的分析,并结合 DFIG 风力发电系统的实际需求,电压型交-直-交变换器最适合本章的应用场景。双 PWM 变换器是一种采用全控型电力电子器件的电压型交-直-交变换器,一种常见的结构如图 2-7 所示。

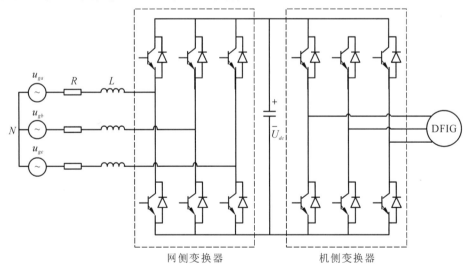

图 2-7　双 PWM 变换器主电路结构

双 PWM 变换器由两个 PWM 变换器组成,一侧接电网,称为网侧变换器,用于将电网侧的交流电转换为直流电,保持直流电压稳定;另一侧接电机转子,称为机侧变换器,用于 DFIG 风力发电系统中转子电流的调节,实现转子转速控制,进而实现 DFIG 跟踪控制的最大功率点跟踪。在 DFIG 亚同步状态下,机侧变换器工作在逆变状态,使得能量从直流电容流向转子,直流电压趋于下降。为了保持电压稳定,网侧变换器将在整流状态下工作,并从电网中吸收能量。在 DFIG 超同步运行状态下,发电机侧变流器处于整流状态,使能量从转子流向直流电容器,直流电压趋于升高。同理,网侧变换器将处于逆变状态,将直流电容中多余的能量馈送至电网。由此可见,这种电力变换器由于具有对称的结构和工作方式,使得能量的流动易于进行,其具体工作状态会随 DFIG 的工作状态变化。

基于以上分析,本节将使用双 PWM 变换器实现 DFIG 的转子励磁。考虑到网侧变换器的作用为维持直流电压稳定,与 DFIG 的最大功率点追踪控制关系并不密切。此外,网侧变换器与机侧变换器的工作相对独立,且对于网侧变换器的控制研究已经成熟,已有完善控制策略应用到实际中。本章将只针对机侧变换器进行研究,网侧变换器与直流环节将作为理想直流电压源处理。

2.2.3.2 空间矢量脉宽调制(SVPWM)原理及实现

机侧变换器通过控制开关元件来实现对转子电压的调节,而这 6 个开关元件通过正负电平的方波信号控制通断。通过脉冲调制技术可产生这类控制脉冲,而控制脉冲的使用正是双 PWM 变换器的谐波产生的原因,脉冲调制技术的不同将关系到电网侧的电能质量。

对于机侧变换器而言,用于生成控制脉冲的调制方法有正弦脉宽调制(SPWM)和空间矢量脉宽调制(SVPWM)两种。一种 SPWM 的调制原理是将较高频率的三角载波和三相调制波进行对比,在调制波的幅值大于载波的时刻输出正电平,反之输出负电平,从而获得期望的调制波形。在这种调制方式下,若载波峰值与调制波相等,即调制比为 1 时,相电压峰值为直流电压的一半。当调制波峰值大于载波时,输出基波分量幅值与调制比之间不再具有线性关系,因此,使用 SPWM 时调制比不应超过 1。SVPWM 直接从转子的空间电压矢量出发,通过对基本电压矢量的组合获取所需的电压矢量。这种调制方法会输出不平衡的三相电压,但能够在电机转子侧形成准圆形的磁场,相比于 SPWM 对电机的磁场控制更为直接。在对 SVPWM 原理进行分析时,可使用图 2-8 所示的等效模型表示机侧变换器。

由于变换器每个桥臂的两个 IGBT 不能同时导通,图 2-8 所示的变换器的三个桥臂共有八个开关状态。将每相的上半桥臂导通、下半桥臂关闭记为 1,反之记为 0,可得如图 2-9 所示的开关状态与电压矢量之间的关系,其中电压矢量是指每个开关状态下的转子在两相静止坐标系下的电压矢量。

在(000)和(111)两个状态下,电压矢量为零,因此称这两个电压矢量为零矢量,称其他六个电压矢量为有效矢量,其幅值均为直流电压的 2/3。这些基本电压矢量将坐标平面划分为六个扇区,对于每个扇区内的任意电压矢量,都可通过该扇区中的相邻两个基本电压矢量进行合成。合成的电压矢量满足式(2-26)的关系:

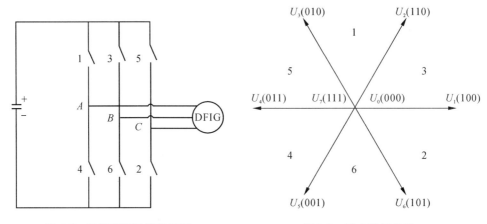

图 2-8　机侧变换器等效模型　　　图 2-9　基本电压矢量

$$U_1 T_1 + U_2 T_2 = U_{ref} T \tag{2-26}$$

其中,U_{ref} 为参考电压矢量,U_1 和 U_2 为参考电压所在扇区的相邻基本电压矢量,T_1 和 T_2 分别为电压矢量 U_1 和 U_2 所对应开关状态下的持续时间,T 为采样周期。在调制过程中,可通过式(2-26)获得每一采样周期内各个有效矢量的持续时间,并使用零矢量补齐采样周期的剩余时间,从而获得每一桥臂的开关顺序。

通过上述关于 SVPWM 调制原理的分析可知,SVPWM 可对任意相位角下最高幅值为直流电压的 $1/\sqrt{3}$ 的电压矢量进行调制,而对 SPWM 而言,最高幅值为直流电压的 $1/2$,这意味着 SVPWM 拥有更高的直流电压利用率。由于调制方式的不同,SVPWM 拥有更低的开关频率,对延长开关元件的使用寿命有所帮助。此外,这种对三相 PWM 统一处理的方式也简化了调制的实现过程。因此,本章将采用 SVPWM 作为调制方法。

2.2.4　DFIG 矢量控制策略

矢量控制策略是目前 DFIG 风力发电系统的主要控制方式之一,其控制原理为利用 PI 控制器对坐标变换后的电流分量进行无静差调节。这种控制方式中,PI 控制器的参数设定会显著影响整个系统的性能。但由于其技术成熟、稳态性能好的特点,该控制策略已经得到了广泛的应用。作为主流的控制策略,对其进行深入研究有利于为其他控制策略的进一步构建建立基础。

2.2.4.1　最大功率点追踪原理

若风力机桨距角不变,设定一个风速值,并选取不同的风力机转速计算出对应的风机输出功率,可得到某一风速下风机转速与输出功率的关系曲线。通过选取不同风速,重复绘制相应的关系曲线,可得到一组不同风速下风机转速与输出功率的关系曲线。由前文分析可知,对于特定风速,存在唯一的风力机转速使得输出功率最大。将不同风速下所能获得的最大功率相连可获得如图 2-10 所示的曲线。其中,风速满足 $v_1 < v_2 < v_3$ 的关系,A、B、C 点为三种风速下的功率最大点。

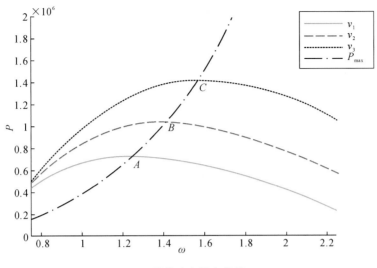

图 2-10　风力机最佳功率输出曲线$(v_1 < v_2 < v_3)$

不同风速下,输出功率最大点对应的最大风能利用系数 $C_{P\max}$ 和最佳叶尖速比 λ_{opt} 为固定值,最佳功率输出曲线的表达式可写成如式(2-27)所示的形式:

$$P_{\max} = \frac{0.5\pi R^5 C_{P\max}}{\lambda_{opt}^3}\omega^3 = k_{opt}\omega^3 \tag{2-27}$$

最大功率点追踪的过程可描述为如下情形。假设风速为 v_2 时,风力机运行于图 2-10 中的 B 点。若风速在某一时刻突然增加到 v_3,风力机的运行曲线变为 v_3 风速下的输出功率曲线,其输出功率增加。由于惯性和控制系统的滞后性,发电机仍运行于 B 点。由于发电机的输出功率小于发电机的输入功率,发电机转速将增加,最终使得风机运行于 C 点,从而达到新的平衡。

由上述分析可知,对于定桨距风力发电系统,最大功率点追踪的过程可等同于发电机转速调节的过程,关键在于如何对发电机转速进行控制以使其符合最佳功率输出曲线。为使得发电机转速与风速的关系匹配最佳叶尖速比,可通过直接检测风速来计算最佳的发电机转速。通过风力发电机的风力机控制系统和 DFIG 驱动控制系统的控制调节均可实现对最大功率点追踪。对于使用风力机调节发电系统转速的方案而言,其本质是通过直接对机械系统进行调节来达到控制转速的目的。通常而言,风力发电机机械系统的惯性一般较大,不易实现较高的控制精度,其动态性能也难以保证。此外,风力发电机调速机构结构复杂,实际工况下的干扰因素众多,其控制方案设计难度也较高。使用 DFIG 驱动控制系统进行调速时,控制对象为电气参数,相对于机械系统而言,其响应速度快。因此,本章所采用追踪策略通过电机的驱动控制系统实现。

2.2.4.2　DFIG 定子磁链定向矢量控制等效模型

在直流电机中,由于换向器的存在,用于电枢和励磁的磁场相互正交,不存在耦合关系。因此,对直流电机的电枢和励磁电压可单独进行控制,其控制较为容易。然而,异步电机的数学模型十分复杂,各种变量之间耦合严重,控制难度较大。根据前文的分析,通过坐标变换理论可将 DFIG 的模型大幅简化,一方面将三相坐标系下的变量转化至两相坐标系下,减少了变量个数;另一方面还将转子电流等关键变量转化为直流量,简化了分析难度。但两相旋转坐标系下的模型依然存在变量间的耦合,各个被控量之间的关系仍不明显。矢量控制在前文所述坐标变换的基础上,进一步对坐标的旋转角度做出限制,使其与某一特定矢量的变化规律相符,从而实现各个关键控制变量的解耦。

用于矢量控制的定向矢量包括定子电压、气隙磁链等,若使定子磁链矢量与两相旋转坐标系 d 轴重合,则称为定子磁链定向。假设 DFIG 连接在无限大的电网上,电网的电压幅值、相位、角频率等参数可视为恒定,定子磁链可看作定值[47-48]。若忽略定子电阻,可使得 $\psi_{sd}=\psi_s$,$\psi_{sq}=0$。将其代入式(2-20)所示电压平衡方程的定子部分和式(2-21)所示磁链方程,可得式(2-28)和式(2-29):

$$\begin{cases} u_{sd}=p\,\psi_s=0 \\ u_{sq}=\omega_1\psi_s=u_s \end{cases} \tag{2-28}$$

$$\begin{cases} i_{sd}=\dfrac{\psi_s}{L_s}-\dfrac{i_{rd}L_m}{L_s} \\ i_{sq}=-\dfrac{i_{rq}L_m}{L_s} \end{cases} \tag{2-29}$$

将式(2-28)和式(2-29)代入式(2-20)所示电压平衡方程的转子部分,可得式(2-30):

$$\begin{cases} u_{rd}=R_r i_{rd}+\sigma L_r p\,i_{rd}-(\omega_1-\omega_r)\sigma L_r i_{rq} \\ u_{rq}=R_r i_{rq}+\sigma L_r p\,i_{rq}+(\omega_1-\omega_r)(\dfrac{L_m}{L_s}\psi_s+\sigma L_r i_{rd}) \end{cases} \tag{2-30}$$

σ 为漏磁系数,其定义如式(2-31)所示:

$$\sigma=1-\dfrac{L_m^2}{L_s L_r} \tag{2-31}$$

由于双馈电机反电势引起的扰动和旋转电势引起的交叉耦合扰动,转子电压平衡并没有完全解耦,这给控制器的设计带来一定的困难。对此,可通过前馈补偿控制策略,将扰动项前馈解耦后单独控制电流分量,定义如式(2-32)所示:

$$\begin{cases} u_{rd}{}'=-(\omega_1-\omega_r)\sigma L_r i_{rq} \\ u_{rq}{}'=(\omega_1-\omega_r)(\dfrac{L_m}{L_s}\psi_s+\sigma L_r i_{rd}) \end{cases} \tag{2-32}$$

其中,u_{rd}' 和 u_{rq}' 分别称为转子侧 d 轴补偿电压和转子侧 q 轴补偿电压。

由上述分析可知,转子电压在 dq 坐标系下的分量可由转子电流在 dq 坐标系下的分量表示,因此,转子电流可通过转子电压进行控制。发电机定子有功功率 P_s 和无功功率 Q_s 可由式(2-33)表示:

$$\begin{cases} P_s=\dfrac{3}{2}u_{sq}i_{sq}=-\dfrac{3}{2}u_s\dfrac{L_m}{L_s}i_{rq} \\ Q_s=\dfrac{3}{2}u_{sq}i_{sd}=\dfrac{3}{2}u_s(\dfrac{\psi_s}{L_s}-\dfrac{i_{rd}L_m}{L_s}) \end{cases} \tag{2-33}$$

由式(2-33)可知,定子的有功功率和无功功率已经通过矢量控制实现了解耦。发电机定子输出的功率可通过转子电流在 dq 坐标系下的两个分量分别进行控制。考虑到定子磁链方向与 d 轴重合时, $\psi_{qs}=0$,转矩方程可写成如式(2-34)所示的形式:

$$T_{em}=-\frac{3}{2}n_p\psi_s\frac{i_{rq}L_m}{L_s}=T_L+\frac{J_r}{n_p}\frac{\mathrm{d}\omega_r}{\mathrm{d}t}+\frac{K_r}{n_p}\omega_r \tag{2-34}$$

式(2-34)表明,若电网电压保持不变,DFIG 的电磁转矩与转子 q 轴的电流分量成正比,即电磁转矩可通过转子的 q 轴电流进行控制。

综上所述,定子磁链定向矢量控制下 DFIG 等效模型如图 2-11 所示。在假设电网电压稳定的前提下,整个系统的输入为转子侧的 d 轴、q 轴电压分量和外部转矩,输出为定子功率和转速。对 DFIG 转子电流 d 轴、q 轴分量进行控制可控制发电机输出功率,由于电磁转矩可也通过转子电流进行控制,可进一步实现 DFIG 的转速控制。

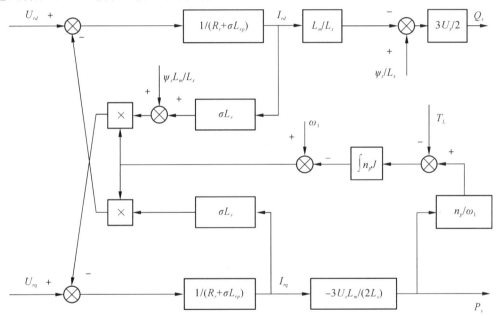

图 2-11 矢量控制下 DFIG 等效模型

2.2.4.3 DFIG 双闭环 PI 控制

d 轴、q 轴电流控制可使用补偿项将干扰项前馈解耦,再通过 PI 控制器分别对 d 轴、q 轴转子电流进行控制,其控制方程如式(2-35)所示:

$$\begin{cases} u_{rd}=\left(k_{irp}+\dfrac{k_{iri}}{s}\right)(i_{rd}^*-i_{rd})+u_{rd}' \\[3mm] u_{rq}=\left(k_{irp}+\dfrac{k_{iri}}{s}\right)(i_{rq}^*-i_{rq})+u_{rq}' \end{cases} \tag{2-35}$$

其中,k_{irp}、k_{iri} 分别为转子电流的比例增益系数和积分增益系数,i_{rd}^*、i_{rq}^* 分别为转子电流 d 轴、q 轴分量的参考值。

发电机的最佳转速根据当前风速给定,最大功率点追踪的实现实际上通过转速控制完成。转速环可作为转子 q 轴电流控制环的外环,转速环的控制器输出将作为转子 q 轴电流控制环的参考值输入。这种控制模式下,电机的输出有功功率通过电机转速间接控制,功率因素通过无功功率来调节。无功功率与转子的 d 轴电流实际上为线性关系,若要对 DFIG 的无功功率进行控制,可根据电网需求给定无功功率的值,再通过计算得出转子电流 d 轴分量的参考值。转速控制方程如式(2-36)所示:

$$i_{rq}^* = -(k_{\omega p} + \frac{k_{\omega i}}{s})(\omega_r^* - \omega_r) \tag{2-36}$$

其中,$k_{\omega p}$、$k_{\omega i}$ 分别为转速的比例增益系数和积分增益系数,ω_r^* 为 DFIG 转速的参考值。

综上所述,DFIG 的转速通过如下双闭环的结构进行控制,转子转速作为外环的控制量通过转子电流控制,转子电流作为内环的控制量通过转子电压进行控制。电机转速的参考值根据当前的风速结合风力机自身的最优叶尖速比计算得出,转速的实际值则通过位于电机上的速度传感器测量获得,转速误差值在通过外环 PI 控制器处理后获得转子电流的参考值。DFIG 的转子三相电流通过位于其转子电路上的测量设备直接获取,三相电流值在控制设备中进行坐标变换处理后即可获得 dq 坐标系下的电流分量。随后,转子电流分量的参考值与测量值之差被馈送至内环 PI 控制器中,以获得转子电压解耦项。电压解耦项与电压补偿项相加后通过坐标变换还原至三相坐标系下,电压信号在通过调制后输出至电力变换设备中,以此实现对 DFIG 的转子励磁。其控制策略如图2-12所示。

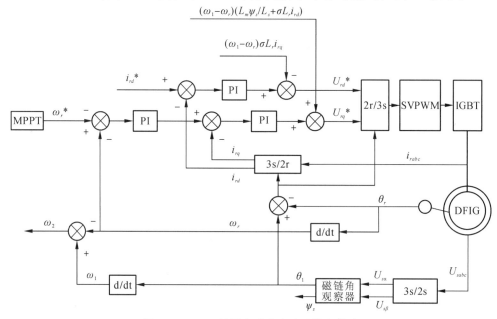

图 2-12　DFIG 的最大功率点追踪控制策略

2.2.5　本节小结

本节分析了海上双馈风力发电系统的结构,并对其各个部分的数学模型进行了推导,包括风力机、传动轴系和 DFIG。将 DFIG 三相静止坐标系下的模型通过坐标变换转换至同步旋转坐标系下,简化了其表达式。同时,对双闭环 PI 矢量控制策略的实现进行了阐述,用以实现风能最大功率点追踪。其中,电机转速通过转子电流分量进行控制,转子电流分量则通过转子励磁电压控制。

2.3 基于滑模控制的改进漂浮式海上风电机组 DFIG 控制策略

随着漂浮式海上风电机组风力发电机向大功率机组发展,其动态性能要求也逐渐提高。尽管通过矢量控制理论,可将双馈风力发电机转化为线性系统设计控制器。但实际上,双馈风力发电系统本质上依然是非线性系统,实际的工作环境下往往包含大量时滞和耦合成分。随着耦合作用的增强,其转矩可能产生瞬时畸变,影响系统动态性能。因此,简单的 PI 控制系统已经很难满足越来越高的工作要求,需要根据现代控制技术设计更为先进的控制器。本章针对使用双馈电机的风力发电系统设计了一种使用积分滑模补偿的电流解耦控制器。该控制策略使用内模控制策略设计了一个开环控制器,保证了系统的动态性能。同时,使用积分滑模控制策略为开环控制器提供补偿以消除偏差与外部扰动。

2.3.1 内模控制原理

内模控制最早由 Garcia 和 Morari 提出并完善,是一种使用内部模型辅助设计控制器的方法[49]。采用这种方法设计控制器十分简单,在解决跟踪问题和抗干扰问题时拥有较好的效果,同时对模型不确定问题也拥有一定的鲁棒性。通过类似内模的控制概念设计控制器在很早以前被提出过。例如在 20 世纪 50 年代,Smith 提出了时滞预估补偿控制器,用于对包含纯滞后成分的对象进行控制[50]。但这种控制方法不能在系统含有建模误差时保证其控制效果,鲁棒性能不足,最终难以实现应用。

内模控制在基本闭环控制结构的基础上引入了内模这一环节,控制器的输出信号将会同时输入被控系统和内模中,控制器的输入则通过基本闭环控制中的误差信号和内模输出信号之和来获取。其基本控制结构如图 2-13 所示。

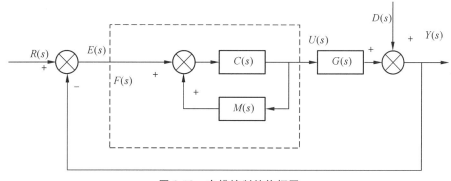

图 2-13 内模控制结构框图

其中,$G(s)$ 为系统模型传递函数,$M(s)$ 为内模传递函数,$C(s)$ 为控制器传递函数,$F(s)$ 为内模控制传递函数,$R(s)$ 为参考输入信号,$E(s)$ 为误差信号,$U(s)$ 为控制系统输出信号,$D(s)$ 为干扰信号,$Y(s)$ 为系统输出信号。

由图 2-13 可得,系统输入输出传递函数如式(2-37)所示:

$$Y(s) = \frac{C(s)G(s)}{1+C(s)\big[G(s)-M(s)\big]}R(s) + \frac{1-C(s)G(s)}{1+C(s)\big[G(s)-M(s)\big]}D(s) \quad (2\text{-}37)$$

假设内模能够完全描述系统模型,即 $M(s)=G(s)$。取 $C(s)=M(s)$ 时,有 $Y(s)=R(s)$。在这种理想状态下,不需要调节任何控制参数,就能使系统的输出与输入信号完全一致。此外,由于系统输出中不包含干扰信号成分,可认为控制器能够克服任何干扰信号的影响。此时,系统的反馈信号恒为零。由此可见,在没有系统模型不确定性和外界扰动的理想条件下,控制器为开环结构。内模控制的反馈信号实际上体现了系统建模和实际模型间的差异所造成的影响,其闭环结构也正是为了消除这一不确定性引起的误差而存在。

虽然内模控制在形式上可看作标准的负反馈系统,但两者在设计思路上存在区别。由上述分析可知,内模控制的反馈信号实际上是内模与实际被控对象间差异的反映,包含系统未建模部分的信息。而在负反馈系统的设计中,反馈信号为系统过程的输出,其反馈信号中由不可测干扰引起的成分将会被淹没在其他因素中,无法获得及时的补偿。因此,内模控制不仅使得控制器的设计更加容易,还在一定程度上提升了控制系统的鲁棒性。

然而,在实际的系统中,上述理想控制器难以实现,原因如下:

(1)当被控系统 $G(s)$ 中包含时滞环节时,控制器 $C(s)$ 中将包含超前项,这不符合物理实际,难以实现;

(2)当被控系统 $G(s)$ 中存在右半平面零点时,控制器 $C(s)$ 中将包含右半平面极点,此时控制器不稳定,进而影响整个系统的稳定性;

(3)当被控系统 $G(s)$ 中分母多项式阶数高于分子时,控制器 $C(s)$ 中将包含微分器,由于微分器对信号噪声极为敏感,实际中并不适合采用;

(4)当存在模型误差时,即 $M(s) \neq G(s)$,构建的理想控制器将无法保证系统的稳定性。

由于上述原因的存在,控制器的设计分为两步。首先,在不考虑系统鲁棒性的前提下,对被控系统 $G(s)$ 进行分解,找出其不包含时滞环节和右半平面零点的最小相位部分。最小相位部分即为控制系统的内模 $M(s)$。然后,对内模取逆并增加一个滤波器 $L(s)$ 作为控制器,即 $C(s)=L(s)M(s)$。滤波器的具体结构可根据控制器的设计性能需要进行调节。

2.3.2 滑模控制相关理论

滑模控制是一种非线性的控制方法。它可以使系统从状态空间中的一个连续结构切换至另一个连续结构,因此,这是一种变结构的控制方法。滑模控制的控制设计会改变系统的动态特性,使得状态轨迹沿着控制结构的边界移动,这一边界被称为滑动面。在滑模控制的控制过程中,一旦系统状态到达了滑动面,其运动过程将基本不受扰动和参数变化的影响[51]。因此,合理设计的滑动面可使得控制系统拥有良好的响应速度和抗外部干扰特性。近年来,随着计算机技术和大功率电力电子开关元件的发展,滑模控制的实现变得越来越容易。对于风力发电系统这种复杂的非线性系统,适合使用滑模控制理论设计满足性能要求的控制器。

2.3.2.1　滑模控制基本原理

考虑一般情况,对于一个非线性系统:

$$\dot{x} = f(x), x \in R^n \tag{2-38}$$

其状态空间如图 2-14 所示。

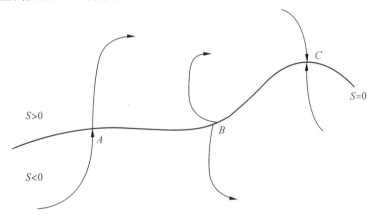

图 2-14　状态空间上的滑模运动

状态空间被超曲面 $S=0$ 分割成两个部分,即 $S>0$ 和 $S<0$。位于超曲面上的点有三种运动状态。如图 2-14 中 A 所示的点称为通常点,位于该位置的系统状态将会穿过超曲面从一个控制结构进入另一个控制结构;B 所示的点称为起始点,位于该位置的系统状态会离开超曲面进入两侧的控制结构中;C 所示的点称为终止点,系统状态从超曲面外进入后将趋向于沿着曲面移动。

若超曲面 $S=0$ 全部由终止点构成,系统状态的运动轨迹一旦到达 $S=0$ 附近,最终将会沿着 $S=0$ 运动。此时,超曲面上所有终止点构成的区域可被称为滑动模态区。

因此,滑动模态区可按照式(2-39)进行判断:

$$\lim_{S \to 0} S \dot{S} \leqslant 0 \tag{2-39}$$

扩展式(2-39),有式(2-40):

$$S \dot{S} \leqslant 0 \tag{2-40}$$

可将其改写为如式(2-41)所示的 Lyapunov 函数的形式:

$$\begin{cases} V(x) = \dfrac{1}{2} S^2 \\ \dot{V}(x) \leqslant 0 \end{cases} \quad (2\text{-}41)$$

由式(2-41)可知,在 $S=0$ 附近时,函数 $V(x)$ 正定,其导数半负定。满足以上滑动模态区判定条件的系统本身也稳定于 $S=0$。

对于一个控制系统,若其滑动面的函数 $S(x)$ 已经确定,此时需要求解控制向量函数。假设控制向量函数能够确保在滑动模态区 $S(x)=0$ 中,滑模模态存在且系统稳定,且滑动面外的所有点在可接受的时间内均能够运动至滑动面。此时,拥有这种滑动模态的控制系统就是滑模控制系统。为了满足可到达滑动面的条件,实际的滑模控制设计过程中,可将滑动面外的条件进一步限制为 $S\dot{S}<0$。当系统状态到达滑动面后,系统会开始滑模运动,此时就需要考虑系统稳定性。而滑模控制的稳定性可由前文所示 Lyapunov 函数进行验证。

2.3.2.2 滑模控制设计方法

滑模控制系统的运动包括两个阶段。一个阶段为系统状态从初始点到进入滑动面的阶段,被称为到达阶段;另一个阶段为系统状态在滑动面上运动的阶段,被称为滑模阶段。滑动面的选取会影响系统在这两个阶段上的运动特性。因此,为使得系统在这两个阶段的过渡过程获得良好的动态性能,滑动面的选取至关重要。一般而言,滑动面的选取可参照上一节所述稳定性判定条件选取。

滑模控制系统的另一个设计要点是设计合适的控制律。由于滑模控制系统拥有两个阶段的运动状态,其控制律也可分为两个部分设计,即等效控制 u_{eq} 和切换控制 u_i。控制律 u 为两者之和,即 $u=u_{eq}+u_i$。

假设没有参数摄动和外界扰动,当系统状态运动至滑动面后,期望滑动函数 $S(x)$ 及其导数为 0 以维持系统的滑动模态。等效控制在该阶段起主要作用。

以式(2-42)所示受控系统为例:

$$\dot{x} = f(x) + Bu \quad (2\text{-}42)$$

其滑模面如式(2-43)所示:

$$\dot{S}(x) = k_1 \dot{e} + k_2 e \quad (2\text{-}43)$$

其中,e 为状态误差,满足式(2-44)的关系:

$$e = x^* - x \quad (2\text{-}44)$$

其中,x^* 为式(2-45)所示系统状态等效控制律。

$$u_{eq} = B^{-1}\left[x^* - f(x) + \frac{k_1}{k_2} e\right] \quad (2\text{-}45)$$

在系统到达阶段,需要设计合适的控制律使得系统状态轨迹向滑动面运动,切换控制在该阶段起主要作用。常见的切换控制设计有如下几种:

（1）常值切换控制

$$u_i = u_0 \text{sign}(S(x)) \qquad (2\text{-}46)$$

其中，u_0 为常数，$\text{sign}(S(x))$ 为符号函数。

（2）函数切换控制

$$u_i = \begin{cases} u^+(x), S(x) > 0 \\ u^-(x), S(x) < 0 \end{cases} \qquad (2\text{-}47)$$

其中，$u^+(x)$ 和 $u^-(x)$ 均为连续函数。

（3）比例切换控制

$$u_i = \sum_{i=1}^{k} \psi_i x_i \qquad (2\text{-}48)$$

$$\psi_i = \begin{cases} \alpha_i, x_i S < 0 \\ \beta_i, x_i S > 0 \end{cases} \qquad (2\text{-}49)$$

其中，α_i、β_i 为常数。

2.3.3.4 滑模控制的抖振抑制方法

当系统状态运动至滑模面之后，根据滑模控制的特性，系统的状态轨迹将被限制在滑动面上，以确保良好的鲁棒性。但在实际系统中，由于系统往往包含时滞和惯性等特性，滑模控制的切换频率不可能无限大。这会导致系统状态轨迹不会停留在滑动面上，而是会在滑动面边界上来回穿越或在平衡点附近做周期性运动，称之为抖振现象。抖振会影响系统的控制精度，还会致使开关元件频繁切换，缩短元件寿命并增加功耗。对于风力发电系统，抖振若发生在 DFIG 驱动控制系统中，可能会导致转速波动、转矩脉动及电流谐波等现象；抖振若发生在电压或磁链观测器中，则会造成观测噪声，降低系统稳定性。滑模控制虽然具有鲁棒性好的优点，但一定程度上而言，抖振现象阻碍了其控制优势的发挥。因此，抖振问题的抑制成为滑模控制实际应用研究的热点。

（1）减小切换增益方法

滑模控制产生的原因主要是控制器的不连续性，因此，减小切换增益是一种直观的抑制抖振方法。一种常见的基于减小切换增益的控制律设计方法如式（2-50）所示：

$$u_i = \varepsilon S(x) + u_0 \text{sign}(S(x)) \qquad (2\text{-}50)$$

其中，ε 为常数。相较于常值切换控制，这种控制律能更快使得系统运动到滑动面。同时，在滑动面附近拥有更小的切换增益，有效抑制系统抖振。

（2）降低切换频率方法

由于抖振现象表现为高频的系统响应，直接抑制滑模控制的高频切换也是抑制抖振现象的一种思路。一种常见的基于降低切换频率的控制律设计方法如式（2-51）所示：

$$u_i = u_0 \varphi(S(x)) \qquad (2\text{-}51)$$

其中，$\varphi(S(x))$ 为滞环控制，其控制图像如图 2-15 所示。

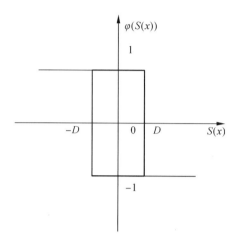

图 2-15 滞环控制

图中，D 为正常数，为滞环控制的调节量。使用滞环控制替换符号函数后，原本的状态空间滑动面附近建立了一个过渡层，过渡层宽度与滞环控制参数 D 有关。系统状态进入过渡层内部后，将在有限次地穿过滑动面后逐步收敛至平衡点附近。由于滞环控制符合实际物理元件，如继电器的时滞特性，这种控制方式的实现也较为容易。

（3）平滑切换方法

平滑切换方法的主要特点是将不连续的控制信号彻底消除，使其不再出现在控制信号中。相较于减小切换增益和降低切换频率的方法，这种方法能够彻底去掉控制信号的不连续部分，显著抑制抖振现象。一种常见的基于平滑切换的控制律设计方法如式（2-52）所示：

$$u_i = u_0 sat(S(x)) \tag{2-52}$$

其中，$sat(S(x))$ 为饱和函数，其定义如式（2-53）所示：

$$sat(S) = \begin{cases} \dfrac{S}{k_{sat}}, & |S| < k_{sat} \\ \mathrm{sign}(S), & |S| \geqslant k_{sat} \end{cases} \tag{2-53}$$

其中，k_{sat} 为边界层厚度。

以上三种方法都包含需要调节的参数，而这些参数会显著影响控制效果。以平滑切换方法为例，边界层厚度取值越小，饱和函数的响应越接近于符号函数，抑制抖振的效果越差；若边界层取值过大，将使得滑模控制失去对系统不确定性的不敏感性，降低其鲁棒性能，其他方法的参数取值影响与其类似。因此，抑制抖振效果与控制性能间存在矛盾，在进行参数选取时，应兼顾这两个方面。

2.3.3 改进最大功率点追踪策略

2.3.3.1 基于内模控制的开环电流解耦控制

由第 2.2 节可知，电流环传递函数没有右半平面零点，且表现为一阶系统。其传递函数如式(2-54)所示：

$$\begin{bmatrix} i_{rd}(s) \\ i_{rq}(s) \end{bmatrix} = G(s) \begin{bmatrix} u_{rd}(s) - u_{rd}{}'(s) \\ u_{rd}(s) - u_{rd}{}'(s) \end{bmatrix} = \frac{1}{R_r + s\sigma L_r} \begin{bmatrix} u_{rd}(s) - u_{rd}{}'(s) \\ u_{rd}(s) - u_{rd}{}'(s) \end{bmatrix} \tag{2-54}$$

根据内模控制设计理论，定义如式(2-55)所示低通滤波器。

$$L(s) = \frac{\alpha}{s + \alpha} \tag{2-55}$$

其中 α 为调制系数。

结合 d 轴、q 轴的电流、电压平衡方程，可得如式(2-56)所示内模控制器。

$$F(s) = \alpha \left(\frac{R_r}{s} + \sigma L_r \right) \tag{2-56}$$

根据内模控制理论设计的控制器与 PI 控制器在形式上无差别，但内模控制器只有一个参数需要调节。α 的取值直接决定闭环系统的响应速度，其值越大，系统闭环响应速度越快[52]。但相对而言，响应速度越快，系统鲁棒性能越差，响应速度的提高建立在牺牲系统鲁棒性能的基础上。

若内模参数与实际系统参数完全一致，则可用内模对内模控制器输出信号的响应替代实际输入信号。定义系统输出估计值 $\hat{Y}(s)$ 和补偿量估计值 $\hat{u}_r{}'$，如式(2-57)和式(2-58)所示：

$$\hat{Y}(s) = \begin{bmatrix} \hat{i}_{rd}(s) \\ \hat{i}_{rq}(s) \end{bmatrix} = \frac{1}{R_r + s\sigma L_r} \begin{bmatrix} u_{rd0}(s) \\ u_{rq0}(s) \end{bmatrix} \tag{2-57}$$

$$\hat{u}_r{}' = \begin{bmatrix} \hat{u}_{rd}{}' \\ \hat{u}_{rq}{}' \end{bmatrix} = \begin{bmatrix} -(\omega_1 - \omega_r)\sigma L_r \hat{i}_{rq} \\ (\omega_1 - \omega_r)\left(\frac{L_m}{L_s}\psi_s + \sigma L_r \hat{i}_{rd} \right) \end{bmatrix} \tag{2-58}$$

其中，u_{rd0} 和 u_{rq0} 分别称为转子电压 d 轴、q 轴分量解耦项。可得到如图 2-16 所示的内模开环控制器。

2.3.3.2　基于积分滑模控制的电流补偿

由于实际系统中存在外部扰动，且模型参数可能不够精确。开环控制器的电流估计值会与实际电流值产生偏差。因此，为提高控制系统鲁棒性，引入滑模控制策略进行补偿。定义跟踪误差函数，如式(2-59)所示：

$$\begin{cases} e = \begin{bmatrix} \hat{i}_{rd} \\ \hat{i}_{rq} \end{bmatrix} + z \\ \dot{z} = \frac{R_r}{\sigma L_r} \begin{bmatrix} i_{rd} \\ i_{rq} \end{bmatrix} - \frac{1}{\sigma L_r} \begin{bmatrix} u_{rd} - \hat{u}_{rd}{}' \\ u_{rq} - \hat{u}_{rq}{}' \end{bmatrix} \\ z(0) = \begin{bmatrix} 0 & 0 \end{bmatrix}^T \end{cases} \tag{2-59}$$

基于内模控制理论设计的开环控制器能在系统到达平衡位置时取得较好性能，但在初始时刻系统状态不平衡以及存在外部干扰时，仅依靠内模开环控制器无法获得良好的

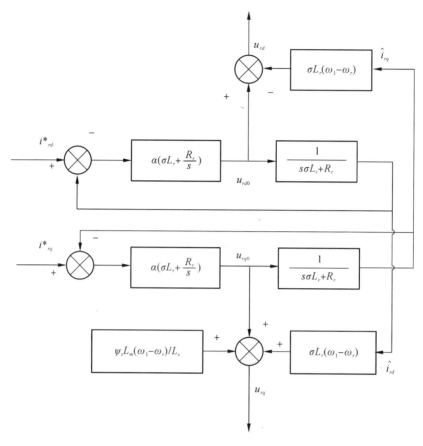

图 2-16　内模开环控制器

控制效果。针对上述应用情况,可引入积分滑模理论设计积分滑模面。根据积分滑模理论,滑模面通常依照式(2-60)进行定义[53]。

$$S(t) = \left(\delta + \frac{\mathrm{d}}{\mathrm{d}t}\right)^{r-1} e(t) + k_i \int_0^\infty e(t)\mathrm{d}t \tag{2-60}$$

其中,r 为系统阶数,δ 为正实数,k_i 为滑动增益。由前文中公式可知,取 $r=1$,$\delta=1$。

积分滑模控制在基本的线性滑模控制方法基础上加入了积分部分,用于改善标准滑模控制的性能。在初始时刻,系统状态可能不会正好位于滑动面上,由于此时系统并未处于滑模阶段,其鲁棒性无法保证[54]。积分滑模控制由于包含积分环节,可设计一个令系统在初始时刻就处于滑模阶段的滑动面,令系统的状态轨迹一直停留于滑动面上。所设计的滑模面如式(2-61)所示:

$$S(t) = e(t) + k_i \int_0^\infty e(t)\mathrm{d}t \tag{2-61}$$

根据内模开环传递函数可知:

$$\frac{\mathrm{d}}{\mathrm{d}t}\begin{bmatrix}\hat{i}_{rd}(t)\\\hat{i}_{rq}(t)\end{bmatrix}=\frac{1}{\sigma L_r}\begin{bmatrix}u_{rd0}(t)\\u_{rq0}(t)\end{bmatrix}-\frac{R_r}{\sigma L_r}\begin{bmatrix}\hat{i}_{rd}(t)\\\hat{i}_{rq}(t)\end{bmatrix} \tag{2-62}$$

代入电压平衡方程,滑模面的导数如式(2-63)所示:

$$\dot{S}=\frac{1}{\sigma L_r}\begin{bmatrix}u_{rd0}+\hat{u}_{rd}{}'-u_{rd}\\u_{rq0}+\hat{u}_{rq}{}'-u_{rq}\end{bmatrix}+\frac{R_r}{\sigma L_r}\begin{bmatrix}i_{rd}-\hat{i}_{rd}\\i_{rq}-\hat{i}_{rq}\end{bmatrix}+k_ie \tag{2-63}$$

根据等效控制律设计方法,令 $\dot{S}=0$,求得如式(2-64)所示控制律。

$$u_{eq}=\begin{bmatrix}u_{rd0}+\hat{u}_{rd}{}'\\u_{rq0}+\hat{u}_{rq}{}'\end{bmatrix}+R_r\begin{bmatrix}i_{rd}-\hat{i}_{rd}\\i_{rq}-\hat{i}_{rq}\end{bmatrix}+\sigma L_rk_ie \tag{2-64}$$

2.3.3.3　改进型滑模控制趋近律

考虑如式(2-65)所示使用常值切换控制律的系统:

$$\dot{S}(t)=-k_p\cdot\mathrm{sign}(S(t)) \tag{2-65}$$

其中, k_p 为常数。由前文所述判定规则可知,该系统具有稳定性。对式(2-65)两边取积分可推导出常值切换控制律下,系统从初始状态至到达滑模面上所需要的时间 t_{reach}。

$$t_{\mathrm{reach}}=\frac{|S(0)|}{k_p} \tag{2-66}$$

可知,在常值切换控制律下,系统趋近于滑动面的速度为恒定值。这种控制方式下,只能依靠参数 k_p 调节滑动面的趋近速度,且趋近速度与系统轨迹与滑动面的距离无关。这导致系统状态在距离滑动面较远时,其趋近速度不足。同时,在系统到达滑模面后,由于较大的增益系数,抖振现象将会较为剧烈[55]。因此,在设计控制律时,趋近速度应随着系统状态与滑动面的距离而变化,一种常用的设计的方法如式(2-67)所示:

$$\dot{S}(t)=-\varepsilon S(t)-k_p\cdot\mathrm{sign}(S(t)) \tag{2-67}$$

其中, ε 为常数。该控制律同样满足稳定性判定条件。对式(2-67)两边积分可得系统到达时间如下:

$$t_{\mathrm{reach}}=\frac{1}{\varepsilon}\ln\frac{\varepsilon|S(0)|+k}{k_p} \tag{2-68}$$

这种控制律能够在系统状态离滑动面较远时以较快的速度趋近,离滑动面越近,其趋近速度越慢。相对于常值切换控制律,该控制律由于参数 ε 的存在,参数 k_p 可取更小的值。因此,其对抖振现象有一定的抑制效果。然而,由于符号函数的使用,依然会产生明显抖振现象。

本章所研究的滑模控制系统中,由于积分滑模控制的引入,系统状态能在不经过到达阶段就到达滑模面。因此,设计控制律时,趋近律的设计应主要考虑抖振现象的抑制问题。根据以上分析,使用如式(2-69)所示控制律:

$$\begin{cases} \dot{S}(t) = -\dfrac{k_p}{P(S(t))}\tanh(\gamma S(t)) \\ P(S) = \varepsilon + (1-\varepsilon)\mathrm{e}^{-\eta|S|} \end{cases} \tag{2-69}$$

其中，$0<\varepsilon<1$，$\eta>0$，$\gamma>0$。$\tanh(S)$ 为双曲正切函数，其表达式如式（2-70）所示：

$$\tanh(s) = \frac{\mathrm{e}^s - \mathrm{e}^{-s}}{\mathrm{e}^s + \mathrm{e}^{-s}} \tag{2-70}$$

不同参数取值下，滑动函数与其导数的关系如图 2-17 所示。

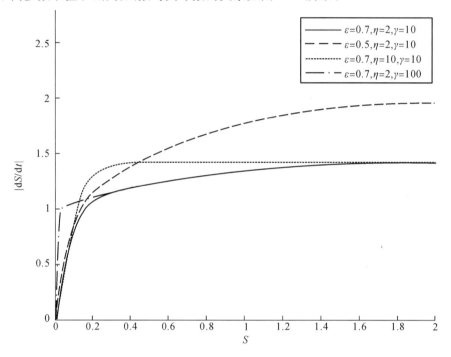

图 2-17　不同参数下的趋近律

由图 2-17 可知，系统的趋近速度与滑动函数的当前值有关，且滑动函数的值越大，其趋近速度越快。当系统状态靠近滑动面，即滑动函数趋近于 0 时，趋近律的性质近似于双曲正切函数，此时，系统的特性基本由参数 γ 决定。双曲正切函数为连续奇函数，在正半轴上远离零点时，其函数值近似于 1；而在接近零点时，其函数值会迅速减小至 0。这种特性使得趋近律在保留滑模控制鲁棒性的同时还能抑制抖振的产生。当参数 ε 接近于 1 时，趋近律在整个状态空间上的特性近似于双曲正切函数。即系统状态与滑动面之间距离较大时，趋近速度近似为常数值；当系统状态逐渐靠近滑动面时，趋近速度快速接近于 0。当参数 ε 接近于 0 时，离滑动面较远处的趋近速度与滑动函数值间近似于指数关系。因此，ε 的取值影响趋近律在远离滑动面时，即滑模控制到达阶段的特性。参数 η 则影响系统状态在远离和靠近滑动面时两种特性的过渡过程，当该参数取值较大时，趋近速度将在距离滑动面更近的地方收敛。

2.3.3.4 改进型内模-积分滑模控制器总体设计

根据前文分析,改进型滑模控制器控制律如式(2-71)所示:

$$\begin{bmatrix} u_{rd} \\ u_{rq} \end{bmatrix} = \begin{bmatrix} u_{rd0} + \hat{u}_{rd}{}' \\ u_{rq0} + \hat{u}_{rq}{}' \end{bmatrix} + R_r \begin{bmatrix} i_{rd} - \hat{i}_{rd} \\ i_{rq} - \hat{i}_{rq} \end{bmatrix} + \sigma L_r \left[k_i e + \frac{k_p}{P\left(S(t)\right)} \tanh(\gamma S) \right] \tag{2-71}$$

代入前文所述 Lyapunov 函数,可得:

$$\dot{V} = -S^T \frac{k_p}{P\left(S(t)\right)} \tanh(\gamma S) \tag{2-72}$$

由 $0 < \varepsilon < 1, \eta > 0$ 可知:

$$P(S) = \varepsilon + (1-\varepsilon) e^{-\eta|S|} > 0 \tag{2-73}$$

因此,式(2-72)满足如下关系:

$$\dot{V} = -S^T \frac{k_p}{P\left(S(t)\right)} \tanh(\gamma S) \leqslant 0 \tag{2-74}$$

当且仅当 $S=0$ 时,等号成立。因此,所提出的滑模控制器稳定性要求能够得到满足。

以电流 d 轴分量为例,所提出的内模-积分滑模控制器(Internal Model-Integral Sliding Mode Controller,IM-ISMC)结构如图 2-18 所示。

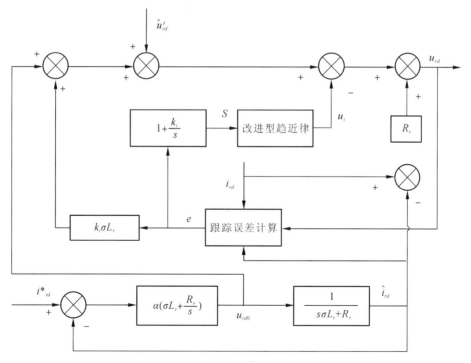

图 2-18 内模-积分滑模控制器结构图

所提出的控制系统基于矢量控制理论。转子电流 q 轴分量与转速间的关系可通过线性系统较好地描述,可采用 PI 控制器进行控制。由于 DFIG 自身非线性的特点,电流通过内模-积分滑模控制器进行解耦控制。

2.4　本章小结

　　本章从内模控制和滑模控制的基础理论出发,分析了这两种控制方法的特点及其设计要点。通过分析海上双馈风力发电系统的特点,针对双馈电机的电流环控制设计了内模-积分滑模控制器。控制器的设计过程考虑了内模控制的输入输出关系、滑模控制到达阶段和滑模阶段的特性、滑模控制抖振现象的产生及抑制等多种因素。同时,使用了Lyapunov理论为所提出控制器的稳定性能提供支持。

参 考 文 献

[1]　世界风电发展现状[J].江苏电机工程,2011,30(06):72.

[2]　付秋顺.世界风电行业发展状况分析[J].黑龙江科技信息,2012(07):106.

[3]　白文斌.世界风电发展现状及前景展望[J].科技情报开发与经济,2012,22(22):129-132.

[4]　吴忠群,李佳,田光宁.世界风电政策的分类及其具体措施研究[J].华北电力大学学报(社会科学版),2017(06):1-8.

[5]　杨方,尹明,刘林.欧洲海上风电并网技术分析与政策解读[J].能源技术经济,2011,23(10):51-55.

[6]　张庆阳,郭家康.世界风能强国发展风电的经验与对策[J].中外能源,2015,20(06):25-34.

[7]　赵梅花.双馈风力发电系统控制策略研究[D].上海:上海大学,2014.

[8]　薛禹胜,雷兴,薛峰,等.关于风电不确定性对电力系统影响的评述[J].中国电机工程学报,2014,34(29):5029-5040.

[9]　何世恩,郑伟,智勇,等.大规模集群风电接入电网电能质量问题探讨[J].电力系统保护与控制,2013,41(02):39-44.

[10]　白鸿斌,王瑞红.风电场并网对电网电能质量的影响分析[J].电力系统及其自动化学报,2012,24(01):120-124.

[11]　宋恒东,董学育.风力发电技术现状及发展趋势[J].电工电气,2015(01):1-4.

[12]　宋卓彦,王锡凡,滕予非,等.变速恒频风力发电机组控制技术综述[J].电力系统自动化,2010,34(10):8-17.

[13]　杨淑英,郭磊磊,张兴,等.永磁直驱风力发电系统无速度传感器转矩闭环矢量控制[J].太阳能学报,2017,38(11):3158-3167.

[14]　马宁博.多相电励磁风力发电机选相控制整流技术研究[D].北京:华北电力大学(北京),2019.

[15]　袁昕宜.MW级半直驱风力发电系统用励磁可调型磁通切换电机的研究[D].南京:南京航空航天大学,2019.

[16]　朱云国,张兴,刘淳,等.无刷双馈风力发电机的无速度传感器矢量控制技术[J].电力自动化设备,2013,33(08):125-130+136.

[17] 张琛,蔡旭,李征.具有自主电网同步与弱网稳定运行能力的双馈风电机组控制方法[J].中国电机工程学报,2017,37(02):476-486.

[18] 廖正斐.变速恒频双馈风力发电系统最大风能追踪控制的研究[D].沈阳:沈阳工业大学,2015.

[19] PATI S,SAMANTRAY S . Decoupled control of active and reactive power in a DFIG based wind energy conversion system with conventional P-I controllers[C]// International Conference on Circuit. IEEE,2015.

[20] 钱坤.无刷双馈电机调速技术及应用研究[D].扬州:扬州大学,2017.

[21] 刘岩,王旭,刑岩,等.基于 PSIM 的无刷双馈电机三电平直接转矩算法的建模与仿真[J].辽宁工程技术大学学报(自然科学版),2012,31(05):659-662.

[22] 葛凯,阮毅,赵梅花,等.双馈风力发电系统机侧直接功率控制[J].电力电子技术,2014,48(04):50-52.

[23] 宋亦鹏.不平衡及谐波电网下双馈风力发电系统控制技术[D].杭州:浙江大学,2015.

[24] NIAN H,CHENG P,ZHU Z . Coordinated direct power control of DFIG system without phase locked loop under unbalanced grid voltage conditions [J]. IEEE Transactions on Power Electronics,2016(4):2905-2918.

[25] ERROUISSI R,AL-DURRA A,MUYEEN S M,et al. Offset-free direct power control of DFIG under continuous-time model predictive control[J]. IEEE Transactions on Power Electronics,32(3):2265.

[26] ZHANG S,MISHRA Y,SHAHIDEHPOUR M . Fuzzy-logic based frequency controller for wind farms augmented with energy storage systems[J]. IEEE Transactions on Power Systems,2016,31(2):1595-1603.

[27] KRISHNAMA R , PILLAI G N. Design and implementation of type-2 fuzzy logic controller for DFIG-based wind energy systems in distribution networks[J]. IEEE Transactions on Sustainable Energy,2016,7(1):345-353.

[28] RASHID G,ALI M H . Fault ride through capability improvement of DFIG based wind farm by fuzzy logic controlled parallel resonance fault current limiter [J]. Electric Power Systems Research,2017,146:1-8.

[29] ASHOURIZADEH A,TOULABI M,RANJBAR A M . Coordinated design of fuzzy-based speed controller and auxiliary controllers in a variable speed wind turbine to enhance frequency control [J]. IET Renewable Power Generation,2016,10(9):1298-1308.

[30] AYRIR W,OURAHOU M,EI H B,et al. Direct torque control improvement of a variable speed DFIG based on a fuzzy inference system[J]. Mathematics and Computers in Simulation,2020,167:308-324.

[31] 任志玲,杨永伟,孙雪飞.基于 PSO 与模糊 PI 控制结合的最大风能捕获研究[J].计算机应用与软件,2018,35(11):148-152+167.

[32] AMEL A,DHIA C,DEMBA D,et al. FDI based on artificial neural network for low-voltage-ride-through in DFIG-based wind turbine[J]. ISA Transactions,2016.

[33] SITHARTHAN R,GEETHANJALI M,et al. An adaptive Elman neural network with C-PSO

learning algorithm based pitch angle controller for DFIG based WECS[J]. Journal of Vibration and Control,2017.

[34] CHAOUI H,OKOYE O. Nonlinear power control of doubly fed induction generator wind turbines using neural networks[C]// 2016 IEEE 25th International Symposium on Industrial Electronics (ISIE). IEEE,2016.

[35] SITHARTHAN R,PARTHASARATHY T,SHEEBA R S,et al. An improved radial basis function neural network control strategy-based maximum power point tracking controller for wind power generation system[J]. Transactions of the Institute of Measurement and Control,2019,41 (11):3158-3170.

[36] DOUIRI M R,ESSADKI A,CHERKAOUI M . Neural networks for stable control of nonlinear DFIG in wind power systems[J]. Procedia Computer Science,2018,127:454-463.

[37] 王一博,管萍.基于神经网络的双馈感应发电机滑模控制[J].电机与控制应用,2019,46(07): 31-38.

[38] TOHIDI A,ABEDINIA O,BEKRAVI M,et al. Multivariable adaptive variable structure disturbance rejection control for DFIG system[J]. Complexity,2016,21(4):50-62.

[39] SHI K,YIN X,JIANG L,et al. Perturbation estimation based nonlinear adaptive power decoupling control for DFIG wind turbine[J]. IEEE Transactions on Power Electronics,2019,35(1): 319-333.

[40] CHEN J,WANG Y,ZHU M,et al. Improved rotor braking protection circuit and self-adaptive control for DFIG during grid fault[J]. Energies,2019,12(10):1994.

[41] PATNAIK R K,DASH P K,MAHAPATRA K. Adaptive terminal sliding mode power control of DFIG based wind energy conversion system for stability enhancement [J]. International Transactions on Electrical Energy Systems,2016,26(4):750-782.

[42] 林旭.基于扰动观测器的双馈风力发电系统非线性自适应控制[D].广州:华南理工大学,2019.

[43] 赵梅花.双馈风力发电系统控制策略研究[D].上海:上海大学,2014.

[44] 刘晋.双馈风力发电系统控制策略研究[D].北京:华北电力大学,2014.

[45] 李文慧.基于双 PWM 变换器并网的双馈式风电系统谐波研究[D].成都:西南交通大学,2017.

[46] 董乐.双馈风力发电机低电压穿越控制策略研究[D].锦州:辽宁工业大学,2017.

[47] 刘健.双馈风力发电系统模糊 PI 空载并网和最大风能追踪研究[D].哈尔滨:哈尔滨理工大学,2019.

[48] 曹景冲.双馈风力发电系统最大功率跟踪控制的研究[D].大连:大连海事大学,2018.

[49] GARCIA C E,MORARI M. Internal model control,Unifying review and some new results[C]. Ind. Eng. Chem. Process Des. Dev. 1982,21(2):308-323.

[50] SMITH O J. A controller to overcome dead time[J]. ISAJ,1959,6(2):28-33.

[51] LAMZOURI F E,BOUFOUNAS E M,EL AMRANI A. Power capture optimization of a wind energy conversion system using a backstepping integral sliding mode control[C]//2018 4th International Conference on Optimization and Applications (ICOA). IEEE,2018:1-6.

[52] 周华伟,温旭辉,赵峰,等.基于内模的永磁同步电机滑模电流解耦控制[J].中国电机工程学报, 2012(15):91-99.

[53] UTKIN V,SHI J. Integral sliding mode in systems operating under uncertainty conditions[C]//Digests 35th Annual Conf. IEEE on Dicision and Control,1996:4591-4596.

[54] LAINA R,LAMZOURI F E Z,BOUFOUNAS E M,et al. Intelligent control of a DFIG wind turbine using a PSO evolutionary algorithm[J]. Procedia Computer Science,2018,127:471-480.

[55] MOZAYAN S M,SAAD M,VAHEDI H,et al. Sliding mode control of PMSG wind turbine based on enhanced exponential reaching law[J]. IEEE Transactions on Industrial Electronics,2016,63 (10):6148-6159.

3　基于 KELM 风速软测量的直驱式海上风机变桨距控制研究

本章提出一种基于 KELM 的海上风机风速软测量建模方法,这是一种基于数据驱动的方法,可以建立基于核函数极限学习机的海上风速软测量模型,并应用改进的灰狼优化算法对其进行参数寻优,加强测量精度。最后,基于所建立的风速测量模型,设计了一种前馈-反馈变桨距控制器并对其进行仿真验证,证明了本章研究内容的有效性。

3.1　海上风电背景

在向低碳型能源转变的过程中,海上风电技术被认为是最有前途的技术之一。即使是根据十几年前的方法进行估计,也可以认为地球上可开发的风能资源的五分之一就已经足够满足人类的经济发展需要[1-3]。准确地估计有效风速在最大限度地提取风能以及变桨距控制等先进控制中起着重要的作用。控制系统应在前馈回路机构中利用风机桨叶旋转平面前的风速信息,以补偿风的随机特性,减轻机械载荷[4-5]。基于此,测量海上风速的方法也在不断发展,根据是否使用测量仪器将风速测量技术主要分为两种:仪器测量技术和软测量技术(Soft Sensor Technique)。

仪器测量技术是风电场广泛使用的风速测量技术,大多是将风速计安装在风力机机舱的尾部,通过风速传感器进行风速测量。常用的测量风速的仪器主要有风杯风速计(CA)、皮托管风速仪(PTA)、热线热膜风速仪(HWFA)、超声波测速仪(ADV)和激光多普勒测速仪(LDV)等[6]。这些风速传感器各有利弊,其共同的缺点是使用上述风速计测得的风速仅仅是机舱顶部上一点的风速,而且由于使用了传感器,不得不考虑安装、维护的问题以及抗干扰的能力。有研究者建议在风机桨距角前馈控制中,在旋转平面前,提前使用商用光探测测距(Light Detection and Ranging,LIDAR)设备测量有效风速[7],但是,激光雷达设备非常昂贵,如果为一个风电场的所有风力涡轮机提供激光雷达设备,安装和维护成本将大幅增加。因此,近些年有很多学者对风速软测量(Soft Sensor of Wind Speed,SSWS)技术进行了研究。

总结现有的文献,风速软测量的方法主要有滑模观测器预估风速,卡尔曼滤波及扩展卡尔曼滤波器进行风速软测量建模,支持向量机(SVM)以及多种神经网络算法进行风速软测量的建模。

文献[8]使用卡尔曼滤波和扩展卡尔曼滤波分别进行风速软测量建模并通过仿真对

比了其性能差异,卡尔曼滤波通过估算空气动力学转矩计算有效风速,扩展卡尔曼滤波则是直接估测风速。其仿真结果显示扩展卡尔曼滤波估计器具有更好的性能,这是因为扩展卡尔曼滤波估计器的输入值是风速机舱测量值,其包含噪声和异常值,但是卡尔曼滤波法在进行非线性估计时计算量大,风速变化较大时难以正常工作。文献[9]提出了一种新的非标准卡尔曼滤波器进行有效风速估计,并将估计的风速应用到最大风能捕获的控制中,经验证提出的方法比卡尔曼滤波、标准扩展卡尔曼滤波具有更好的作用,但是该方法需要考虑塔影效应,对于比较精确的风机传动模型和塔架模型,这难以实现。文献[10]利用以滑模观测器为基础的非线性控制理论来估计风力发电机组的发电机转速、感应电动势、转子速度和传递给发电机组轴的气动力矩,然后,再反演计算有效风速,并将该方法与扩展卡尔曼滤波进行了对比,证明具有不错的效果,但是滑模观测器在估计初期存在抖振现象,而且观测器的设计以及李亚普诺夫函数构建较为复杂。文献[11]采用支持向量回归机实行风速估计和预测,并使用粒子群算法对径向基函数实行参数寻优,但是并没有与其他方法进行对比,估计精度较低。

近年来,有许多学者采用发展迅速的人工神经网络方法进行风速软测量建模。印度的 Sitharthan R 等[12]学者提出了一种基于径向基函数神经网络的风速软测量模型,该模型使用粒子群算法进行参数寻优,并将估计的风速信息应用于风电机组的最大功率点追踪控制。不同的神经网络算法各有优缺点,但是其共同缺点是容易陷入局部最优解,随训练次数增加学习效率会逐渐降低,从而导致收敛速度降低。因此,文献[13]提出了一种基于极限学习机的风速估计方法,并与卡尔曼滤波估计器进行对比,结果表明提出的估计器具有更好的性能,且相比于其他神经网络算法收敛的速度更快,但是由于极限学习机本身的缺陷,使得该估计器性能不稳定,泛化性能不好。风速不仅是风电系统的输入变量,而且是决定风电系统工作点的动力学参数量,因此,风速信息在风电系统的控制应用中是非常有用且不可缺少的。在风电机组中,一般通过装置在风机机舱尾部的风速计来测量实时风速,然而用风速计测量的机舱末端风速是不精确的,不能用于先进的控制。

根据目前的研究状况,本章提出一种基于风速软测量的变桨控制策略,采用以径向基函数为核函数的核极限学习机建立风速软测量模型,并提出一种改进的灰狼算法进行核函数的参数选择,最后建立基于软测量模型的前馈-反馈变桨距控制器。本章的组织结构如下:在第 3.2 节,给出了改进的灰狼算法,分别对标准灰狼算法的权重因子和收敛因子进行了改进;在第 3.3 节,使用核极限学习机建立起风速软测量模型并使用改进灰狼算法进行参数优化;在第 3.4 节,基于风速软测量模型设计了前馈-反馈变桨控制器并对其进行仿真研究,并验证了其有效性;在第 3.5 节,对本章研究内容进行总结。

3.2 改进灰狼算法

3.2.1 标准灰狼算法

与传统的优化算法相比,模仿自然现象的仿生优化技术已经变得非常可靠和流行。灰狼优化算法[14]是近年来发展起来的一种基于自然的全局优化方法,与粒子群、蚁群算法类似,也是一种仿生优化算法,它模拟了灰狼的社会行为和捕猎机制,具有结构简单、参数少、易于实现和鲁棒性好等优点,在多个研究范畴都已经被采用并证明效果较好。

单个灰狼族群大多包含 5 至 12 个成员,灰狼群有一个十分严谨的社会阶层划分制度。GWO 算法模拟了灰狼的搜索和狩猎行为。从数学上讲,α 狼代表了最佳的适应度值,它是群体的领导者,数量最少;β 狼代表第二好的适合度值,它在狼群等级中仅低于 α;而 δ 狼排名第三;其他所有的灰狼都叫 ω,适应度值最低。

对于给定的种群大小为 N 的 d 维问题,将种群中的所有个体皆随机初始化,如式(3-1)所示:

$$X_i = (x_i^1, x_i^2, \cdots, x_i^d) \tag{3-1}$$

其中:$i = 1, 2, \cdots, N$。

不止社会等级,灰狼群的集体捕猎机制也值得研究。灰狼群狩猎的步骤主要分为:

(1)跟踪、追逐和接近猎物;

(2)驱赶、包抄,不断袭扰猎物直到猎物无处转移;

(3)向猎物发起攻击。

根据上面的描述,灰狼群在发现猎杀目标后首先会跟踪、包围猎物,这个过程可用下面的数学模型表示:

$$\begin{cases} D = |C \cdot X_p(k) - X(k)| \\ X(k+1) = X_p(k) - A \cdot D \end{cases} \tag{3-2}$$

式中,k 是当前迭代次数;X_p 是猎物的位置向量;X 是灰狼的位置向量。A 和 C 是系数向量,其表达式如下:

$$\begin{cases} A = (2r_1 - 1)a \\ C = 2 \cdot r_2 \end{cases} \tag{3-3}$$

在完成包围之后,灰狼群会展开对猎物的捕捉,在这个过程中,等级越高的狼会起到越重要的作用,因此,ω 狼会根据前三个层级的狼来判断猎物的方位,并跟随 α、β 和 δ 狼进行自身的位置更新,捕猎时每次变换位置的过程数学模型可以表示为:

$$D_g = |C \cdot X_g(k) - X(k)| \tag{3-4}$$

其中:$g = \alpha, \beta, \delta$;$X_g$ 分别是 α、β 和 δ 狼的位置;C 是随机向量;X 是当前位置。由式(3-4)可得到 ω 狼的位置和 α、β、δ 的近似距离,于是可将更新后的位置表示为:

$$X(k+1) = \frac{1}{3} \sum_{g=\alpha}^{\delta} \left[X_g(k) - A \cdot D_g \right] \tag{3-5}$$

式(3-3)中，r_1、r_2 都是随机向量，在$[0,1]$内随机取值。A 由收敛因子 a 来决定，$|A|$控制搜索行为，如图 3-1 所示。如果$|A|>1$，狼群中的个体会远离当前猎物，去搜寻其他猎物，可将此视为全局搜索；如果$|A|<1$，狼群中的个体会向当前猎物靠近，即进行局部搜索。式(3-3)的随机性将灰狼群分为两部分，分别进行全局搜索和局部搜索，每部分的灰狼数量占比由收敛因子 a 控制，其表达式如下所示：

$$a = 2\left(1 - \frac{k}{M}\right) \tag{3-6}$$

其中：M 是最大迭代次数。

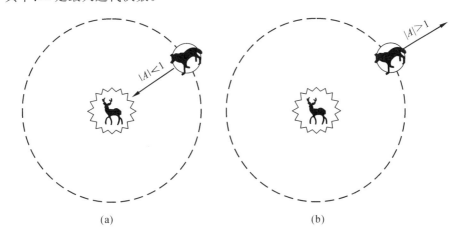

图 3-1　GWO 的全局搜索和局部搜索

（a）局部搜索；（b）全局搜索

3.2.2　非线性收敛因子

根据上述分析，可以知道在标准的灰狼算法中，收敛因子影响着整个算法的迭代，标准 GWO 的收敛因子呈线性关系逐渐下降，也就是说在搜索开始阶段，全局搜索很多，越靠近搜索尾声，局部搜索越多[15]。但是收敛因子的线性变化并不能充分反映 GWO 的探索核发展过程，收敛精度较低，同时，容易陷入局部最优解。因此，本章提出一种新的收敛因子变化方式以提高收敛精度，同时更好地协调算法的全局搜索性能和局部搜索性能，防止算法出现局部最优的问题，所提出的非线性收敛因子的变化方式为：

$$a = \left(2 - \frac{2k}{M}\right)\left(1 - \frac{k^2}{M^2}\right) \tag{3-7}$$

依据式(3-7)，在迭代次数逐渐增长的过程中，收敛因子的衰减率逐渐下降，增强了局部搜索能力，使局部搜索更加精确。

3.2.3　变权重灰狼算法

观察式(3-5)可以发现,在标准的 GWO 算法中,最优解、次优解和第三优解被视为同等重要,这显然是不太合理的。考虑到前三个等级的狼在寻找猎物的过程中具有不同的能力,本研究对 ω 狼的位置更新方式进行改进,即引入不同的权重因子 w_1、w_2 和 w_3 来反映不同等级的狼在追捕猎物的过程中所起到的不同作用,因此,可将式(3-5)改写为:

$$X(k+1) = \sum_{i=1}^{3} w_i X_i, \quad \sum_{i=1}^{3} w_i = 1 \tag{3-8}$$

权重分配的基本思想是,在捕猎开始时,α 狼距离猎物是最近的,β 和 δ 狼则依次增加,此时可以认为 α 狼的位置权重近似等于 1,其余两者的权重则接近于 0;在捕猎的最后阶段,狼都包围了猎物,此时认为 α、β 和 δ 狼的位置权重相等,如式(3-8)所示。据此可以判断,α 狼的权重会随迭代次数递增而逐渐下降,从 1 变化到 1/3,而 β 和 δ 狼的权重则随迭代次数递增而依次增加,从 0 增大到 1/3,即三者近似相等,变化的过程还需要满足 $w_1 \geqslant w_2 \geqslant w_3$ 的关系。据此,可将权重设置如下:

$$\begin{cases} w_1 = \cos\varphi \\ w_2 = \dfrac{1}{2}\sin\varphi \cdot \cos\gamma \\ w_3 = 1 - w_1 - w_2 \end{cases} \tag{3-9}$$

定义式(3-9)中的角度 φ 和 γ 为:

$$\begin{cases} \gamma = \dfrac{1}{2}\arctan(k) \\ \varphi = \dfrac{4}{\pi}\arccos\dfrac{1}{3} \cdot \gamma \end{cases} \tag{3-10}$$

图 3-2 所示分别为收敛因子 a 以及三种领导狼位置权重随迭代次数的变化情况,可见其满足灰狼群的社会等级和捕猎机制。

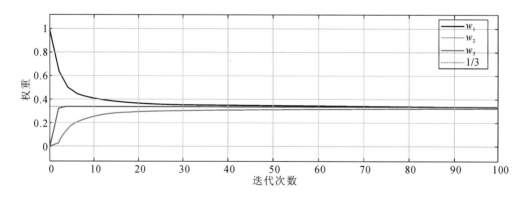

图 3-2　权重-迭代次数关系曲线

至此,本章已经完成了对于标准 GWO 的改进,为了验证改进灰狼算法的有效性,选

择下面两个常用的基准测试函数进行验证,并且与标准的 GWO 算法和粒子群算法进行对比:

$$\begin{cases} f_1(x) = \sum_{i=1}^{n} \left[x_i^2 - 10\cos(2\pi x_i) + 10 \right] \\ f_2(x) = \sum_{i=1}^{n} |x_i| + \prod_{i=1}^{n} |x_i| \end{cases} \tag{3-11}$$

经过仿真试验得到表 3-1 所示的测试函数仿真结果和图 3-3 所示的最优解与迭代次数曲线。

表 3-1　测试函数仿真结果

测试函数	IGWO		GWO		PSO	
	标准差	平均值	标准差	平均值	标准差	平均值
$f_1(x)$	2.76	3.68	7.36	6.12	70.26	18.51
$f_2(x)$	$1.49e-13$	$1.02e-13$	$1.76e-09$	$1.25e-09$	0.302	0.186

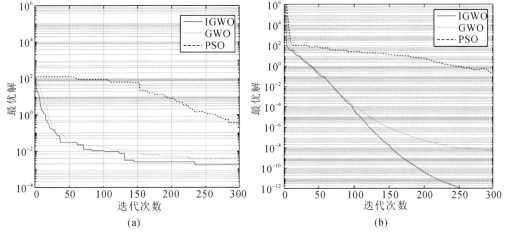

图 3-3　测试函数收敛曲线

(a) $f_1(x)$ 测试函数仿真结果;(b) $f_2(x)$ 测试函数仿真结果

由表 3-1 和图 3-3 反映的结果可以发现,本章提出的改进灰狼算法相较于标准的 GWO 算法和标准的 PSO 算法,对这两个测试函数而言都表现出更快的收敛速度和精确度,证明了本章对于灰狼算法改进的有效性和优越性。

3.3　基于核极限学习机的风速软测量建模

3.3.1　标准极限学习机

ELM 是一种全连接的前向单隐层神经网络[16],其网络构成由图 3-4 给出。

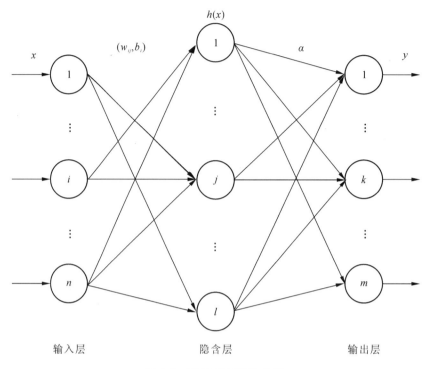

图 3-4　ELM 的网络结构图

图中，n、m、l 分别表示输入、输出和隐含层神经元的数目；w_{ij} 是第 i 个输入层和第 j 个隐含层神经元间的权值；α_{jk} 是第 j 个隐含层和第 k 个输出层神经元间的权值；b_i 是第 i 个隐含层神经元的阈值。

假定 ELM 的激活函数为 $g(x)$，训练样总数为 N，训练集输入矩阵为 x_i，输出矩阵为 y_i，它们分别为：

$$x_i = [x_{i1}, x_{i2}, \cdots, x_{in}]^T \tag{3-12}$$

$$y_i = [y_{i1}, y_{i2}, \cdots, y_{im}]^T \tag{3-13}$$

网络输出可用下式表示：

$$\sum_{i=1}^{l} \alpha_i g_i(x_j) = \sum_{i=1}^{l} \alpha_i g(w_i \cdot x_j + b_i) = t_j \quad (j = 1, 2, \cdots, N) \tag{3-14}$$

式中：$w_i = [w_{i1}, w_{i2}, \cdots, w_{in}]^T$，$\alpha_i = [\alpha_{i1}, \alpha_{i2}, \cdots, \alpha_{im}]^T$。

标准的具有 l 个隐含层神经元的 SLFN 网络可以近似零误差地逼近 N 个训练样本，意味着 $\sum_{j=1}^{l} \| t_j - y_j \| = 0$，即存在 α_i、w_i 和 b_i 使得：

$$\sum_{i=1}^{l} \alpha_i g(w_i \cdot x_j + b_i) = y_j \quad (j = 1, 2, \cdots, N) \tag{3-15}$$

式(3-15)可以写为如下形式：

$$H\alpha = Y \tag{3-16}$$

其中，H 是隐含层输出矩阵，其表达式为：

$$H(\omega_1,\omega_2,\cdots,\omega_l,b_1,b_2,\cdots,b_l,x_1,x_2,\cdots,x_N)=$$

$$\begin{bmatrix} g(\omega_1\cdot x_1+b_1) & g(\omega_2\cdot x_1+b_2) & \cdots & g(\omega_l\cdot x_1+b_l) \\ g(\omega_1\cdot x_2+b_1) & g(\omega_2\cdot x_2+b_2) & \cdots & g(\omega_l\cdot x_2+b_l) \\ \cdots & \cdots & \cdots & \cdots \\ g(\omega_1\cdot x_N+b_1) & g(\omega_2\cdot x_N+b_2) & \cdots & g(\omega_l\cdot x_N+b_l) \end{bmatrix}_{N\times l} \tag{3-17}$$

$$\alpha=\begin{bmatrix} \alpha_1^T \\ \alpha_2^T \\ \vdots \\ \alpha_l^T \end{bmatrix}_{l\times m} \qquad Y=\begin{bmatrix} y_1^T \\ y_2^T \\ \vdots \\ y_N^T \end{bmatrix}_{N\times m} \tag{3-18}$$

综上,训练一个 SLFN 网络,目的是找到具体的 $\hat{\alpha}_i$、$\hat{w}_i$ 和 $\hat{b}_i$ 使得误差最小,即:

$$\|H(\hat{w}_1,\cdots,\hat{w}_l,\hat{b}_1,\cdots,\hat{b}_l)\hat{\alpha}-Y\|=\min_{w_i,b_i,\alpha}\|H(w_1,\cdots,w_l,b_1,\cdots,b_l)\alpha-Y\| \tag{3-19}$$

根据 Huang G B 提出的两条定理可知,与普遍理解的 SLFN 网络全部参数都需要调整不同的是,输入权值 w_i 和隐含层偏差 b_i 实际上没有必要进行调整,而且一旦在学习开始时给这些参数分配了随机值,隐含层输出矩阵 H 实际上可以保持不变。于是,ELM 的思想是 w_i 和 b_i 在训练开始前由系统随机选取,训练 SLFN 网络可以等效为找到线性系统 $H\alpha=Y$ 的最小二乘解,即:

$$\|H(w_1,\cdots,w_l,b_1,\cdots,b_l)\hat{\alpha}-Y\|=\min_{\alpha}\|H(w_1,\cdots,w_l,b_1,\cdots,b_l)\alpha-Y\| \tag{3-20}$$

其解为:

$$\hat{\alpha}=H^+Y=(H^TH)^{-1}H^TY \tag{3-21}$$

式中:H^+ 为隐含层输出矩阵 H 的 Moore-Penrose 广义逆矩阵。

3.3.2　核极限学习机

经过上面关于 ELM 的分析,我们知道 ELM 模型建立过程中,输入权值和隐藏层偏置量都是随机产生的,其学习效果不能保证,相应地会降低其稳定性和泛化能力,因此对初始权值和偏置进行调整优化是很有必要的。为了解决这一问题,Huang G B 将核函数引入到 ELM 中,提出了基于核学习的 ELM,即核极限学习机[17]。

在 ELM 的基础上,为了提高模型的泛化性,不仅要将训练误差最小化,还要令输出权值的范数最小化,即:

$$\min:\|H\alpha-T\|^2 \& \|\alpha\| \tag{3-22}$$

引入 Lagrange 乘子,将式(3-22)转换为等价目标函数:

$$\begin{cases} \min:L=\dfrac{1}{2}\|\alpha\|^2+\dfrac{1}{2}C\sum_{i=1}^N e_i^2 \\ st:h(x_i)\alpha=y_i-e_i \quad (i=1,2,\cdots,N) \end{cases} \tag{3-23}$$

其中 $e_i=[e_{i1},e_{i2},\cdots,e_{im}](i=1,2,\cdots,N)$ 是网络输出与真实值之间的误差,基于 KKT 定理,训练 ELM 等价于求解以下对偶优化问题:

$$\min : L = \frac{1}{2} \parallel \alpha^2 \parallel + \frac{C}{2} \sum_{i=1}^{N} e_i^2 - \sum_{i=1}^{N} \mu_i [h(x_i)\alpha - y_i + e_i] \qquad (3\text{-}24)$$

其中 μ_i 是第 i 个样本的 Lagrange 乘子，C 是非负常数，相应的最优性条件可用下式表达：

$$\begin{cases} \dfrac{\partial L_{ELM}}{\partial \alpha} = 0 \rightarrow \alpha = \sum_{i=1}^{N} \mu_i h(x_i)^T = H^T \mu \\[3mm] \dfrac{\partial L_{ELM}}{\partial e_i} = 0 \rightarrow \mu_i = Ce_i \quad (i = 1, 2, \cdots, N) \\[3mm] \dfrac{\partial L_{ELM}}{\partial \mu_i} = 0 \rightarrow h(x_i)\alpha - y_i + e_i = 0 \quad (i = 1, 2, \cdots, N) \end{cases} \qquad (3\text{-}25)$$

其中：$\mu = [\mu_1, \mu_2, \cdots, \mu_N]^T$。

将式(3-25)的第一式和第二式代入到第三式中，可以将其等价写为：

$$\left(\frac{I}{C} + HH^T \right)\mu = Y \qquad (3\text{-}26)$$

根据式(3-25)的第一式和式(3-26)可得：

$$\alpha = H^T \left(\frac{I}{C} + HH^T \right)^{-1} Y \qquad (3\text{-}27)$$

将式(3-27)代入到广义 ELM 输出函数 $f(x) = h(x)\alpha$ 中，可得到如下表达式：

$$f(x) = \text{sign} \left(h(x) H^T (HH^T + \frac{I}{C})^{-1} Y \right) \qquad (3\text{-}28)$$

可以看到式(3-28)中 HH^T 和 $h(x)H^T$ 都是内积形式，根据 Mercer 条件理论，核函数也是内积形式，可以为 ELM 定义核矩阵：

$$K_{ELM} = HH^T \rightarrow K_{ELMi,j} = h(x_i) \cdot h(x_j) = K(x_i, x_j) \qquad (3\text{-}29)$$

因此，ELM 的输出函数可以写为：

$$f(x) = \begin{bmatrix} K(x, x_1) \\ \vdots \\ K(x, x_N) \end{bmatrix}^T \left(\frac{I}{C} + K_{ELM} \right)^{-1} Y \qquad (3\text{-}30)$$

核函数及其参数的选择目前还没有一般性的结论，参考工业软测量相关领域的文献，本章选择高斯核函数，通过调整合适的 σ 值，RBF 具有较高的灵活性和泛化能力。

3.3.3 风速软测量模型建立及仿真分析

本章提出的基于 KELM 的风速软测量方法，其设计步骤包括：分析具体场景选择合适的二次变量、数据采集及预处理、软测量建模、模型优化等。设计流程如图 3-5 所示。

具体的设计步骤分别在下面给出：

(1)确定二次变量

根据第 3.2 节对于风机数学模型的分析，可知风力机输出的机械功率是有效风速、风能利用系数的函数，又知风能利用系数由桨距角 β 和叶尖速比 λ 决定。进一步分析可

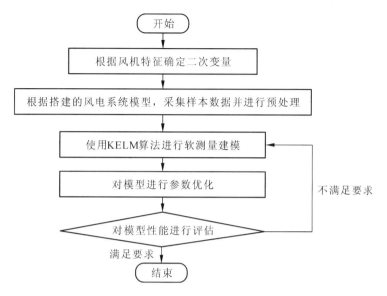

图 3-5　风速软测量设计流程

知,风机的输出功率 P_m 是一个关于 v、ω 和 β 的函数,而且不是线性关系。根据风速软测量的原理,v 可以表示为 P_m、ω 和 β 的非线性函数,即

$$v = f(\omega, P_m, \beta) \tag{3-31}$$

因此,二次变量选择为风机的转动角速度 ω、输出功率 P_m 和桨距角 β,目标变量为有效风速 v。式(3-31)即为软测量模型期望建立的映射关系,本章选择核极限学习机,作为一种神经网络算法,KELM 只需要对象的输入和输出,通过训练就可以得到它们之间的映射关系。因此,风速软测量的基本原理示意图见图 3-6,三个二次变量作为模型输入,有效风速作为输出。

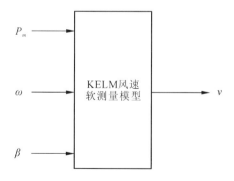

图 3-6　基于 KELM 的风速软测量模型

(2)数据采集及预处理

风速软测量模型需要数据样本进行训练,真实数据可以利用风力机的风洞试验获取。考虑到实验条件有限,本节使用机理法进行数据采集,即根据建立的变桨距风电系统仿真模型模拟实际的物理系统,风速模型选用第 3.2 节所建立的组合风速模型。为了

反映风电机组区域Ⅱ和Ⅲ的运行特性,输入风速设定在 9～17m/s,见图 3-7(a)。采集仿真数据作为风速软测量模型的样本,采样周期设为 0.01s,仿真时间为 15s,共采集到 1500 个数据集,样本数据如图 3-7 所示。包含有效风速、机组输出功率、风机旋转速度和桨距角,将其打乱顺序后取前 1300 个数据集作为训练集,其余的作为测试集。虽然仿真系统与真实的物理模型存在差距,但能够一定程度上反映所提出的方法的有效性。

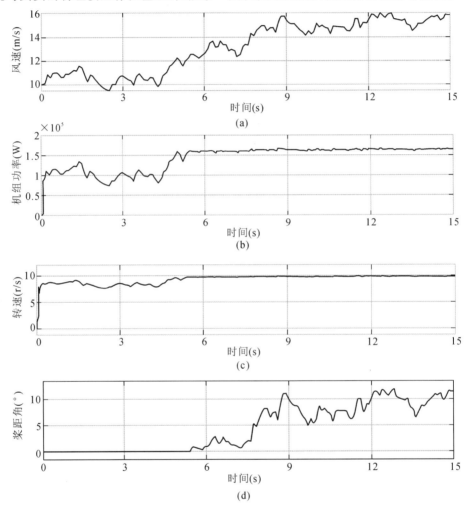

图 3-7 采集到的样本数据

(a)组合风速序列;(b)机组输出功率;(c)风力机转速;(d)桨距角

海上风机风速软测量模型的性能很大程度上是由数据样本决定的,因此,对采集到的样本集进行预处理是很有必要的。常用的预处理方法包括滤波和归一化处理。滤波处理主要用于从真实物理模型中获取的数据集处理中,因为实际测量的精度受到大量因素的影响,如传感器测量误差、天气影响、人工操作误差等;归一化处理适用于几乎所有样本集的预处理,其目的是将不同数量级的数据转换到同一量级,从而避免低数量级的变量在建模时被淹没。

由于本节所采集的数据集是通过仿真系统获取的,故只需要对其执行归一化的预处理。归一化处理的思想是把不同数量级的变量转换到[0,1]、[-1,1]的区间上,本节选择将数据样本线性映射在[0,1]区间上,使用式(3-32)实现归一化处理。

$$x'_i = \frac{x_i - x_{\min}}{x_{\max} - x_{\min}} \tag{3-32}$$

式中:x_i 是第 i 个样本数据;$x_{\max}$ 是样本集中的最大值;$x_{\min}$ 是样本集中的最小值;x'_i 是经过归一化处理后的值。

在经过模型训练后,还需要进行反归一化,将模型输出的有效风速转换到实际范围,反归一化使用式(3-33)完成。

$$y_i = y_i' \times (y_{\max} - y_{\min}) + y_{\min} \tag{3-33}$$

式中:y' 是模型输出;$y_{\max}$ 和 $y_{\min}$ 分别是原始样本集中的最大数值和最小数值;y_i 是反归一化后的数据。

(3)使用改进灰狼算法对 KELM 进行参数寻优

综上所述,可以得到图 3-8 展示的基于 IGWO 算法优化的 KELM 流程图,初始化 KELM 参数之后,采用本章提出的改进灰狼算法对径向基函数进行参数寻优,然后根据寻优得到的参数计算核矩阵。

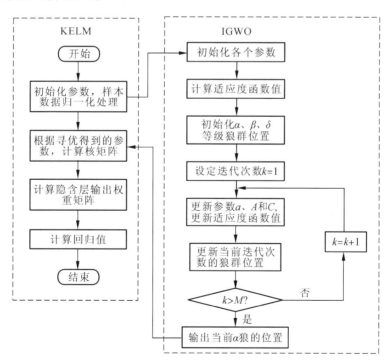

图 3-8 基于改进灰狼算法优化的 KELM 流程图

为了验证本章方法的有效性,分别使用标准极限学习机算法、基于网格搜索法参数寻优的 KELM、基于标准 GWO 算法参数寻优的 KELM 和本章的方法进行风速软测量建模和仿真,并将它们的结果进行对比分析。

根据上述算法流程图,采用本章提出的改进灰狼算法进行参数寻优得到的最佳参数对是(16,0.1),即 C 取 16, σ 取 0.1。图 3-9 所示为采用改进灰狼算法进行参数寻优的 KELM 算法的风速预估结果。其程序执行时间为 0.8745s,均方误差的值为 0.008247,R^2 的值为 0.998239。

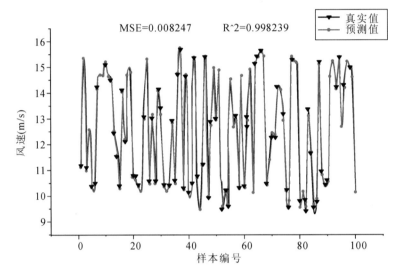

图 3-9　采用 IGWO 算法优化的 KELM 风速预估结果

图 3-10 显示了使用四种方法分别进行风速软测量的结果和风速样本的真实值之间的差异。

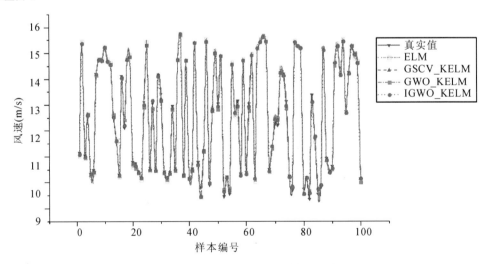

图 3-10　四种方法风速软测量结果对比图

由图 3-10 可以发现,红色线条和黑色线条几乎是重合的,表明本节提出的方法具有最高的预测精度,而橙色线条所代表的极限学习机算法误差最大。为了更直观地观察各个方法的优劣,本节绘制出了表 3-2 所示的性能指标对比,分别给出四种方法的训练时间、均方误差 MSE 和决定系数 R^2。

表 3-2 四种方法的各性能指标对比

使用算法	评价指标		
	执行时间(s)	均方误差	决定系数
标准的极限学习机	0.3821	0.018431	0.996273
基于网格搜索的 KELM	125.1246	0.011663	0.997485
基于灰狼算法的 KLEM	0.8732	0.014032	0.996959
基于改进灰狼算法的 KELM	1.2468	0.008247	0.998239

从表 3-2 可以发现,标准的极限学习机算法训练速度最快,但同时其均方误差也最大,估计精度较差。基于灰狼算法的 KELM 算法训练速度慢于 ELM,但是精度有所提升。基于网格搜索法进行参数寻优的 KELM 模型精度还要高于基于灰狼算法寻优的 KELM 模型,但是其执行时间要大得多。采用本节提出的改进灰狼算法进行参数寻优的 KELM 模型具有最好的估计精度,虽然其执行时间稍大于另外两种方法,但是因其精度较高,可以接受。

3.4 基于风速软测量的变桨距控制策略

3.4.1 基于风速软测量的变桨距控制器设计

反馈控制器是根据偏差进行调节,并没有利用到有效风速信息,对于强非线性、随机性的风电变桨距系统来说控制效果是有上限的,存在一定的时延。对于风机的变桨距控制系统,如果能够得到风机叶片迎风面处的有效风速信息,并利用其设计前馈控制器,结合反馈控制器共同作用,不仅可以改善控制精度,也能够抵消控制器的时延效果。引入前馈控制环节可以将风速信息应用到变桨距控制中,从而弥补反馈控制的迟滞,完成动态前馈补偿的作用。其基本原理是根据风机的气动特性,建立桨距角和风速的稳态关系,进而利用风速软测量模型测得的风速信息得到对应的参考桨距角,进而完成前馈控制器的设计。

根据第 3.2 节对于风力发电机特性的分析,可以知道在风机的运行区域Ⅲ,通过改变桨距角,可控制风机输出功率恒定,这是因为输出功率受风能利用系数和风速的影响,根据风力机的基本知识有:

$$\begin{cases} P_m = \frac{1}{2}\rho\pi R^2 v^3 \left[0.5176\left(\frac{116}{\lambda_i} - 0.4\beta - 5\right)^{-\frac{21}{\lambda_i}} + 0.0068\lambda\right] \\ \frac{1}{\lambda_i} = \frac{1}{\lambda + 0.08\beta} - \frac{0.035}{\beta^3 + 1} \end{cases} \tag{3-34}$$

根据第 3.3 节建立的风速软测量模型可以得到有效风速,为了建立前馈补偿器,需要得到如下的关系式:

$$\beta = f(P_m, v) \tag{3-35}$$

观察式(3-34),可以发现很难直接得到式(3-35)所示的关系式,可采用下面所示的方法进行求解。首先根据图 3-11 所示的计算流程,将风速的变化步长设置为 1m/s,计算风速范围在 12m/s 至 25m/s 内各个风速对应的桨距角,然后,将风速作为自变量,桨距角作为因变量,对其进行拟合,从而得到式(3-35)的关系式。

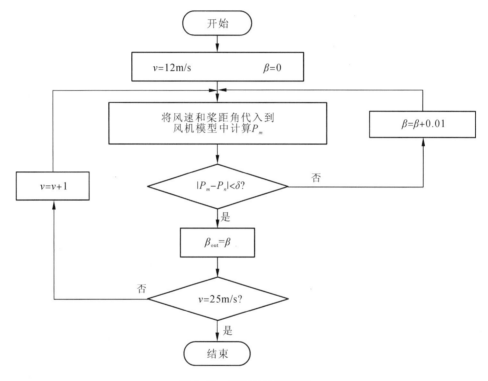

图 3-11 桨距角计算流程

图 3-11 中,首先根据风机运行特性,从额定风速即 12m/s 开始,此时对应的桨距角是 0°,然后按照运行区域Ⅲ功率恒定、转速恒定的控制目标进行程序编写。δ 是预先设定的误差允许值,本章将其设置为 500W。根据图 3-11 所示的流程,可以计算出一系列风速—桨距角数据对,在表 3-3 中列出部分风速及与其对应的桨距角。

表 3-3 部分风速及与其对应的桨距角

采样编号	1	2	3	4	5	6	7	8	9
风速(m/s)	12	13	14	15	16	17	18	19	20
桨距角(°)	0	2.34	5.58	9.81	13.27	16.29	18.89	21.12	22.90

根据表 3-3 所示的数据表,可以通过多项式拟合方法进行求解得到风速-桨距角曲线,即假设如下的多项式:

$$\beta = a + bv + cv^2 + dv^3 \tag{3-36}$$

通过拟合后可以得到如下关系式：

$$\beta = -51.3741 + 3.9645v + 0.0709v^2 - 0.0042v^3 \tag{3-37}$$

将式(3-37)用更加直接的曲线来描述，如图 3-12 所示，图中反映出风速与桨距角的非线性关系。根据该图的走势，可以发现风速与桨距角大概呈现这样的变化趋势，即在额定风速附近，刚开始随着风速增加，桨距角增加得比较快，在逐渐接近切出风速的过程中，斜率逐渐降低。

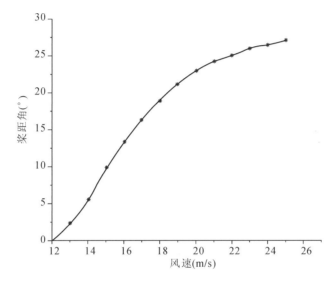

图 3-12　风速-桨距角曲线

结合已经在变桨距控制中广泛使用的模糊 PID 反馈控制器和上文所述的前馈补偿器，可以绘制得到如图 3-13 所示的基于风速软测量的变桨距控制策略示意图。根据该图描述的控制策略，可对风机进行变桨距控制。

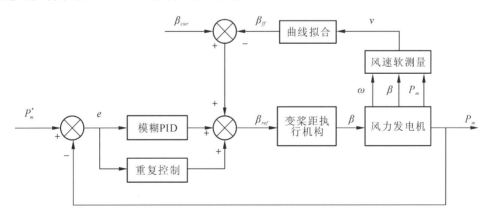

图 3-13　基于风速软测量的变桨距控制策略示意图

图 3-13 中，β_{ff} 是功率恒定状态下与此刻风速值相对应的桨距角，β_{cur} 是当前时刻的风

机实际桨距角。风速软测量模块为采用前文提出的基于改进灰狼算法参数优化的KELM进行建模并且训练过后的模型。

3.4.2 仿真研究

根据图 3-13 所示的变桨距控制策略，可以在 MATLAB/Simulink 平台搭建如图 3-14所示的基于 KELM 风速软测量的变桨距控制器模块，仿真相关参数见表 3-4，依次使用阶跃风速、阵风风速和随机风速实施仿真验证。

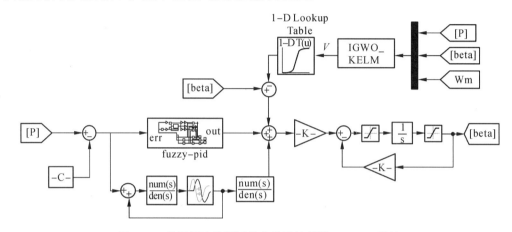

图 3-14　基于风速软测量的变桨距控制器 Simulink 模块

表 3-4　风电机组仿真参数

参数名称	取值
叶片半径 R	10m
空气密度 ρ	1.225kg/m^3
初始桨距角	0°
额定风速 $v_\text{额}$	12m/s
额定功率 $P_\text{额}$	160kW
最佳叶尖速比 λ_opt	8.1
最佳风能利用系数 $C_{P\text{opt}}$	0.48
变桨时间常数 τ_β	0.2s
定子电阻 R_s	0.05Ω
定子电感 L	6.35e^{-4} H
极对数 P_n	10
永磁体磁链幅值 φ_f	1.92

（1）阶跃风速仿真结果分析

图 3-15 所示为仿真采用的阶跃风速曲线，在 2s 时风速由 12m/s 突变为 14m/s。

图 3-16 所示为在上述阶跃风速下的桨距角调节对比曲线。从该曲线可以看出，与单纯的反馈控制器相比，能够更快地对风速变化作出反应，对桨距角进行快速补偿，调节响

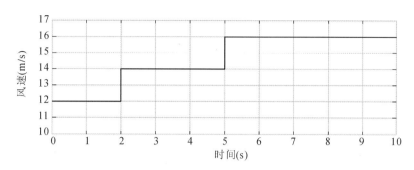

图 3-15 阶跃风速曲线

应速度比单独的反馈控制器更快,能够在 0.08s 左右就完成桨距角调节,达到稳定状态,而单独的重复-模糊控制器则需要 0.13s,最终桨距角稳定在 5.6°附近,与上文中风速-桨距角曲线也达到了一致。证明了本章提供的方案的可实施性和优越性。

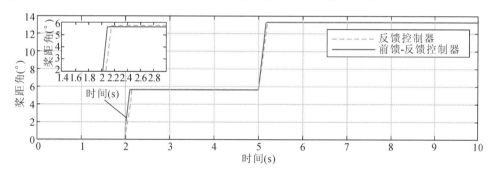

图 3-16 阶跃风速下桨距角调节对比曲线

图 3-17 所示为在给定的阶跃风速下输出功率的对比曲线。可以看到,在 2s 前,风电系统处于稳定状态,即恒功率输出状态。2s 时风速瞬间突变为 14m/s,本章描述的控制器无论是超调量还是调整时间都要优于单独的反馈控制器,也就是说,本章提供的控制策略可以有效减少风速突变对电网的冲击,同时也缩短了调节时间,具有较好的动态和稳态性能。

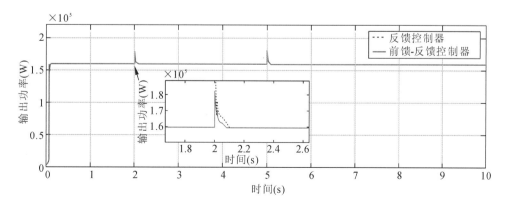

图 3-17 阶跃风速下输出功率对比曲线

（2）阵风风速仿真结果分析

图 3-18 所示为仿真采用的阵风风速曲线，最大风速为 20m/s。

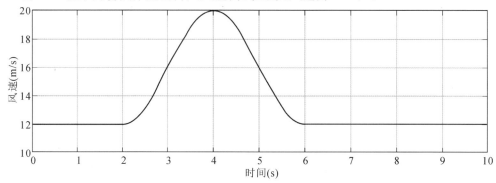

图 3-18　阵风风速曲线

阵风风况下，单纯反馈控制与前馈-反馈复合控制方案的对比结果在图 3-19 和图 3-20 中给出，分别比较了机组输出功率、桨距角调节趋势曲线。图 3-19 的结果显示，与单纯的反馈控制器相比，所提出的控制方案能够更快地对风速变化作出反应，对桨距角进行快速补偿，调节响应速度更快，而且变桨距执行机构的疲劳较小。图 3-20 的结果表明，所提出的控制方案使得输出功率更加平滑，同时也缩短了调节时间和超调量，具有较好的动态和稳态性能。

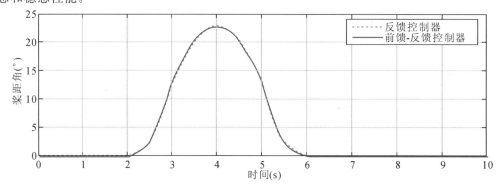

图 3-19　阵风风速下桨距角调节对比曲线

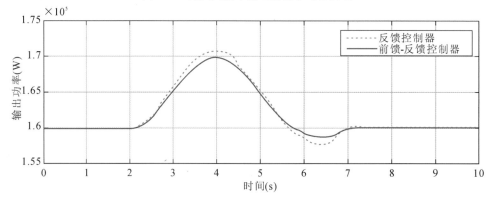

图 3-20　阵风风速下输出功率对比曲线

（3）随机风速仿真结果分析

图 3-21 所示为仿真采用的随机风速曲线，平均风速为 14m/s。

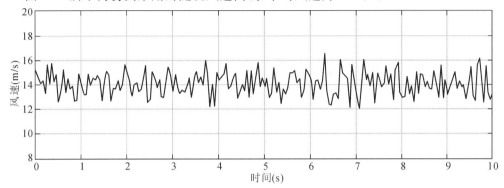

图 3-21　随机风速曲线

随机风况下，单纯反馈控制与前馈-反馈复合控制方案的对比结果在图 3-22 和图 3-23 中给出，分别比较了机组输出功率、桨距角调节趋势曲线。图 3-22 的结果显示，与单纯的反馈控制器相比，所提出的控制方案在风速快速变化时，桨距角调节更加平稳，而且变桨执行机构的疲劳较小。图 3-23 的结果表明，所提出的控制方案使得输出功率更加平滑，稳态误差也更小，具有较好的动态和稳态性能。

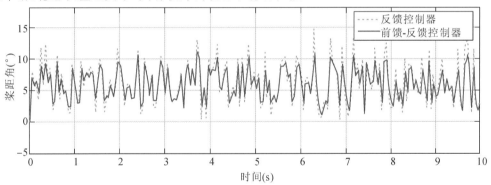

图 3-22　随机风速下桨距角调节对比曲线

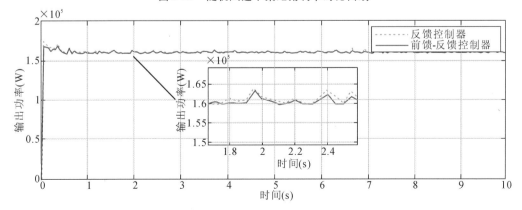

图 3-23　随机风速下输出功率对比曲线

3.5 本章小结

本章针对传统风速计受到安装位置、多种扰动的影响难以测得海上风机风轮迎风面前端有效风速的问题,提出一种基于核极限学习机的海上风机风速软测量策略,通过分析海上风力发电机的运行特性,选择桨距角、输出功率和风轮转速作为模型的输入。为了提高测量的精确度,本章分别采用网格搜索法、灰狼优化算法和改进灰狼算法对核极限学习机进行参数寻优,建立参数优化后的 KELM 风速软测量模型。仿真结果表明,测量精度得到改善,测量时间也得到缩减,可以快速且较准确地测得有效风速。针对有效风速没有被使用在变桨距控制中的问题,设计了基于风速软测量的变桨距控制器,控制器包括前馈补偿器和反馈控制器两部分。反馈控制器采用重复-模糊 PID 方法,在误差出现时能实现较好的控制效果,其次,构建了以风速软测量为基础的前馈环节,将有效风速信息应用到变桨距控制器中,有效地弥补功率反馈信号滞后带来的延时问题。

参 考 文 献

[1] ENEVOLDSEN P, VALENTINE S V, SOVACOOL B K. Insights into wind sites: Critically assessing the innovation, cost, and performance dynamics of global wind energy development[J]. Energy Policy, 2018, 120(SEP.):1-7.

[2] HAO S, KUAH A, RUDD C D, et al. A circular economy approach to green energy: Wind turbine, waste, and material recovery[J]. Science of the Total Environment, 2019, 702:135054.

[3] ZHANG R, SHEN G, NI M, et al. An overview on the status quo of onshore and offshore wind power development and wind power enterprise localization in China[J]. International Journal of Green Energy, 2019, 16(1):1-19.

[4] SI W, WANG Y, CHENG S. Extreme learning machine based wind speed estimation and sensorless control for wind turbine power generation system[J]. Neurocomputing, 2013, 102(FEB. 15):163-175.

[5] VUKADINOVIC V, MARTINOVIC L, ZECEVIC Z, et al. Comparative analysis of Kalman-type filters for effective wind speed estimation[C]//2021 25th International Conference on Information Technology (IT). 2021.

[6] FUKAO S, SATO T, MAY P T, et al. A systematic error in MST/ST radar wind measurement induced by a finite range volume effect, 1. Observational results[J]. Radio Science, 2016, 23(1):59-73.

[7] BAO J, YUE H, LEITHEAD W E, et al. Feedforward control for wind turbine load reduction with pseudo-LIDAR measurement[J]. International Journal of Automation and Computing, 2018, 15(2):142-155.

[8] SONG D, YANG J, DONG M, et al. Kalman filter-based wind speed estimation for wind turbine

control[J]. International Journal of Control Automation & Systems,2017,15(3):1089-1096.

[9] SONG D , YANG J ,CAI Z,et al. Wind estimation with a non-standard extended Kalman filter and its application on maximum power extraction for variable speed wind turbines[J]. Applied Energy, 2017,190(MAR. 15):670-685.

[10] HUSSAIN J ,MISHRA M K. An efficient wind speed computation method using sliding mode observers in wind energy conversion system control applications [J]. IEEE Transactions on Industry Applications,2019,56(1):730-739.

[11] JIAO X , YANG Q , ZHU C,et al. Effective wind speed estimation and prediction based feedforward feedback pitch control for wind turbines[C]// 2019 12th Asian Control Conference (ASCC). IEEE,2019.

[12] SITHARTHAN R , KARTHIKEYAN M , SUNDAR D S,et al. Adaptive hybrid intelligent MPPT controller to approximate effectual wind speed and optimal rotor speed of variable speed wind turbine[J]. ISA Transactions,2020,96:479-489.

[13] DENG X , YANG J ,SUN Y,et al. Sensorless effective wind speed estimation method based on unknown input disturbance observer and extreme learning machine[J]. Energy,2019,186(Nov. 1):115790. 1-115790. 14.

[14] SM A ,SMM B ,AL A. Grey wolf optimizer[J]. Advances in Engineering Software,2014:46-61.

[15] GAO Z M ,ZHAO J ,HU Y R . Improved grey wolf optimisation algorithms[J]. The Journal of Engineering,2020(6).

[16] HUANG G B. Extreme learning machine:A new learning scheme for feedforward neural networks [J]. Proc. intl Joint Conf. on Neural Networks,2004,2:985-990.

[17] HUANG G B,ZHOU H,DING X,et al. Extreme learning machine for regression and multiclass classification[J]. IEEE Transactions on Systems Man & Cybernetics Part B, 2012, 42 (2): 513-529.

4 基于多信号前馈的双馈异步漂浮式海上风电机组最大功率点追踪研究

海上风能作为一种清洁能源在世界范围内被广泛开发利用，由于海上风能波动性和间歇性的特点，许多挑战也随之而来。提高海上风力涡轮机的功率，使其保持在最大功率点运行，是至关重要的。因此，本章提出了一种基于多信号前馈的漂浮式海上风电机组最大功率点追踪方法。通过引入多信号前馈得到的附加转速，叠加到传统方法的最佳转速，以作为该混合系统新的参考转速，来提高该系统的响应速度和稳定性。同时，将滑模控制与信号前馈相结合，采用新的滑模控制率来削弱海上风力涡轮机的功率振荡，可以以此来提高系统的稳定性。最后，通过 MATLAB 模拟仿真，仿真结果表明所提出的新结构和系统，对于海上风力涡轮机保持在最大功率点运行是可行的和有效的。

4.1 风电机组最大功率点追踪研究概述

随着能源的需求日益增加，以及对环境保护观念的不断提升，开发新的可替代的清洁能源成为新的研究重点。海上风能被认为是最清洁、具有发展潜力的能源。近几年全球风电行业得到飞速发展，2018 年全球风机新增装机容量为 51.3GW，预计 2023 年全球新增风机装机容量将达到 70.2GW。但是，由于风能风速波动性大、不确定性以及间歇性的特点，给风力涡轮机并网运行以及提供可靠稳定的功率输出带来了很大的困难。使风力涡轮机保持在最大功率点运行，对于提高风力发电系统并网的稳定性、捕获最大功率具有很大意义[1]。

根据发电机的控制技术以及运行特征，可以将风力发电系统分为恒速恒频(CSCF)风力发电系统和变速恒频(VSCF)风力发电系统[2]。恒速恒频发电系统最常用的是鼠笼感应电机(SCIG)，虽然该风机结构和控制简单，但由于风力机转速不能随风速变化而变化，导致风能利用率不高；风速突变时，会产生很大的机械应力，危害设备使用寿命，并网时会产生很大的电流冲击。变速恒频发电系统是一种新型发电技术，正逐步取代恒速恒频发电系统成为主流机型。目前，最常用的是双馈异步电机(DFIG)和永磁同步电机(PMSG)。DFIG 可以调节的励磁量包括励磁电流的幅值、频率和相位。通过调节励磁电流，不仅可以调节发电机的无功功率，也可以调节有功功率。通过 PWM 功率变换器，可以抑制谐波，减少开关损耗，允许原动机在一定范围内变速运行，提高了机组的运行效率；采用矢量控制技术，实现功率的解耦控制，实现系统单位功率因数运行。因此，双馈感应电机变速恒频风力系统是目前市场上广受欢迎的风力发电系统[3-5]。

由于风速的波动性和随机性,在动态过程中使风电系统保持最大功率运行是一件很困难的事。MPPT 控制系统就是使风力涡轮机追踪最大功率点保持最大功率运行。根据其控制原理可将 MPPT 分为两大类:直接功率控制和间接功率控制。间接功率控制包括叶尖速比法、转矩法和功率反馈法[6]。最佳叶尖速比法依赖于真实的风速和风力发电系统的特性,不同的发电系统有不同的最优值。文献[7]提出了一种功率和风速混合的智能 MPPT 算法,来减小速度差的范围,提高系统稳定性。最佳功率控制是一种比较成熟的控制,不依赖于风速,通过双闭环控制系统对电机功率实施控制。文献[8]提出了一种基于定速巡航的 PI 控制器来提高功率追踪。文献[9]提出了一种无速度传感器的控制结构,对参数不确定性和风速扰动具有较强的鲁棒性和稳定性。文献[10]提出了一种自适应直接功率控制,使其对参数、负荷和风速变化有较强的鲁棒性。直接功率控制包括观察扰动法、电导增量法和最优关系法。文献[11]提出了一种新的变步长观察扰动法来提高搜索的速度。文献[12]提出了基于摄动观测的非线性自适应控制方法设计并网漂浮式海上风电机组的鲁棒 MPPT 控制器。随着现代工业控制对控制精度的提高,单一的控制系统已经不能满足工业控制的需求。除了上述 IPC 和 DPC,MPPT 更多采用混合控制,利用新的智能算法、最优路径优化等来解决问题[13-14]。文献[15]提出了一种基于多目标蚱蜢优化算法的新型 RPO-FOSMC,用于漂浮式海上风电机组的优化设计,以提高 MPPT 和 FRT 的性能。文献[16]将 MPPT 控制与蚁群算法结合优化 PID 参数来达到最大功率点追踪。

滑模控制作为一种非线性控制,根据系统当前的状态有目的地不断变化,迫使系统按照预定"滑动模态"的状态轨迹运动。由于滑动模态可以进行设计且与对象参数及扰动无关,这就使得滑模控制具有快速响应、对应参数变化及扰动不灵敏、无需系统在线辨识、物理实现简单等优点[5][17-20]。使得滑模控制为解决电机运行不稳定、功率抖振过大等问题提供了可能性。文献[21]提出了一种分数阶滑模控制,可以提高永磁同步电机输出功率质量。文献[22]提出了基于无源滑模控制的永磁同步电机变速漂浮式海上风电机组最优功率提取控制设计。文献[23]提出了一种新的改进的滑模控制方法。文献[24]提出了基于递归神经网络的自适应积分滑模控制。文献[25]提出了二阶快速末端滑模控制,可以有效消除参数不确定性、未建模动力学和外部扰动。

在实际的效果中,这些控制算法在跟踪最大功率点、提取最大功率点方面都做得很出色,但是却难以兼顾系统的响应速度和动态稳定性。本章介绍的研究,提出了一种基于多信号前馈的风力发电系统最大功率点追踪方法。在海上风力涡轮机最佳功率曲线和最佳转矩曲线的基础上,将风力涡轮机的功率和转矩的信号误差进行控制拟合得到一个新的附加转矩,将其叠加到传统方法所得的最佳转速上得到新的最佳转速,为了减小功率的振荡,将多信号前馈控制与滑模控制相结合,设计出新的滑模控制趋近律,来进一步提高系统的动态稳定性,并在 MATLAB 软件上进行模拟仿真来验证其准确性和可靠性。

　　本章的组织结构如下:第 4.2 节介绍了风力发电系统数学模型;第 4.3 节提出了多信号前馈的最大功率点追踪结构;第 4.4 节介绍了自适应神经网络(ANFIS)模型及其结构分层;第 4.5 节绘制新的指数趋近律的滑模结构图;第 4.6 节给出软件 MATLAB 仿真结果;第 4.7 节给出了最后的结论。

4.2　风力发电系统模型

4.2.1　风力涡轮机模型

　　风力涡轮机主要作用是将风轮输出的机械功率传送到发电机转子上,然后通过发电机转换为电能。

　　风轮转子实际捕获的输出功率,可由功率系数 C_P 表示:

$$P_{wt} = \frac{1}{2} \rho \pi R^2 v^3 C_P(\lambda, \beta) \tag{4-1}$$

　　其中,功率系数 C_P 是叶尖速比 λ 和桨距角 β 的函数,其关系可由式(4-2)和式(4-3)近似给出:

$$C_P(\lambda, \beta) = c_1 \left(\frac{c_2}{\lambda_i} - c_3 \beta - c_4 \right) e^{\frac{c_5}{\lambda_i}} + c_6 \lambda \tag{4-2}$$

$$\frac{1}{\lambda_i} = \frac{1}{\lambda + 0.08\beta} - \frac{0.035}{\beta^3 + 1} \tag{4-3}$$

　　式(4-2)中的系数 $c_i (i=1,2,3,4,5,6)$,可见表 4-1。

表 4-1　函数(4-2)中系数值

参数	c_1	c_2	c_3	c_4	c_5	c_6
数值	0.5176	116	0.4	5	-21	0.0068

　　叶尖速比 λ 表示风轮在不同风速下的状态,由风轮叶片的叶尖圆周线速度和风速之比来确定,叶尖速比 λ 可表示为:

$$\lambda = \frac{\omega_{wt} R}{v} \tag{4-4}$$

　　功率系数与桨距角和叶尖速比的三维关系图见图 4-1。

　　风力涡轮机通常通过齿轮箱与发电机进行耦合,以使发电机轴的转速保持在合理的区间内。为了简化模型,通常采用单质量块传动模型,忽略传动损失,涡轮机与发电机的转速可以表示为:

$$\omega_m = G \omega_{wt} \tag{4-5}$$

　　当风力涡轮机在最大功率点处运行,风轮应有最佳转速 ω_{opt}:

$$\omega_{opt} = \frac{\lambda_{opt} v}{R} \tag{4-6}$$

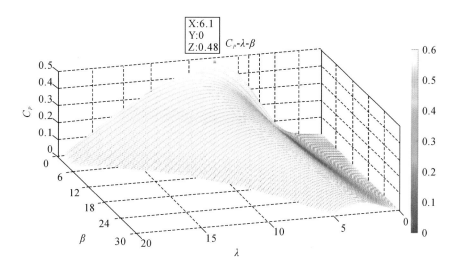

图 4-1 功率系数-桨距角-叶尖速比关系图

风力涡轮机的机械转矩,可由式(4-7)给出:

$$T_{ut} = \frac{P_{ut}}{\omega_{ut}} \tag{4-7}$$

在风速给定的情况下,风轮实际捕获的输出功率取决于功率系数。因此,在任何风速下,只需要使风格处于最佳叶尖速比λ_{opt}下,就可以使风机维持在最大功率系数下运行。此时,从风中获取的最佳功率为:

$$P_{ut\,max} = \frac{1}{2}\rho\pi R^2 C_{P\,max}\left(\frac{R}{\lambda_{opt}}\right)^3 \omega_{ut}^{\,3} \tag{4-8}$$

输出功率、最佳功率与风轮转速的关系见图 4-2。

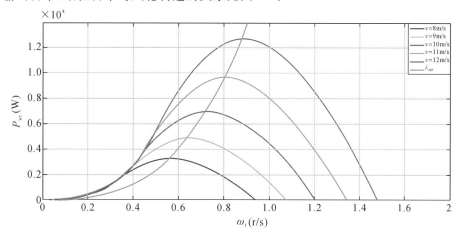

图 4-2 输出功率、最佳功率与风轮转速的关系

获取的最佳转矩为:

$$T_{ut\,max} = \frac{1}{2}\rho\pi R^3 C_{T\,max}\left(\frac{R}{\lambda_{T\,max}}\right)^2 \omega_{ut}^{\,2} \tag{4-9}$$

图 4-3 给出了在不同风速下风轮转矩与风轮转速的关系曲线,其中,粗实线是最大转矩系数对应的最大叶尖速比轨迹,粗虚线是最佳叶尖速比轨迹,两条最佳曲线出现在不同的转速下,确切地说,最大转矩出现在更低的转速下。

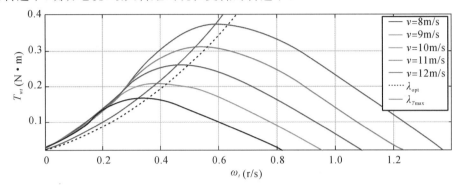

图 4-3　风轮转矩与风轮转速的关系

这样,可进一步得到最佳功率、最佳转矩与涡轮机转速的线性表达式:

$$P_{wt\max} = K_{opt}\omega_{wt}{}^3 \tag{4-10}$$

$$T_{wt\max} = K_{opt}\omega_{wt}{}^2 \tag{4-11}$$

$$K_{opt} = 0.5\rho\pi R^5 C_{P\max}/\lambda_{opt}{}^3 \tag{4-12}$$

如图 4-4 所示,根据变速风力发电系统运行区域划分,调整变速风力发电系统功率控制,可以分为四个运行区域,每个区域有着不同的功率控制手段和控制目标。

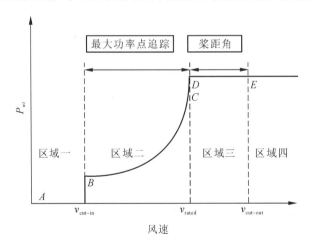

图 4-4　变速风力发电系统运行区域划分

区域一:此区域对应风力发电系统的启动阶段,风速小于切入风速,风力涡轮机不会启动产生功率,此时主要通过调节发电机定子端电压辅助和频率,来满足并网条件。

区域二:此区域为风力发电系统最大风能跟踪运行区域。风速大于切入风速,风力发电系统并网以后,发电机把高速轴上的机械能转化为电能输送到电网。随着风速的变化,调节发电机转速,确保风力发电系统运行在最佳叶尖速比 λ_{opt} 下,功率系数始终保持为最大值。

区域三：此区域为恒功率区。此时发电机和功率变换器达到功率极限值，在该区域功率系数迅速降低，从而保持功率恒定。该区域的主要控制任务为保持功率恒定。这个区域通常是通过风轮控制系统改变桨距角来实现。

区域四：此区域风速已经大于切出风速，为了保护风力涡轮机的机械结构，此时系统会采取自动断开保护装置，风力涡轮机不再工作。

4.2.2 双馈异步电机模型

进行双馈感应电机动态或瞬态分析，或发展高性能控制策略，必须从其动态模型出发。双馈感应电机动态分析主要是研究电机内的各物理量（包括电压、电流、定转子间的互感、电磁转矩和转速等）的变化行为。由于双馈感应电机的三相自然静止坐标下动态数学模型相当复杂，分析十分困难，不利于实际应用。通过坐标变换，采用幅值不变的原则，将三相坐标系里的变量，通过变换用一个两相静止坐标系里的变量表示。

双馈异步电机的动态模型在静止 $\alpha\beta$ 坐标系下，可以得到一系列方程，定子电压方程见式(4-13)：

$$\begin{cases} u_{s\alpha} = R_s i_{s\alpha} + \dfrac{\mathrm{d}\,\psi_{s\alpha}}{\mathrm{d}t} \\[2mm] u_{s\beta} = R_s i_{s\beta} + \dfrac{\mathrm{d}\psi_{s\beta}}{\mathrm{d}t} \end{cases} \tag{4-13}$$

转子电压方程见式(4-14)：

$$\begin{cases} u_{r\alpha} = R_r i_{s\alpha} + \dfrac{\mathrm{d}\,\psi_{r\alpha}}{\mathrm{d}t} + \omega_r \psi_{r\beta} \\[2mm] u_{r\beta} = R_r i_{s\beta} + \dfrac{\mathrm{d}\psi_{r\beta}}{\mathrm{d}t} - \omega_r \psi_{r\alpha} \end{cases} \tag{4-14}$$

磁链方程见式(4-15)：

$$\begin{cases} \psi_{s\alpha} = L_s i_{s\alpha} + L_m i_{r\alpha} \\ \psi_{s\beta} = L_s i_{s\beta} + L_m i_{r\beta} \\ \psi_{r\alpha} = L_m i_{s\alpha} + L_r i_{r\alpha} \\ \psi_{s\beta} = L_m i_{s\beta} + L_r i_{r\beta} \end{cases} \tag{4-15}$$

电磁转矩方程见式(4-16)：

$$T_e = \frac{3}{2} n_P L_m (i_{s\beta} i_{r\alpha} - i_{s\alpha} i_{r\beta}) \tag{4-16}$$

运动方程见式(4-17)：

$$T_m - T_{ut} = J \frac{\mathrm{d}\,\omega_{ut}}{\mathrm{d}t} = \frac{J}{n_P} \frac{\mathrm{d}\,\omega_m}{\mathrm{d}t} \tag{4-17}$$

电动机提供的有功功率和无功功率可以用式(4-18)表示：

$$\begin{cases} P_s = u_{s\alpha} i_{s\alpha} + u_{s\beta} i_{s\beta} \\ Q_s = u_{s\beta} i_{s\alpha} + u_{s\alpha} i_{s\beta} \end{cases} \tag{4-18}$$

4.3　多信号前馈的双馈风力系统最大功率点追踪结构

双馈感应风力发电系统是一个高阶、非线性、强耦合的多变量系统。图 4-5 是风力发电系统典型的并网运行拓扑结构。根据两组变换器所处位置不同,分别称为转子侧变换器和网侧变换器。转子侧变换器主要功能是实现定子有功和无功的解耦控制,实际控制中多采用矢量控制技术,基于比例积分的控制增加了系统对参数波动以及测量噪声的鲁棒性。直流侧电压的变化会引起整个风电系统的性能恶化,所以,网侧变换器的主要功能是通过控制转子与电网之间有功的交换来维持直流母线电压的稳定,同时控制功率因数。目前,常用的变换器大多为三相电压型 PWM 控制器[26-29]。

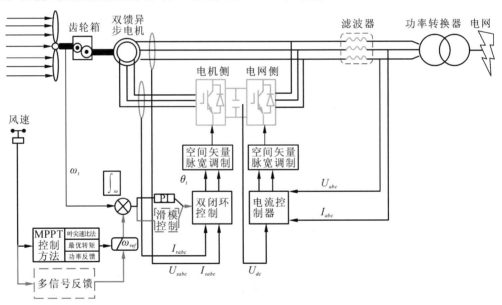

图 4-5　双馈异步风力发电系统并网运行拓扑结构

最佳功率给定法是一种间接控制方法,如图 4-6 所示,以最佳有功功率为给定值,与系统输出有功功率相比较,然后,通过 PI 控制得到转子参考电流,再与发电机转子电流比较,得到转子的控制电压,利用双闭环控制,不但实现对电机功率的控制,同时也实现对电流的控制,实现最大有功功率的输出。

最佳叶尖速比给定法通过测量的风速和风轮转速,计算出叶尖速比作为控制系统的输出,与计算得到的最佳叶尖速比 λ_{opt} 相比较,通过 PI 控制,来实现最大功率输出的控制。该方法需要准确测量风速和风力涡轮机的转速,不同的风机其最佳叶尖速比也不同。最佳叶尖速比给定法见图 4-7。

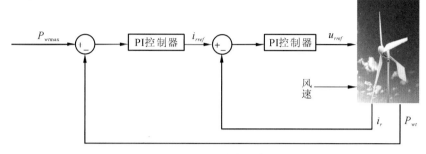

图 4-6　最佳功率给定法

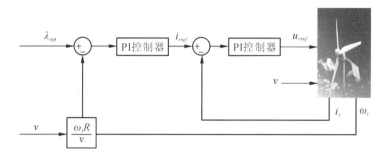

图 4-7　最佳叶尖速比给定法

风速不可能维持在一个定值。风速会经常发生阶跃,此时,最佳转速与最佳转矩会发生变化,但由于风力涡轮机巨大的惯性作用,此时,风力涡轮机的转速与转矩并不会马上发生变化。这时,如果继续采用最佳叶尖速比给定法,其控制误差就会进一步扩大,同时,增加整个系统的不稳定性,但是风力涡轮机应捕获的最大功率以及最大转矩会立刻发生变化。此时,发电机需要跟踪新的最大功率点,沿着最大功率点追踪路径,在新的状态下实现动态平衡。由此可见,兼顾系统的响应性与稳定性是最大功率控制需要解决的问题。

因此,在原有两种间接控制方法的基础上,提出了基于多信号反馈的最大功率点追踪方法,该方法的拓扑结构图见图 4-8。通过引入功率和转矩两个信号,引入两个前馈控制外环,风力涡轮机实时功率、实时转矩分别与最佳功率值和最佳转矩值作差,两个前馈外环控制的输出值进行拟合,从而得到一个附加转速 $\Delta\omega$,将所得的附加转速叠加到原有最佳转速,产生一个新的参考转速。由图 4-8 可知,风力涡轮机最优转矩和最佳转速所对应的风速并不会完全重合。最优转矩会先于最佳转速出现,所以,当同时引入这两个参考信号时,这两个信号在不同的风速下对最大功率点的影响因数是不一样的,需要对两个参考信号的输出值进行实时拟合,以达到最优控制,参考转速的表达式见式(4-19):

$$\omega_{ref} = \Delta\omega + \omega_{opt} \tag{4-19}$$

新的转速信号与实际转速作差,得到滑模控制的输入值,通过滑模控制,进一步提高系统的稳定性和鲁棒性,达到最大风能的捕获。

对两个转速进行拟合,得到的附加转速见式(4-20):

$$\Delta\omega = a_0 \Delta\omega_1 + a_1 \Delta\omega_2 \tag{4-20}$$

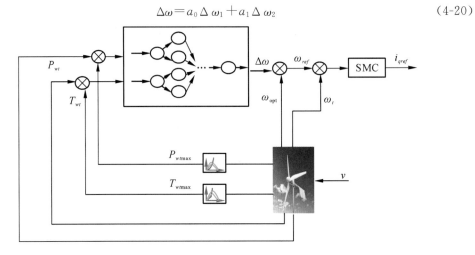

图 4-8　多信号前馈控制结构图

4.4　自适应神经网络(ANFIS)模型

自适应网络是一个由节点和连接节点的定向链路组成的多层前馈网络,其中,每个节点对传入的信号以及与此节点相关的一组参数,执行一个特定的功能(节点函数)。自适应网络的结构中包含有参数的方形节点和无参数的圆形节点,自适应网络的参数集是每个自适应节点的参数集的结合。

ANFIS 的模型结构由自适应网络和模糊推理系统合并而成,在功能上继承了模糊推理系统的可解释性的特点,以及自适应网络的学习能力,能够根据先验知识改变系统参数,使系统的输出更贴近真实的输出。一种 ANFIS 结构图如图 4-9 所示。

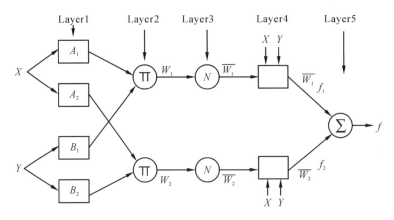

图 4-9　ANFIS 结构图

为简单起见,假定所考虑的模糊推理系统有 2 个输入 x 和 y,单个输出 z。对于一阶

Takagi-Sugeno 模糊模型,如果具有以下 2 条模糊规则:

规则 1:如果"x"是 A_1,而"y"是 B_1,则 $f_1 = p_1 x + q_1 y + r_1$;

规则 2:如果"x"是 A_2,而"y"是 B_2,则 $f_2 = p_2 x + q_2 y + r_2$。

其中,p、q 和 r 是一阶多项式的参数,这些参数在学习过程中通过最小二乘法进行正向更新。

从图 4-9 可以看出,ANFIS 结构分为五个层次。

第一层将隶属度函数对应的输入量模糊化处理,x、y 对应节点的模糊集所采用的隶属函数为:

$$u_{Ai(x)} = \exp\left[-\left(\frac{x-c_i}{a_i}\right)^2\right] \tag{4-21}$$

式中,a_i、c_i 分别为 ANFIS 系统中的条件参数。

第二层是规则层,不同节点分别代表对应的学习规则,并由各节点相互配合,共同完成系统的算子计算。其中,各节点的输出信号使用该节点各输入信号的积作为对应的信号强度,即:

$$W_i = u_{Ai(x)} u_{Bi(y)} \tag{4-22}$$

第三层是标准层,将第二层对应节点的输出信号作为输入信号,该层节点的规则是利用该节点单个输入信号的强度与所有输入信号强度和的比值,依次可对相应节点完成模糊推理系统的可信度归一化工作,归一化表达式为:

$$\overline{W}_i = \frac{W_i}{\sum_i W_i} \tag{4-23}$$

式中,$\overline{W}_i$ 为第三层各节点输出的可信度归一化值;W_i 为第二层各节点输出的信号可信度。

第四层节点数与第三层相同,目的是保证第三层各对应节点的输出信号与第四层各对应节点的输入信号(ANFIS 信号录入)匹配链接,从而确保每个样本数据均能有效参与模糊推理的自适应进化学习。第四层对应各节点的输出信号代表了各规则对 ANFIS 结果的贡献度,即:

$$\overline{W}_i f_i = \overline{W}_i (p_i x + q_i y + r_i) \tag{4-24}$$

式中,p_i、q_i、r_i 为 ANFIS 系统的效应参数。

第五层是输出层,本层将第四层对应的节点输出信号采用权重平均法求和,最终计算出 ANFIS 的结果为:

$$f = \sum \overline{W}_i f_i = \frac{\sum \overline{W}_i (p_i x + q_i y + r_i)}{\sum W_i} \tag{4-25}$$

4.5　滑模控制

4.5.1　滑模状态设计

对于一个不确定的非线性系统的可控形式,计算如下:

$$\begin{cases} \dot{x} = Ax + B(a(x) + b(x)u + d(t)) \\ y = x_1 \end{cases} \tag{4-26}$$

$x = [x_1, \cdots, x_n]^T$ 是系统的状态变量,u 是系统的控制输入,y 是系统输出。并且 $u \in R, y \in R^n, d(t)$ 是外部扰动,正则形式矩阵 A、B 的表达式为:

$$A = \begin{bmatrix} 0 & 1 & 0 & \cdots & 0 \\ 0 & 0 & 1 & \cdots & 0 \\ \vdots & \vdots & \vdots & \ddots & \vdots \\ 0 & 0 & 0 & \cdots & 1 \\ 0 & 0 & 0 & \cdots & 0 \end{bmatrix}_{n \times n} \quad B = \begin{bmatrix} 0 \\ 0 \\ \vdots \\ 0 \\ 1 \end{bmatrix}_{n \times 1} \tag{4-27}$$

系统的扰动可以表示为:

$$T(x, u, t) = a(x) + (b(x) - b_0)u + d(t) \tag{4-28}$$

最后的状态变量 $\dot{x}_n$ 可以表示为:

$$\dot{x}_n = a(x) + (b(x) - b_0)u + d(t) + b_0 u = T(x, u, t) + b_0 u \tag{4-29}$$

这种非线性系统达到稳定需要作出两个假设:

假设 1:b_0 必须满足 $\left| \dfrac{b(x)}{b_0} - 1 \right| \leqslant \theta < 1$;

假设 2:函数 $T(x, t)$ 与 $\dot{T}(x, t)$ 必须有约束函数:

$$\begin{cases} T(x, t) \leqslant \gamma_1 \\ \dot{T}(x, t) \leqslant \gamma_2 \end{cases} \tag{4-30}$$

式中,γ_1、γ_2 均为正数,并且 $T(0, 0) = 0, \dot{T}(0, 0) = 0$。

在此假设的基础上,可以得到系统的平衡方程:

$$H[x(t)] - H[x(0)] = \int_0^t u^T(s)y\mathrm{d}s - d(t) \tag{4-31}$$

其中,$H(x)$ 是能量储存方程,为了得到系统的渐进稳定性,需要引用以下定理。

定理 1:考虑不确定的非线性系统,不受控系统的能量是非递增的,它实际上会在耗散的情况下减少。如果能量函数从下往上有界,系统最终会在能量最小的点停止;同样,如果我们从系统中提取能量,能量函数的收敛速度也会提高,但可以通过设置 $u=-k_{di}y$ 来为系统注入增益[30]。

如果 $H(x)$ 是非负的,那么可以得到:

$$-\int_0^t u^T(s)yds \leqslant H[x(0)] < \infty \tag{4-32}$$

也就是说,可以从被动系统中提取的总能量是有限的,通过 $H(x)$ 和一个反馈控制律 $u=\beta(x)+kv$ 使系统变成被动控制系统。

4.5.2 SMC 设计

滑模控制可以看作是由滑模滑动阶段和滑模到达阶段这两个主导阶段组成的控制策略。通常,首先设计一个滑动面来提供闭环系统所需的性能,在到达阶段的设计中,滑动面也被认为处于切换状态,利用切换控制律使所有的系统轨迹向滑动面收敛并停留在滑动面上,通过实现系统的滑动模态特性,使系统具有对外部匹配干扰和扰动的鲁棒性。滑模控制的重要优点是鲁棒性。当系统处于滑动模型时,对被控对象的模型误差、对象参数的变化以及外部干扰有极佳的不敏感性。因此,对于风能这种波动性大的对象,采用滑模控制是非常适合的。

对于指数趋近律:

$$\dot{s} = -k\,\mathrm{sgn}(s) - \alpha s, k>0, \alpha>0 \tag{4-33}$$

相比于指数趋近律中的 sgn(s)符号函数,为了使抖振得到进一步的抑制,使用 tanh(s) 激活函数取代传统趋近律中 sgn(s)符号函数,tanh(s)函数表达式为:

$$\tanh(s) = \frac{e^{\alpha s} - e^{-\alpha s}}{e^{\alpha s} + e^{-\alpha s}} \tag{4-34}$$

通过对指数趋近律进行改进,并结合激活函数,提出了一种新的指数趋近律函数:

$$\dot{s} = \frac{-k\,|s|^\alpha}{E(s)}\tanh(s) \tag{4-35}$$

其中,$E(s)$的表达式为:

$$E(s) = \sin\theta + \cos\theta e^{-|s|^\mu} \tag{4-36}$$

其中,α、k、μ 都是正数,$|s|$ 是 s 的绝对值,将式(4-33)与式(4-34)、式(4-35)、式(4-36)对比可以得到,因为有 $E(s)$ 的存在,新提出的指数趋近律相比于其他三个趋近律有更快的速度到达滑模面。当对新的指数趋近律取具体的值,例如,取 $\alpha=0.5$、$\mu=2$,s 取值为区间 $[0,10]$,θ 分别取值为 $\frac{\pi}{24}$, $\frac{\pi}{12}$, $\frac{\pi}{6}$, $\frac{\pi}{4}$, $\frac{\pi}{3}$, $\frac{5\pi}{12}$, $\frac{\pi}{2}$,符号函数与 s 的关系见图 4-10。

对于一个二阶非线性系统,选用的滑模切换函数为:

$$s = cx + \dot{x} \tag{4-37}$$

选取新的指数趋近律:

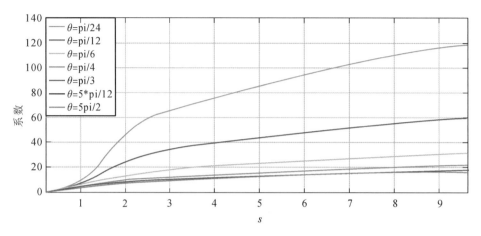

图 4-10　新的指数趋近律在不同参数下的图像

$$\dot{s} = \frac{-k \ |s|^{\alpha}}{\sin\theta + \cos\theta \ \mathrm{e}^{-|s|^{\mu}}} \tanh(s) \tag{4-38}$$

联立式(4-37)、式(4-38)得:

$$\dot{s} = c\dot{x} + \ddot{x} = \frac{-k \ |s|^{\alpha}}{\sin\theta + \cos\theta \ \mathrm{e}^{-|s|^{\mu}}} \tanh(s) \tag{4-39}$$

代入有:

$$u = \frac{1}{g(x,\dot{x})} \left[c\dot{x} + \frac{-k \ |s|^{\alpha}}{\sin\theta + \cos\theta \ \mathrm{e}^{-|s|^{\mu}}} \tanh(s) - f(x,\dot{x}) \right] \tag{4-40}$$

取 $c=6$,可得指数趋近律到达滑模面的图像,如图 4-11 所示。

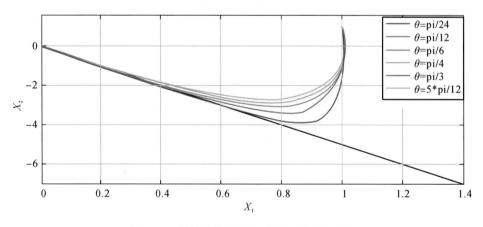

图 4-11　新的指数趋近律到达滑模面的图像

为了验证系统的稳定性条件,选取 Lyapunov 函数为:

$$V(s) = \frac{1}{2}s^2 \tag{4-41}$$

则有:

$$\dot{V}(s) = s\dot{s} \tag{4-42}$$

将式(4-42)代入可得：

$$\dot{V}(s) = \frac{-k\ |s|^{\alpha}}{\sin\theta + \cos\theta\ e^{-|s|^{\mu}}} \tanh(s) * s \tag{4-43}$$

由 $\tan(s)$ 的数学特性可知，$\tanh(s) * s \geqslant 0$，所以，有：

$$\dot{V}(s) = \frac{-k\ |s|^{\alpha}}{\sin\theta + \cos\theta\ e^{-|s|^{\mu}}} \tanh(s) * s \leqslant 0 \tag{4-44}$$

综上所述，Lyapunov 函数 $V(s)$ 为正定，$\dot{V}(s)$ 为负定，满足 Lyapunov 函数稳定性定理，所以，此滑模控制系统大范围渐进稳定。

经过坐标变换，得到的在定子磁链定向下双馈异步电机磁链方程与电压方程为：

$$\begin{cases} \psi_{ds} = L_s i_{ds} - L_m i_{dr} \\ \psi_{qs} = L_s i_{qs} - L_m i_{qr} \end{cases} \tag{4-45}$$

$$\begin{cases} U_{ds} = 0 \\ U_{qs} = -\omega_S \psi_{ds} = U_s \end{cases} \tag{4-46}$$

$$\begin{cases} U_{dr} = R_r i_{dr} + \left(L_r - \dfrac{L_m^2}{L_S}\right)\dfrac{d\ i_{dr}}{dt} - \left(L_r - \dfrac{L_m^2}{L_S}\right)\omega_S i_{qr} \\ U_{qr} = R_r i_{qr} + \left(L_r - \dfrac{L_m^2}{L_S}\right)\dfrac{d\ i_{qr}}{dt} + \left(L_r - \dfrac{L_m^2}{L_S}\right)\omega_S\ i_{dr} - \dfrac{L_m \psi_S}{L_S}\omega_S \end{cases} \tag{4-47}$$

电磁转矩方程为：

$$T_m = -1.5(n_p L_m / L_s)\psi_s \cdot i_{qr} \tag{4-48}$$

可以看出，矢量控制在坐标变换的基础上简化了模型，有功分量和无功分量实现了独立的闭环控制，很好地实现了功率解耦。

以转速误差作为控制器的输入，输出 q 轴电流参考值，状态变量的表达式为：

$$\begin{cases} x_1 = \omega_{ref} - \omega \\ x_2 = \dot{x}_1 \end{cases} \tag{4-49}$$

将式(4-49)化简得：

$$\begin{cases} x_1 = \dfrac{n_p}{J} T_{wt} + \dfrac{3 n_p^2 L_m \psi_S}{2j L_S} i_{qr} \\ \dot{x}_2 = \dfrac{3\ n_p^2 L_m \psi_S}{2j L_S}\dot{i}_{qr} \end{cases} \tag{4-50}$$

最后解得：

$$\dot{i}_{qr} = \frac{1}{B}\left[c x_2 + \frac{k\ |s|^{\alpha}}{\sin\theta + \cos\theta\ e^{-|s|^{\mu}}} \tanh(s)\right] \tag{4-51}$$

其中系数 B 的表达式为：

$$B = \frac{3\ n_p^2 L_m \psi_S}{2j L_S} \tag{4-52}$$

4.6 仿真结果

4.6.1 风速仿真结果

由于漂浮式海上风电机组在最大功率点追踪区域存在切入风速和切出风速,所以,为了验证控制策略的可行性,需要一系列实际可行的有随机特性的风速数据,这样的风速可以由快速变化的紊流部分叠加上变化速度较慢的平均风速而成。同时,考虑到最大功率点跟踪在第二区域内运行,存在着切入风速和稳定风速,所以,在模拟风速时模拟平均值 7.2m/s 的风速。风速仿真波形如图 4-12 所示。

$$v_{wind} = v_{avg} + v_{turb} \tag{4-53}$$

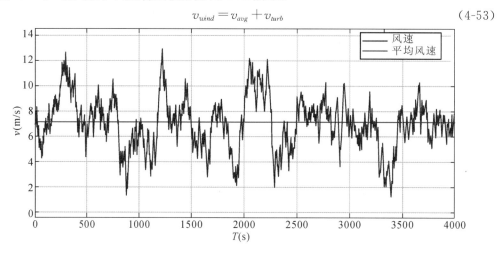

图 4-12　风速仿真波形

双馈异步电机的具体参数如表 4-2 所示,为了简化风力涡轮机的结构,采用单质量块模型。

表 4-2　双馈异步电机参数

参数	数值
额定功率 P_N	160kW
定子电阻 R_s	0.435Ω
定子电感 L_s	0.01mH
转子电阻 R_r	0.816Ω
转子电感 L_r	0.002mH
惯性力 J	0.19kg·m^2
互感系数 L_m	0.069mH
极对数	2

风力涡轮机的具体参数如表 4-3 所示。

表 4-3 风力涡轮机参数

参数	数值
叶片半径 R	10m
叶片数量	3
切入切出风速	3m/s,12m/s,25m/s
最大功率点	0.48
最佳叶尖速比对应功率系数	8.1
叶片桨距角	0°

4.6.2 功率系数与捕获功率结果

通过采用新的多信号前馈输入控制与只采用双闭环 PI 控制的模型,进行仿真,功率系数的仿真波形见图 4-13。可以比较清楚地看出通过引入多信号前馈控制,功率系数波动性明显变小,而且很好地沿着最大功率曲线进行追踪。

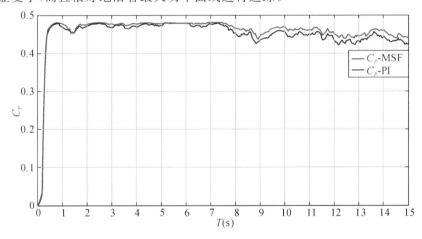

图 4-13 MSF 与 PI 控制下功率系数图

分别采用 MSF 控制方法与传统 PI 闭环控制方法,图 4-13 是 MATLAB 仿真后得到的风力涡轮机功率系数图。由图 4-13 中可以看出,两条曲线的走向大致相同,但是,蓝色的线大部分位于褐色的曲线上方。为了定量分析两条曲线的特性,截取了图 4-13 的三段将其放大,得到图 4-14、图 4-15、图 4-16。图 4-14、图 4-15、图 4-16 分别是区间[0s,5s]风速平稳阶段,区间[5s,10s]风速突然上升阶段,以及最后区间[10s,15s]风速大范围振荡阶段的功率系数放大图。

由图 4-14 可以看出,在风速平稳没有波动的阶段,MSF 相较于 PI 控制能使风力涡轮机更容易在最大功率点 0.48 处运行。在风速上升和振荡阶段,两种控制方法的功率系数都出现了不同程度的波动,但总体来看,使用 MSF 方法相较于 PI 控制,可以在一定程度上提高风力涡轮机的功率系数。

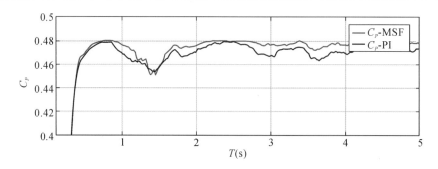

图 4-14　功率系数 0～5s 放大图

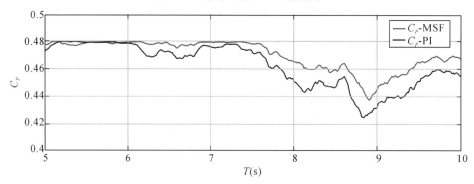

图 4-15　功率系数 5～10s 放大图

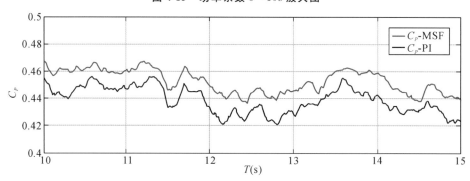

图 4-16　功率系数 10～15s 放大图

　　图 4-17 是这三个阶段的平均功率系数图,从图可以看出,在风速平稳运行阶段,功率系数都能以接近最大功率点运行,PI 控制下的功率系数为 0.442,MSF 控制下为 0.458,提升大约 3.62%,在风速突然上升阶段,可以看出,PI 控制下的功率系数为 0.459,MSF 控制下为 0.47,功率系数提高了 1.86%,在最后风速振荡阶段,功率系数提高了大约 2.96%。图 4-18 是各阶段功率系数的均方差图。由此表可以看出,通过采用 MSF 控制方法,各个阶段的功率系数的均方差都有明显减小,证明了所提出的 MSF 控制方法,对于提高系统的稳定性、减小系统的抖振具有很好的效果。

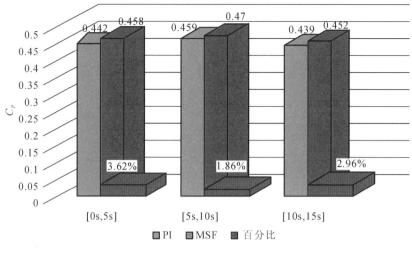

图 4-17　平均功率系数对比图

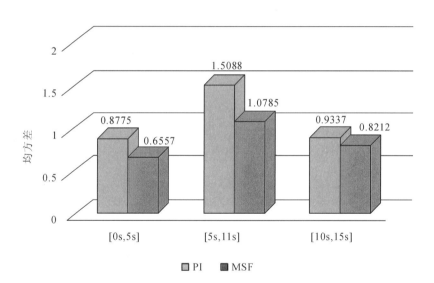

图 4-18　各阶段功率系数均方差图

图 4-19 是使用 MSF 控制和 PI 双闭环控制的功率曲线图。蓝色曲线代表 MSF 控制方法下捕获的功率,褐色曲线代表 PI 控制下捕获的功率。可以看出功率曲线图与功率系数图的走势非常相似。为了更加直观地比较,对[9s,15s]的仿真曲线进行放大,如图 4-20 所示。

图 4-21 是双 PWM 功率变换器作用下直流母线电压的示意图,整个风力发电系统采用双 PWM 整流装置。系统稳定后,可以看出直流母线电压稳定在 710V 左右,进一步在滑移功率不断变化的情况下,保证了网络测量变流器稳定运行。仿真结果表明,该信号前馈控制方案能显著提高网络测试变换器的抗负载干扰能力。图 4-22 是电机转速示意图,在达到稳定状态后,双馈异步发电机的速度约为 245rad/s。它在一个小范围振荡。电磁转角见图 4-23。图 4-24 为电磁转矩示意图,仿真曲线呈现振荡特性,平均值约为 120N・m。双馈异步电动机的各种特性曲线表明,整个风电系统响应速度快、运行稳定。

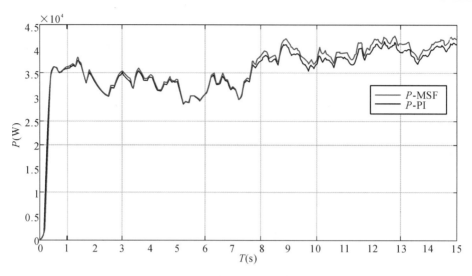

图 4-19　MSF 与 PI 控制下捕获功率

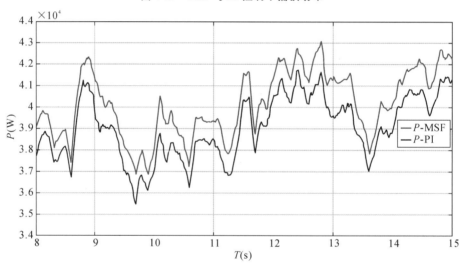

图 4-20　9～15s 捕获功率放大图

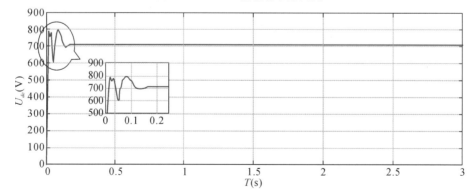

图 4-21　直流母线电压

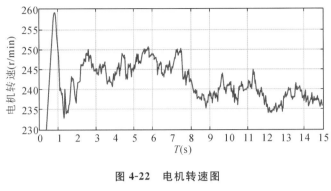

图 4-22 电机转速图

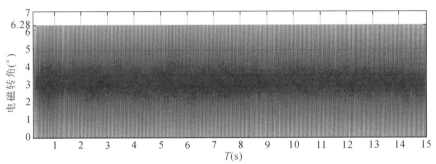

图 4-23 电磁转角

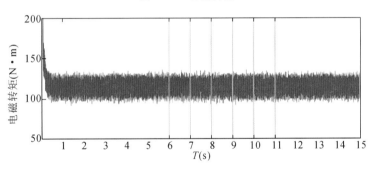

图 4-24 电磁转矩

4.7 本章小结

在本章中,提出了一种基于多信号前馈的海上双馈异步发电系统最大功率点追踪方法,同时,为了提高海上风电系统的响应速度与抗抖振特性,又将信号前馈控制结构与新型指数趋近律滑模控制相结合,通过信号反馈引入新的附加转速,来克服风力涡轮机惯性大、响应慢的缺点,通过滑模控制来解决功率振荡大的问题。

仿真结果显示,基于多信号前馈的最大功率点追踪方法,在响应速度上比传统方法有了明显的提升,对最大功率点有很好的追踪效果,在风速平稳状态下稳定功率系数,在风速振荡大的区域,对于减小系统的功率振荡、稳定系统的输出都有很大的提升,进一步提高了的稳定性。

参 考 文 献

[1] SIMLA T, STANEK W . Reducing the impact of wind farms on the electric power system by the use of energy storage[J]. Renewable. Energy,2020,145:772-782.

[2] MOUSA H H H,YOUSSEF A R,MOHAMED E E M. Hybrid and adaptive sectors P&O MPPT algorithm based wind generation system[J]. Renewable. Energy,2020,145:1412-1429.

[3] NAIK K A,GUPTA C P,FERNANDEZ E. Design and implementation of interval type-2 fuzzy logic-PI based adaptive controller for DFIG based wind energy system[J]. International Journal of Electrical Power Energy systems,2020,115(10):105468. 1-105468. 16.

[4] KUMAR C C,RAGLEND I J . A novel crow search based strategy for maximum power point tracking of wind turbines driven by doubly fed induction generator[J]. International Journal of Simulation:Systems,2019,19(6).

[5] EDUARDO J N M,ALEX M A,NADÈGE S B DA S. A review on wind turbine control and its associated methods[J]. Journal of Cleaner Production,2018,174(10):945-953.

[6] YIN M,YANG Z,XU Y,et al. Aerodynamic optimization for variable-speed wind turbines based on wind energy capture efficiency[J]. Applied. Energy,2018,221(2):508-521.

[7] SITHARTHAN R,KARTHIKEYAN M,SUNDAR D S,et al. Adaptive hybrid intelligent MPPT controller to approximate effectual wind speed and optimal rotor speed of variable speed wind turbine[J]. ISA Transactions,2020,96:479-489.

[8] SARFEJO M D,DEHCHIL M N,JELODAR S R. MPPT approach for fixed speed wind turbine by using proportional-integral controller[C]. 2019 27th Iranian Conference on Electrical Engineering (ICEE). 2019:598-601.

[9] REZAEI M M. A nonlinear maximum power point tracking technique for DFIG-based wind energy conversion systems[J]. Engineering Science and Technology,an International Journal,2018,21(5): 901-908.

[10] MAZOUZ F,BELKACEM S,COLAK I,et al. Adaptive direct power control for double fed induction generator used in wind turbine[J]. International Journal of Electrical Power Energy systems,2020,114(6):105395.

[11] MOUSA H H H,YOUSSEF A R,MOHAMED E E M. Adaptive P&O MPPT algorithm based wind generation system using realistic wind fluctuations[J]. International Journal of Electrical Power Energy systems,2019,112(3):294-308.

[12] CHEN J,YAO W,ZHANG C K,et al. Design of robust MPPT controller for grid-connected PMSG-Based wind turbine via perturbation observation based nonlinear adaptive control[J].

Renewable. Energy,2019,134:478-495.

[13]　ZHANG C,ALMPANIDIS G,HASIBI F,et al. Gridvoronoi:An efficient spatial index for nearest neighbor query processing[J]. IEEE Access,2019,7:120997-121014.

[14]　ZHANG C,BI J,XU S,et al. Multi-Imbalance:An open-source software for multi-class imbalance learning[J]. Knowledge-Based Systems,2019,174(JUN. 15):137-143.

[15]　FALEHI A D . An innovative optimal RPO-FOSMC based on multi-objective grasshopper optimization algorithm for DFIG-based wind turbine to augment MPPT and FRT capabilities[J]. Chaos Solitons & Fractals,2020,130:109407.

[16]　MOKHTARI Y,REKIOUA D. High performance of maximum power point tracking using ant colony algorithm in wind turbine[J]. Renewable. Energy,2018,126:1055-1063.

[17]　LIU Y,XIONG Z J,WANG L Y,et al. DFIG wind turbine sliding mode control with exponential reaching law under variable wind speed[J]. International Journal of Electrical Power Energy systems,2018,96(8):253-260.

[18]　LI P,XIONG L,WU F,et al. Sliding mode controller based on feedback linearization for damping of sub-synchronous control interaction in DFIG-based wind power plants[J]. International Journal of Electrical Power & Energy Systems,2019,107:239-250.

[19]　MUÑOZ-AGUILAR R S,DÒRIA-CEREZO A,FOSSAS E. Extended SMC for a stand-alone wound rotor synchronous generator [J]. International Journal of Electrical Power Energy systems,2017,84:25-33.

[20]　LI Z,MA X,LI Y. Robust tracking control strategy for a quadrotor using RPD-SMC and RISE [J]. Neurocomputing,2019,331:312-322.

[21]　XIONG L,LI P,MA M,et al. Output power quality enhancement of PMSG with fractional order sliding mode control[J]. International Journal of Electrical Power & Energy Systems,2020,115 (2):105402. 1-105402. 15.

[22]　YANG B,YU T,SHU H,et al. Passivity-based sliding-mode control design for optimal power extraction of a PMSG based variable speed wind turbine[J]. Renewable Energy,2018,119(4): 577-589.

[23]　LIU Y. DFIG wind turbine sliding mode control with exponential reaching law under variable wind speed[J]. International Journal of Electrical Power Energy systems,2018,96(8):253-260.

[24]　YIN X,JIANG Z,PAN L. Recurrent neural network based adaptive integral sliding mode power maximization control for wind power systems[J]. Renewable. Energy,2020,145:1149-1157.

[25]　ABOLVAFAEI M,GANJEFAR S. Maximum power extraction from a wind turbine using second-order fast terminal sliding mode control[J]. Renewable. Energy,2019,139:1437-1446.

[26]　MENSOU S,ESSADKI A,NASSER T,et al. Dspace DS1104 implementation of a robust nonlinear controller applied for DFIG driven by wind turbine[J]. Renewable. Energy,2020,147:1759-1771.

[27]　LERTNUWAT C,OONSIVILAI A. Stability for wind turbine using observer method with

permanent magnet synchronous generator (PMSG)[J]. Energy Procedia,2017,138:122-127.

[28] MARTINS J R S,FERNANDES D A,COSTA F F,et al. Optimized voltage injection techniques for protection of sensitive loads[J]. Electrical Power and Energy Systems,2019,116(9):105569.

[29] WIAM A,ALI H. Direct torque control-based power factor control of a DFIG[J]. Energy Procedia,2019,162:296-305.

[30] ORTEGA R,VAN DER SCHAFT A J,MAREELS I,et al. Putting energy back in control[J]. IEEE Control Systems Magazine,2001,21(2):18-33.

5 漂浮式海上风电机组永磁直驱风电系统变桨距控制

5.1 风电系统变桨距控制概述

在额定风速以上时,漂浮式海上风电机组永磁直驱风电系统的控制目标是实现恒功率运行,为了更好地实现对风电系统的功率调节,通常采用变桨距控制方式[1-3]。风机风能利用系数和输入桨距角存在高次强耦合的非线性关系,风机变桨距执行机构是一个大惯性系统,滞后严重,且风机工作环境通常比较恶劣,外界干扰严重[4]。因此,风机模型的参数和变桨距执行机构均存在不确定性。传统的 PID 控制的控制精度严重依赖于对被控对象的精确建模,在模型参数存在不确定和外界干扰严重的情况下,控制精度难以得到保证[5]。

本章设计了重复-TS 模糊 PID 变桨距控制器。模糊控制不要求被控对象具有精确数学模型,对于非线性的时变,滞后系统具有强鲁棒性。所以模糊 PID 控制器很适合作为变桨距控制器,然而,模糊控制器并不具有积分环节,控制精度不是太高[6-8]。重复控制是在内模控制的基础上形成的一种控制方法,可以使系统无静差地跟踪期望的给定信号或抑制干扰。因此,结合二者的优点,在设计合适的参数后,重复-TS 模糊 PID 变桨距控制器可以保证控制系统的性能,抑制转速超速,从而实现系统的恒功率运行。为证明所提出控制方法的优越性,将所提出的控制器与 PID 控制、模糊 PID 控制进行了对比研究和分析。

5.2 重复-TS 模糊 PID 变桨距控制器设计

5.2.1 重复控制原理

重复控制是在内模控制的基础上形成的一种控制方法[9]。其核心是内部模型(简称内模),内模指的是在闭环控制系统中引入的外部输入信号数学模型。为了构成高精度的控制系统,使其可以无静差地跟踪期望的给定信号或抑制干扰,则当系统的控制器中包含有外部信号的动力学模型时便可以实现,这就是内模原理的思想。对于一个实际的系统,其输入信号的频率一般都不是单一的,如果想要使系统实现无静差的特性,那么就需要对每一种频率的信号设置一个内模,这样不仅内模数量很大,实现也困难。鉴于此,

内模一般采取下列形式[10]:

$$G(s)=\frac{\mathrm{e}^{-T_d s}}{1-\mathrm{e}^{-T_d s}}\tag{5-1}$$

在式(5-1)中,T_d等于外部周期信号的基波周期。将式(5-1)用传递函数框图(图 5-1)表示。

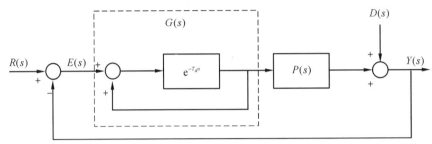

图 5-1   基本重复控制系统框图

其中,$P(s)$为控制对象的传递函数,$D(s)$为扰动信号。

为了改善控制系统的快速性和稳定性,通常在重复控制器中加入前馈项,如图 5-2 所示,传递函数为:

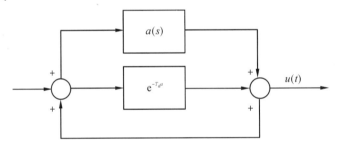

图 5-2   一种改进型重复控制框图

$$G(s)=\frac{\mathrm{e}^{-T_d s}}{1-\mathrm{e}^{-T_d s}}+a(s)\tag{5-2}$$

当 $a(s)$ 取为 1 时,传递函数为:

$$G(s)=\frac{1}{1-\mathrm{e}^{-T_d s}}\tag{5-3}$$

5.2.2   T-S 模糊 PID 控制器设计

T-S 模糊 PID 控制是将 Takagi-Sugeno(T-S)模糊逻辑控制和传统 PID 控制相结合的复合控制方法,控制器的结构如图 5-3 所示。

T-S 模糊模型的主要思想是将复杂的非线性问题转为在许多不同小段上的线性问题。T-S 模糊推理系统与 Mamdani 型模糊推理系统相比计算较简单,便于对其进行数学分析和描述,利于与常规的 PID 控制、自适应控制等方法结合,具有自适应控制能力的优点[11-13]。

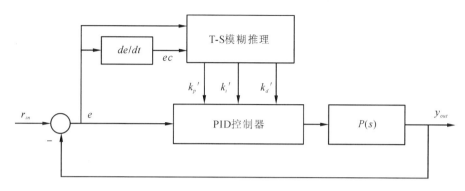

图 5-3　T-S 模糊 PID 结构框图

T-S 模糊控制的典型模糊条件语句为："if x_1 is A_1, $\cdots$, x_n is A_n, then $u=f(x_1,\cdots,x_n)$"。可以看到控制规则不完全靠语言描述,推理结论不是模糊集合,而是 $f(x_1,\cdots,x_n)$ 的值。

在本研究中,x_1 为输出功率的误差 e,x_2 为误差变化率 ec,则第 i 条控制规则可以写为式(5-4):

$$\text{if } e \text{ is } A_{i1}, ec \text{ is } A_{i2}, \text{then } ui = f(e, ec) = c_{i0} + c_{i1}e + c_{i2}ec \tag{5-4}$$

其中,A_{i1}、A_{i2} 为第 i 条规则中的两个模糊集合,c_{i0}、c_{i1} 和 c_{i2} 是常系数,根据实测数据辨识确定,它们可以反映系统的固有属性。假设系统有 n 条规则,当某次输入触发了其中 l 条($l<n$),则系统的总输出如式(5-5)所示:

$$U = \frac{\sum_{i=1}^{l} w_i u_i}{\sum_{i=1}^{l} w_i} = \frac{\sum_{i=1}^{l} w_i (c_{i0} + c_{i1}e + c_{i2}ec)}{\sum_{i=1}^{l} w_i} \tag{5-5}$$

其中,w_i 为每条规则的权重:

$$w_i = R_i A_{i1}(x_1) A_{i2}(x_2) \tag{5-6}$$

R_i 为权重因子,一般根据经验确定。

根据图 5-4 所示,模糊控制器分别对三个参数 k_p、k_i 和 k_d 进行调节,然后经过模糊化、模糊推理和函数清晰化输出,然后把三个参数的修正量 k_p'、k_i' 和 k_d' 输入到 PID 控制器中,对三个参数进行实时的整定,整定公式为:

$$K_p = K_{p0} + k_p' \tag{5-7}$$

$$K_i = K_{i0} + k_i' \tag{5-8}$$

$$K_d = K_{d0} + k_d' \tag{5-9}$$

定义输入变量 e 和 ec 的模糊论域均为 $\{-3,3\}$。输入和输出均采用七个语言值变量,即{负大,负中,负小,零,正小,正中,正大},英文缩写为{NB,NM,NS,ZO,PS,PM,PB}。隶属度函数采用三角形函数和高斯型函数相结合函数,输入变量的隶属度函数如图 5-4 所示。图 5-5 所示为 k_p'、k_i' 和 k_d' 仿真输出的三维图像。

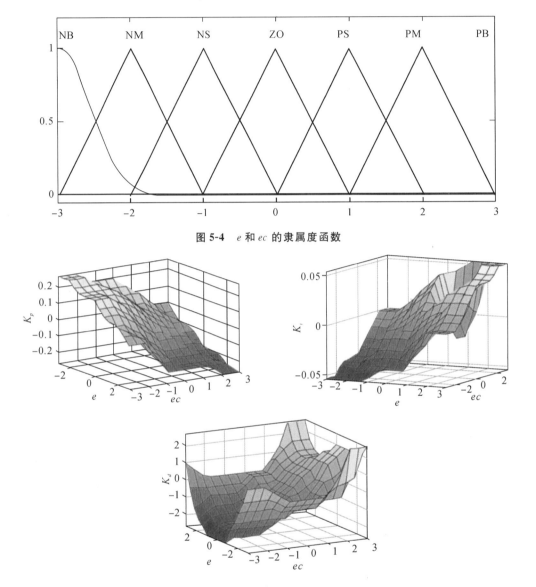

图 5-4　e 和 ec 的隶属度函数

图 5-5　$k_p{}'$、$k_i{}'$ 和 $k_d{}'$ 仿真输出的三维图像

PID 控制器的三个参数 K_p、K_i 和 K_d 的模糊规则控制表如表 5-1 所示。

表 5-1　K_p、K_i 和 K_d 的模糊规则控制表

e \ ec	NB	NM	NS	ZO	PS	PM	PB
NB	NB/PB/NB	NB/PB/NB	NM/PM/NM	NM/PM/NM	NS/PS/NS	ZO/ZO/ZO	ZO/ZO/ZO
NM	NB/PB/NB	NB/PB/NB	NM/PM/NM	NS/PS/NS	NS/PS/NS	ZO/ZO/ZO	ZO/NS/ZO
NS	NB/PM/NB	NM/PM/NM	NS/PM/NS	NS/PS/NS	ZO/ZO/ZO	PS/NS/PS	PS/NS/PS

e ＼ ec	NB	NM	NS	ZO	PS	PM	PB
ZO	NM/PM/NM	NM/PM/NM	NS/PS/NS	ZO/ZO/ZO	PS/NS/PM	PM/NM/PM	PM/NM/PM
PS	NM/PS/NM	NS/PS/NS	ZO/ZO/ZO	PS/NS/PS	PS/NS/PM	PM/NM/PM	PB/NM/PB
PM	ZO/PS/ZO	ZO/ZO/ZO	PS/NS/PS	PS/NM/PS	PM/NM/PB	PB/NM/PB	PB/NB/PB
PB	ZO/ZO/ZO	ZO/ZO/ZO	PS/NM/PS	PM/NM/PM	PM/NM/PB	PB/NB/PB	PB/NB/PB

　　本章将输出功率的误差 e 和误差变化率 ec 作为输入变量，对系统模糊化使精确输入量转换成模糊量，用对应的模糊集合来表示。风电机组功率的波动范围一般应控制在10％以内，本章研究的直驱式风力发电机额定功率为 160kW，则误差的范围设置为 $\{-16\text{kW},16\text{kW}\}$，对应误差变化率的范围设置为 $\{-32\text{kW/s},32\text{kW/s}\}$。

　　由上文知道，误差 e 和误差变化率 ec 的模糊论域均为 $\{-3,3\}$，则可以得到误差和误差变化率的比例因子为：

$$K_e = \frac{3}{16000} = 1.875 \times 10^{-4} \tag{5-10}$$

$$K_{ec} = \frac{3}{32000} = 9.375 \times 10^{-5} \tag{5-11}$$

　　根据上面设计两输入、三输出模糊 PID 控制器搭建相应的模型，如图 5-6 所示。

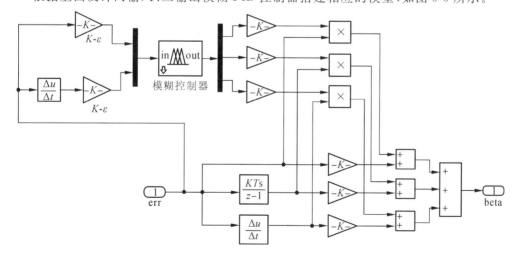

图 5-6　变浆距系统 T-S 模糊 PID 控制模型

5.2.3　重复-TS 模糊 PID 控制器设计

本章设计的风力发电机变浆距控制系统重复-TS 模糊 PID 控制的系统框图如图 5-7

所示。将重复控制与 T-S 模糊 PID 控制相结合形成一种新的复合控制方法,应用到风力机变桨距系统中。

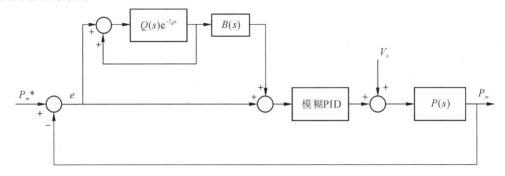

图 5-7　重复-TS 模糊 PID 控制结构图

可以看到,该系统框图中,V_x 即为扰动信号,主要是指风剪切效应引起的与风轮转速相关的周期性脉动量。风剪切效应可以理解为风速随着高度的变化而变化[14-16]。对于风机叶片长度较短的小容量风机来说影响不太明显,通常可以忽略,因为本研究使用的风机为小容量风机,故忽略风剪切效应的影响。

$Q(s)$ 作为延时环节的系数,通常有两种选取方法,即小于 1 的常数和低通滤波器。在实际的应用过程中,为了减少设计过程的复杂性一般取 $Q(s)$ 为小于 1 的常数,在工程应用中通常 $0.95 < Q(s) < 0.98$。当 $Q(s)$ 取常数时,虽然提高了系统的稳定性和鲁棒性,但系统仍然存在一定的稳态误差,不能实现系统的无静差控制。如果 $Q(s)$ 是低通滤波器,可以增强系统的低频谐波抑制能力,提高基波幅值精度。本章 $Q(s)$ 选用二阶低通滤波器,如式(5-12)所示:

$$Q(s) = \frac{\omega_c^2}{s^2 + 2\xi\omega_c s + \omega_c^2} \tag{5-12}$$

其中,ξ 为低通滤波器的阻尼比,ω_c 为低通滤波器的截止频率。在满足系统暂态性能指标的前提下,需要确定动态补偿器 $B(s)$ 的带宽以及具体参数,并求得低通滤波器 $Q(s)$ 的具体参数,以满足系统的输出指标要求。

补偿控制器 $B(s)$ 主要由重复控制器增益 K、滤波器 $1/Ts+1$ 两部分组成。其中重复控制器增益 K 的作用是为控制对象提供幅值补偿,K 值的大小会影响系统的稳定范围、收敛速度和稳态误差。K 值越小,系统越稳定但稳定范围变大;K 值越大,系统收敛速度越快[17]。滤波器的主要作用是衰减高频信号,增强系统的抗干扰能力,提高系统的稳定性,本章采用一阶低通滤波器作为补偿控制器。其基本形式为:

$$B(s) = \frac{K}{Ts+1} \tag{5-13}$$

5.3　风电系统变桨距控制研究仿真分析

为了验证本研究的有效性,以直驱式永磁同步风力发电系统为对象,使用

MATLAB-R2018a 平台进行仿真实验,通过 Simulink 建立 PMSG 系统模型。图 5-8 所示为上海洋山港 2019 年 5 月 1 日至 11 月 1 日的实测风速,可以看到其平均风速为 10.44m/s,风速范围主要分布在 5m/s 到 15m/s,因此,本章仿真使用的风速范围为 9m/s 到 17m/s,并且分别使用模拟出的阶跃风速和随机风速进行仿真。

部分参数设置如下:变桨距控制系统中初始 PID 参数采用传统 PID 整定得到的最好结果,$K_p = 0.6, K_i = 0.0001, K_d = 0.01$。其余相关参数见表 5-2。

表 5-2　仿真相关参数

参数	数值
叶片半径 R	10m
空气密度 ρ	$1.225\mathrm{kg/m^3}$
初始桨距角 β	0°
额定风速 v_n	12m/s
额定功率 P_m	160kW
最佳叶尖速比 λ_{opt}	8.1
最佳风能利用系数 $C_{P\mathrm{opt}}$	0.48
变桨系统时间常数 τ_β	0.2s
定子电阻 R_s	0.05Ω
定子电感 $L_d = L_q = L_s$	$6.35\mathrm{e}^{-4}\mathrm{H}$
极对数 p_n	10
永磁体磁链幅值 φ_f	1.92

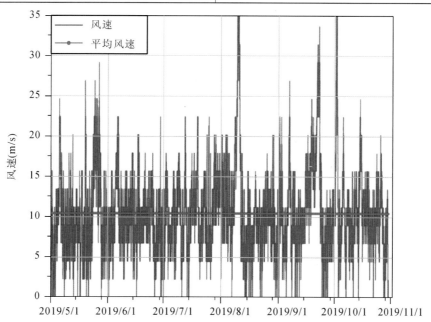

图 5-8　上海洋山港 2019 年 5 月 1 日至 11 月 1 日实测风速

5.3.1 阶跃风速下的仿真结果

仿真时间设为 10s，风力机输入的风速如图 5-9 所示，采用的是模拟出来的阶跃风速，范围在 10~15m/s 之间。3s 之前，风速在额定风速以下；在 3~10s 之间，风速在额定风速之上。

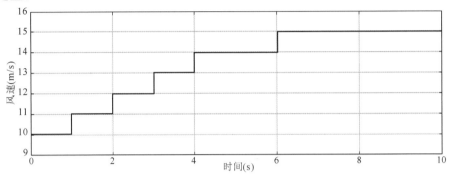

图 5-9　阶跃风速序列

图 5-10、图 5-11、图 5-12、图 5-13 和图 5-14 是在图 5-9 的阶跃风速下，分别采用 PID 变桨控制、T-S 模糊 PID 控制和本章提出的重复-TS 模糊 PID 控制方法，进行仿真后的叶尖速比、风能利用系数、桨距角、发电机转速以及风机输出功率的对比图。

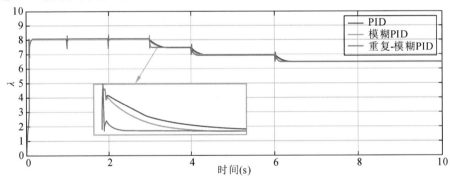

图 5-10　叶尖速比

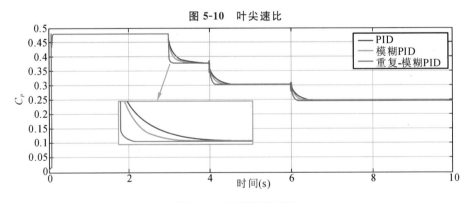

图 5-11　风能利用系数

从图 5-10 和图 5-11 中可以看到在 3s 之前，风速小于额定风速时，使用 PID、T-S 模糊 PID 和重复-TS 模糊 PID 三种方法时,叶尖速比和风能利用系数都达到了最大值且在很短时间内达到稳定,说明本章采用最佳转矩法进行最大功率点追踪以及电流环的设计是十分有效的,3s 之后风速超过额定风速时,为了维持转速和功率的恒定,叶尖速比和风能利用系数随风速变化而变化。可以看到采用在阶跃风速下提出的方法,叶尖速比和风能利用系数对风速变化更加敏感,比 PID 控制和模糊 PID 控制更快实现稳定。

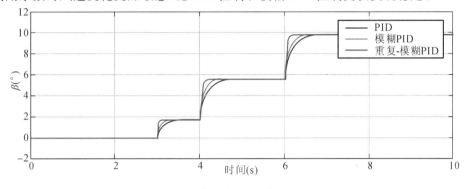

图 5-12　桨距角

由图 5-12 可以发现阶跃风速下风速小于额定风速时,桨距角始终为 0°,当风速超过额定风速时,为了维持恒定的功率和转速,桨距角随风速变化而变化,且与风速的变化成反比,从而获得合适的风能利用系数。而且可以看到,采用提出的方法,桨距角变化更加迅速,能更快地适应风速变化。

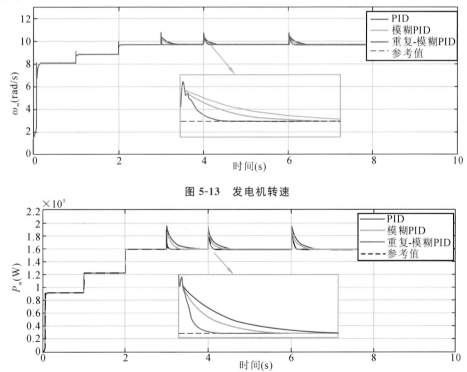

图 5-13　发电机转速

图 5-14　风机输出功率

观察图 5-13、图 5-14 可以发现,在 3s 之前,风速小于额定风速时,本章采用的最佳转矩控制能够很好地追踪最佳功率,发电机转速和风机输出功率都能够达到相应风速下的最大值,3s 之后风速在额定风速以上时,进行变桨距控制,可以看到在阶跃风速下提出的方法比 PI 控制和 TS 模糊 PID 控制具有更小的超调量和更快的响应速度,证明了提出的方法的有效性。

5.3.2 随机风速下的仿真结果

仿真时间设为 15s,风力机输入的风速如图 5-15 所示,采用的是模拟出来的随机风速,范围在 9~17m/s 之间。6s 之前风速在额定风速以下,6~15s 之间风速在额定风速之上。

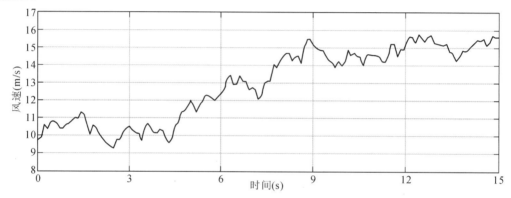

图 5-15 随机风速序列

在图 5-15 的随机风速下,图 5-16、图 5-17、图 5-18、图 5-19、图 5-20 分别是采用传统 PID 变桨控制和本章提出的重复-TS 模糊 PID 控制方法进行仿真后的叶尖速比、风能利用系数、桨距角、发电机转速以及风机输出功率的对比图。

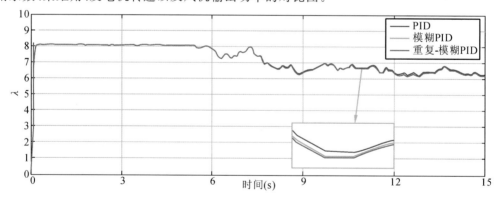

图 5-16 叶尖速比

从图 5-16 和图 5-17 中可以看到在随机风速下,风速小于额定风速时,使用 PID、T-S 模糊 PID 和重复-TS 模糊 PID 控制的叶尖速比和风能利用系数都达到了最大值,且在很短时间内达到稳定,说明本章采用最佳转矩法进行最大功率点追踪是十分有效的,在 5s

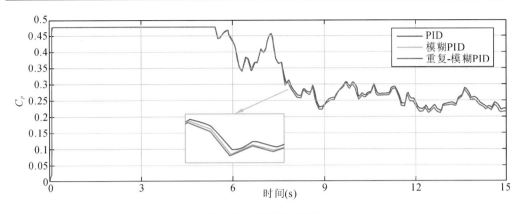

图 5-17　风能利用系数

之后,风速超过额定风速时,为了维持转速和功率的恒定,叶尖速比和风能利用系数随风速变化而变化,且与风速变化呈相反的趋势。

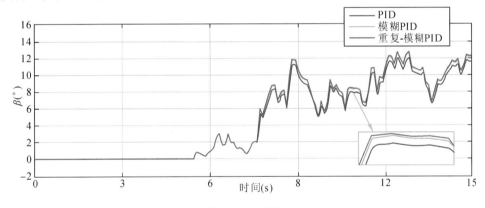

图 5-18　桨距角

观察图 5-18,可以发现风速小于额定风速时,桨距角始终为 0°,此时,是为了能够获取最大风能,根据图 5-18 易知,和阶跃风速输入仿真类似,桨距角为 0°时能够获得最大风能;当风速超过额定风速时,为了维持恒定的功率和转速,桨距角随风速变化而变化,且与风速的变化成反比,从而获得合适的风能利用系数。

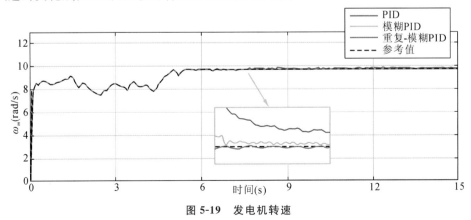

图 5-19　发电机转速

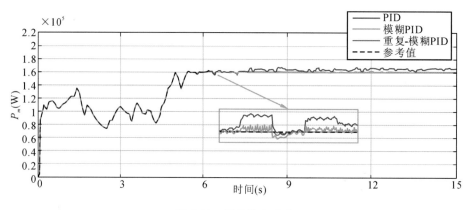

图 5-20　风机输出功率

由图 5-19、图 5-20 可知，随机风速下，风速小于额定风速时，本章采用的最佳转矩控制能够很好地追踪最佳功率，发电机转速和风机输出功率都能够达到相应风速下的最大值，在 6s 之后，通过结合重复控制和 T-S 模糊 PID 控制优点的重复-TS 模糊 PID 控制方法，对风机进行桨距角控制，与使用传统 PID 控制和 T-S 模糊 PID 控制相比，对于直驱式风力发电系统变桨距控制进行了优化，减小了稳态误差。风速在额定风速以上时，变桨距过程更加平稳，输出功率和发电机的转速都能稳定在额定值，提升了系统的稳定性。验证了所提出方法的有效性。

参 考 文 献

[1] 丁丹玫. 漂浮式海上风电机组永磁直驱风电系统功率优化滑模控制方法研究[D]. 哈尔滨：哈尔滨工业大学，2015.

[2] 张毅威. 直驱式永磁同步风力发电机转速控制策略研究[D]. 哈尔滨：哈尔滨工业大学，2017.

[3] FRIEDLI T, KOLAR J W, RODRIGUEZ J, et al. Comparative evaluation of three-phase AC-AC matrix converter and voltage DC-link back-to-back converter systems[J]. IEEE Transactions on Industrial Electronics, 2012, 59(12):4487-4510.

[4] NAVARRETE E C, PEREA M T, CORREA J C, et al. Expert control systems implemented in a pitch control of wind turbine: A review[J]. IEEE Access, 2019:13241-13259.

[5] YIN X, JIANG Z, PAN L, et al. Recurrent neural network based adaptive integral sliding mode power maximization control for wind power systems[J]. Renewable Energy, 2020:1149-1157.

[6] ABDELBAKY M A, LIU X, JIANG D, et al. Design and implementation of partial offline fuzzy model-predictive pitch controller for large-scale wind-turbines[J]. Renewable Energy, 2020: 981-996.

[7] REN H, ZHANG H, DENG G, et al. Feedforward feedback pitch control for wind turbine based on feedback linearization with sliding mode and fuzzy PID algorithm[J]. Mathematical Problems in Engineering, 2018:1-13.

[8] VAN T L,DANG N K,DOAN X N,et al. Adaptive fuzzy logic control to enhance pitch angle controller for variable-speed wind turbines[C]. 2018 10th International Conference on Knowledge and Systems Engineering (KSE),2018.

[9] CHEN D,ZHANG J,QIAN Z . An improved repetitive control scheme for grid-connected inverter with frequency-adaptive capability[J]. Transactions of China Electrotechnical Society,2013,60(2): 814-823.

[10] WU C,CHEN Z,QI R,et al. Decoupling of the secondary saliencies in sensorless PMSM drives using repetitive control in the angle domain[J]. Journal of Power Electronics,2016,16(4): 1375-1386.

[11] 张军兆,王丛岭,杨平,等.基于 T-S 模糊 PID 控制的气动系统研究[J].液压与气动,2012(01): 27-31.

[12] CAO K,GAO X Z,WANG X,et al. Stability analysis of T-S fuzzy PD,PI,and PID control systems[C]. Fuzzy Systems and Knowledge Discovery,2015:351-355.

[13] 袁国政.基于 T-S 模型的模糊 PID 控制在焦炉加热系统中的研究与应用[D].马鞍山:安徽工业大学,2017.

[14] 杨阔,万书亭,康文利.综合考虑风剪切塔影效应的脉动风速模型[J].华北电力大学学报:自然科学版,2020(1):63-69.

[15] 周文平,唐胜利,吕红.风剪切和动态来流对水平轴风力机尾迹和气动性能的影响[J].中国电机工程学报,2012,32(14):122-127.

[16] EMEKSIZ C,CETIN T. In case study:Investigation of tower shadow disturbance and wind shear variations effects on energy production,wind speed and power characteristics[J]. Sustainable Energy Technologies and Assessments,2019(10):148-159.

[17] 季传坤,钱俊兵.基于重复滑膜控制的 PMSM 的矢量控制系统[J].电子科技,2019,32(01): 52-57.

6 基于位置传感器的漂浮式海上风电机组风能转换系统 MPPT 控制

为了实现直驱式永磁漂浮式海上风力发电系统对风能充分利用,需要对海上风力发电系统的最大功率点进行跟踪[1]。本章将介绍一种基于气动转矩观测器的滑模控制方法来实现风能转换系统(WECS)的 MPPT 控制,使用 MATLAB/Simulink 进行仿真和分析。根据最佳叶尖速比得出参考转速代入滑模控制器中,可以在风速变化的情况下实现最大风能追踪。使用扩张状态观测器估计风力涡轮机的气动机械扭矩,对 q 轴电流进行前馈补偿,使滑模控制器有更好的效果。

6.1 风能转换系统数学模型

6.1.1 风力涡轮机建模

在永磁直驱海上风力发电系统中,海上风力机的轴与永磁同步发电机直接相连,通过该轴将获得的机械能传输给永磁同步发电机,而发电机通过磁场将旋转的能量转换为电能。风力机捕获的机械能为[2]:

$$P = \frac{1}{2}\rho\pi r^2 C_P(\lambda,\beta)v_{wind}^3 \tag{6-1}$$

式中,P 为风力机输出功率;ρ 为空气密度;r 为叶轮半径;v_{wind} 为通过风轮的实际风速;β 为桨距角;λ 为叶尖速比;C_P 为风能利用系数。

叶尖速比为风力机叶轮的叶尖线速度与实时风速的比值,即

$$\lambda = \frac{\omega r}{v_{wind}} \tag{6-2}$$

式中,ω 为电机转子角速度。

$$T_L = \frac{P}{\omega} \tag{6-3}$$

式中,T_L 为风轮机的机械转矩。

图 6-1(a)、(b)曲线分别为不同风速下风力机功率和转矩输出特性曲线。取三个不同风速下的功率曲线和最佳转矩曲线进行对比。风力机理想功率曲线如图 6-2 所示,图中 v_{ci} 为切入风速,v_{rat} 为额定风速,v_{co} 为切出风速,本章所研究的区域为 v_{ci} 到 v_{rat} 之间未参与变桨距情况下的区域 1。

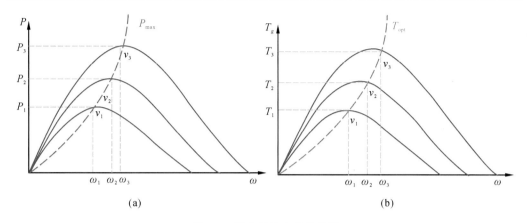

图 6-1 风力机输出特性曲线

(a)不同风速下风力机功率曲线;(b)不同风速下风力机转矩曲线

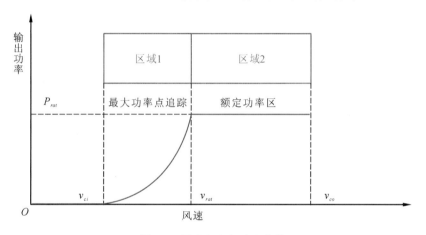

图 6-2 风力机理想功率曲线

6.1.2 永磁同步发电机系统建模

为了简化系统分析过程,在搭建 PMSG 数学模型时建立如下假设[3]:

(1)假设转子永磁磁场在气隙空间分布为正弦波,定子电枢绕组中的感应电动势也为正弦波;

(2)忽略定子铁芯饱和,认为磁路为线性,电感参数不变;

(3)不计铁芯涡流与磁滞损耗;

(4)转子上无阻尼绕组。

永磁同步电机的数学模型包括四组方程:运动方程、定子电压方程、定子磁链方程、电磁转矩方程。其中电压方程和运动方程如下所示。

PMSG 的电压方程为:

$$u_{sd} = i_{sd}R_s + L_s\frac{\mathrm{d}i_{sd}}{\mathrm{d}t} - p_n\omega L_s i_{sq} \tag{6-4}$$

$$u_{sq} = i_{sq}R_s + L_s \frac{\mathrm{d}i_{sq}}{\mathrm{d}t} + p_n\omega L_s i_{sd} + p_n\omega\psi_f \qquad (6\text{-}5)$$

PMSG 的运动方程为：

$$T_e = \frac{3}{2} p_n\psi_f i_{sq} \qquad (6\text{-}6)$$

$$J \frac{\mathrm{d}\omega}{\mathrm{d}t} = T_e - T_L \qquad (6\text{-}7)$$

式中，u_{sd}、u_{sq} 分别为 d、q 轴的电压；i_{sd}、i_{sq} 分别为 d、q 轴电流；L_s、R_s 分别为定子电感和定子电阻；J 为转动惯量；p_n 为极对数；ψ_f 为永磁体和定子交链磁链；T_e 为电磁转矩。

6.2　永磁同步电机矢量控制

永磁同步电机（PMSM）由于具有电磁转矩纹波系数小、效率高、能量密度大、动态响应快、过载能力强等优点，能够满足各种不同工况需求，得到了越来越广泛的应用。PMSM 拥有高效的伺服性能，但其控制系统对内部和外部的扰动十分敏感，这对 PMSM 控制策略提出了更高的要求。电机控制策略是电机得以应用的基础，经过不断发展，高效的 PMSM 控制策略相继被提出，并得到不断完善。其中，直接转矩控制和矢量控制是目前较为成熟的控制技术[4]。

直接转矩控制（DTC）是交流伺服控制策略的后起之秀，在 1997 年，澳大利亚教授 M. F. Rahman 在 PMSM 的 DTC 控制方面进行了深入研究，并给出比较完善的控制理论[5]。DTC 的控制原理是直接针对逆变器进行最优控制，并生成 PWM 信号。DTC 无需进行坐标变换，控制相对简单，而且响应速度快[6]。同时，DTC 对电机的参数依赖小，系统鲁棒性强。但是，在 PMSM 的 DTC 控制伺服系统中，电机会存在转矩脉动，使逆变器的开关频率变得不恒定。

而矢量控制算法的核心是将交流电机矢量电流进行变换解耦，经过运算，将交流电机的定子电流矢量的相位和幅值分离开来，使交流电机的控制变得简单易行。在矢量控制中，不同的控制模式影响永磁同步电机的性能与变换器的容量要求。根据永磁同步电机具体应用要求，控制模式有以下几种：$I_d = 0$ 控制、弱磁控制、$\cos\varphi = 1$ 控制、恒定磁链控制、转矩电流比最大控制[7]。

（1）$I_d = 0$ 控制

在转子磁场定位下，控制定子电流交轴分量为零，因此，定子电流只有直轴分量提供电磁转矩，而不包含磁阻转矩。该方法没有增磁或去磁电流分量，因此不会出现退磁使电机性能变坏的现象，同时能保证电枢电流与电磁转矩成正比关系。其缺点在于随着输出转矩的增大，漏感压降增大，功率因数降低。但在实际应用中，由于该方法操作简单，线性度较好，并具有很宽的调速范围，通常按此方法来设计调速系统。本章也采用此控制方法。

（2）弱磁控制

当控制器输出电压达不到永磁电机在高速下三相输出电压时，必须通过分别调节电流来实现。通过增加 d 轴去磁电流分量，使其削弱永磁体磁场，从而降低转速与感应电动势的正比例相关关系，获得更高的调速范围。

（3）最大转矩控制

最大转矩控制也称作单位电流输出最大转矩控制。它是凸极式永磁同步电机经常使用的一种电流控制策略。对于表面贴装式永磁同步电机，直轴和交轴的电感值相等，其最大转矩控制等价于 $I_d=0$ 控制。

（4）恒定磁链控制

该方法就是控制电机定子电流，使气隙磁链与定子交链磁链的幅值相等。这种方法在功率因数较高的条件下，一定程度上提高了电机的最大输出力矩，但仍存在最大输出力矩的限制。

（5）$\cos\varphi=1$ 控制

恒功率因数控制保证定子电压矢量和电流矢量处于同一方向。这种控制策略可以使逆变器的容量得到充分利用，但是此策略的最大输出转矩很小。

以上各种电流控制方法各有特点，适用于不同的运行场合。本章选择 $I_d=0$ 转子磁场定向矢量控制方案，相对于其他控制方法而言最简单易行，而且该控制方法对表面贴装式永磁同步电机来说也就是转矩电流比最大控制，具有相应的优良特性，因此使得电机的调速更容易实现。

同时，随着智能控制技术的不断发展，基于现代技术的矢量控制使 PMSM 的控制性能得到进一步提高[8]。如文献[9]将模糊理论与矢量控制相结合，改善了电机系统的控制效果；文献[10]提出并网直驱式永磁风力发电系统自抗扰（ADRC）控制策略，通过定子电流控制电机侧转换器，以使发电机的转速适应不同的风速曲线，并确保了直流母线电压的控制以及风力涡轮机和电网之间的有功功率和无功功率的交换。

6.3　滑模控制器及气动转矩观测器设计

WECS 参数不确定性和未参与建模的其他因素，往往导致真实系统数学模型的不精确性。因此，需要控制系统的鲁棒性，以保持系统性能的稳定。本章采用 SMC 来设计系统的控制器。

滑模控制器的设计主要包括切换函数的选取和控制率的设计两部分。设计的总体目标要实现三要素[11]：

（1）系统所有的状态点能在有限时间内到达滑模面；

（2）滑模面附近存在滑动模态区；

（3）滑动模态渐近稳定并具有良好的动态响应品质。

其中,切换函数决定了滑模运动的稳定性和动态品质。控制率保证了系统状态的可达性和滑动模态的存在性。但是,由于 SMC 存在抖振现象,为了解决 SMC 的抖振与抗干扰性能相矛盾的问题,采用扩张状态观测器对扰动进行实时观测,进而利用观测值进行前馈补偿,从而在实现扰动快速抑制的同时削弱了系统抖振。

6.3.1　滑模控制器设计

SMC 方法将 n 阶系统替换为一阶系统,可以通过选择跟踪误差的适当函数(称为滑动面或滑动流形)轻松控制一阶系统。它可以在有限的时间内将系统轨迹从其初始点移动到滑模面,然后通过控制律将变量约束在滑模面附近[12]。为了说明 SMC 理论,考虑具有以下状态方程的二阶非线性系统:

$$\ddot{x} = f(x, \dot{x}) + g(x, \dot{x})u \tag{6-8}$$

式中,x 是系统状态变量,u 是系统输入量;f 和 g 分别是系统的有界非线性矩阵函数,并假定函数 g 是连续且可逆的。控制的目的是在存在干扰和不确定性的情况下,获取状态向量以跟踪预设的状态向量。设 $e = x - x_d$ 是状态向量 x 中的轨迹误差,其中,x_d 是所预设的状态向量。通常,选择 n 阶系统的时变滑动面为:

$$S(t) = (\frac{\mathrm{d}}{\mathrm{d}t} + \alpha)^{n-1}(x - x_d) \tag{6-9}$$

式中,α 是一个正数,对于二阶系统有:

$$S(t) = \alpha e + \dot{e} \tag{6-10}$$

因此,跟踪预设量可以等价于保证的值一直为零。可以通过定义控制律来使误差矢量一直保持在滑模面上,其稳定性条件为:

$$S\dot{S} \leqslant 0 \tag{6-11}$$

为了保证 PMSG 系统的动态性能,采用自适应趋近律的方法。自适应趋近律克服了指数趋近律的缺点,当系统接近滑模面时,指数项接近于零,$-\varepsilon h(x)\mathrm{sgn}(s)$ 变速项起关键作用。当状态变量 x 进入滑模面向零点运动时,由于其值的不断变小使得控制项 $\mathrm{sgn}(s)$ 的值不断减小,最终能够到达稳定点。

$$\dot{s} = -\varepsilon h(x)\mathrm{sgn}(s) - qs \tag{6-12}$$

$$h(x) = k\frac{1 - \mathrm{e}^{-|x|}}{1 + \mathrm{e}^{-|x|}} \tag{6-13}$$

易证 $\dot{V} = s\dot{s} = -\varepsilon h(x)\mathrm{sgn}(s)s - qs^2 \leqslant 0$,系统在整个状态空间都趋向于滑模面,并在进入滑动模态后以选定的趋近律渐近到达稳态。

$$\int_{s(0)}^{s(\mathrm{reach})} \frac{\mathrm{d}s}{\varepsilon h(x)\mathrm{sgn}(s) + qs} = \int_0^{t_{\mathrm{reach}}} -\mathrm{d}t \tag{6-14}$$

$$t_{\mathrm{reach}} = \frac{1}{q}\ln\frac{\varepsilon h(x) + q|s(0)|}{\varepsilon h(x)} \tag{6-15}$$

由式(6-15)可见系统可以在有限时间内收敛于滑模面,且趋近律是变化的。取

PMSG 系统的状态变量为：

$$\begin{cases} x_1 = \omega_{ref} - \omega \\ x_2 = \dot{x}_1 = -\dot{\omega} \end{cases} \tag{6-16}$$

式中，ω_{ref} 为电机参考转速，在 MPPT 情况下随风速变化而变化。

由式(6-6)、式(6-7)、式(6-8)和式(6-16)得：

$$\begin{cases} \dot{x}_1 = -\dot{\omega} = \dfrac{1}{J} \left(T_L - \dfrac{3}{2} p_n \psi_f i_{sq} \right) \\ \dot{x}_2 = -\ddot{\omega} = -\dfrac{3}{2} p_n \psi_f \dot{i}_{sq} \end{cases} \tag{6-17}$$

令 $u = \dot{i}_q, D = \dfrac{3}{2} p_n \psi_f$，得到系统的状态方程为：

$$\begin{bmatrix} \dot{x}_1 \\ \dot{x}_2 \end{bmatrix} = \begin{bmatrix} 0 & 1 \\ 0 & 0 \end{bmatrix} \begin{bmatrix} x_1 \\ x_2 \end{bmatrix} + \begin{bmatrix} 0 \\ -D \end{bmatrix} u \tag{6-18}$$

定义系统滑模面为：

$$s = c x_1 + x_2 \tag{6-19}$$

其中，c 为待设计参数。

对式(6-19)进行求导，可得：

$$\dot{s} = c x_2 - D u \tag{6-20}$$

结合式(6-18)、式(6-20)可得控制器 u 表达式：

$$u = \frac{1}{D} \left[c x_2 + \varepsilon h(x) \operatorname{sgn}(s) + q s \right] \tag{6-21}$$

从而可得 q 轴参考电流为：

$$i'_{sq} = \frac{1}{D} \int_0^t \left[c \left(\frac{T_L}{J} - \frac{3 p_n \psi_f i_{sq}}{2J} \right) + \varepsilon h(x) \operatorname{sgn}(s) + q s \right] \tag{6-22}$$

6.3.2 气动转矩观测器的设计

滑模控制是利用不连续的开关项来抑制外界扰动的影响。当 WECS 的气动转矩发生变化时，利用滑模控制克服气动转矩扰动的变化，需要选择较大的切换增益[13]。然而，这会加剧系统稳态时的抖振，另外，也会产生转速的瞬态波动，降低控制系统的性能。因此，为了控制效果的稳定和准确，利用扩张状态观测器观测所获得扰动转矩值，得到转矩电流补偿量，对参考电流进行前馈补偿，以此修正来增强系统的动态响应。

由于电流采样周期很小，并简化 PMSG 的运动方程，则气动转矩 T_L 在一个周期内可视为恒定，得到下式：

$$\frac{\mathrm{d} T_L}{\mathrm{d} t} = 0 \tag{6-23}$$

结合式(6-7)和式(6-23)可得到下面的状态方程：

$$\begin{cases} \hat{x}=Ax+B\dot{u} \\ \hat{y}=Cx \end{cases} \tag{6-24}$$

式中，$x=\begin{bmatrix} \omega \\ T_L \end{bmatrix}$；$A=\begin{bmatrix} 0 & -\dfrac{1}{J} \\ 0 & 1 \end{bmatrix}$；$B=\begin{bmatrix} \dfrac{1}{J} \\ 0 \end{bmatrix}$；$C=\begin{bmatrix} 1 \\ 0 \end{bmatrix}$；$u=T_e$；$y=\omega$。

为了简化观测器结构，对式(6-24)进行降阶处理可得出：

$$\begin{cases} \hat{z}=\bar{a}z+\bar{b}T_e+\bar{k}\omega \\ \hat{T}_L=z+l\omega \end{cases} \tag{6-25}$$

其中，$\bar{a}=1+\dfrac{1}{J}$，$\bar{b}=-\dfrac{T_e}{J}$，$\bar{k}=\dfrac{l(1+l)}{J}$，$l$ 为观测器增益，z 为中间状态变量，将式(6-26)离散处理：

$$\begin{cases} z(i+1)=\left(1+\dfrac{lT_c}{J}\right)z(i)-LT_L(i)T_n+\dfrac{l(l+1)T_c\omega(i)}{J} \\ \hat{T}_L(i)=z(i)+l\omega(i) \end{cases} \tag{6-26}$$

式中，$i=0,1,2,3,\cdots$，观测方程的特征值 λ 绝对值小于 1，因此，观测器增益 l 可表示为：

$$\lambda=\dfrac{1+lT_c}{J}, \ |\lambda|\leqslant 1 \tag{6-27}$$

因此，可以由式(6-26)、式(6-27)推出降阶扰动转矩观测值：

$$\hat{T}_L(c)=\dfrac{1}{T_c+1}T_L(c) \tag{6-28}$$

把转速 ω 和电流 i_q 的真实量测值输入进观测器内，得到式(6-29)：

$$\begin{cases} \omega(c)=s\theta(c) \\ \hat{T}_L(c)=\dfrac{1}{Ts+1}\left[K_ti_q(c)-Js\omega(c)\right] \end{cases} \tag{6-29}$$

电机电流是转矩观测器的输入量，由于编码器精度等一些硬件问题，实际反馈信号会产生比较大的噪声。所以，引入低通滤波器，在观测器输出端进行低通滤波，降低干扰。观测器的结构图如图 6-3 所示，引入滤波器后得到式(6-30)：

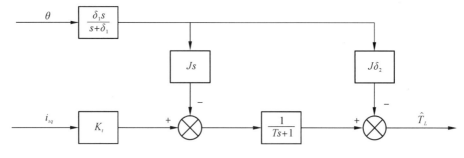

图 6-3 观测器结构图

$$\begin{cases} \omega(c) = \dfrac{\delta_1}{s+\delta_1} s\theta(c) \\[3mm] \hat{T}_L(c) = \dfrac{\delta_2}{s+\delta_2}\big[K_t i_q(c) + \delta_2 J\omega(c)\big] - \delta_2 J\omega(c) \end{cases} \tag{6-30}$$

式中，δ_1、δ_2 为低通滤波器的截止频率，K_t 是电机转矩常数。

整个机侧系统结构图如图 6-4 所示，将转矩观测器得到的转矩转化为电流，作为抗扰动转矩的前馈补偿量与式(6-30)结合得到参考电流。

$$i_{sq}^* = i'_{sq} + i''_{sq} = \frac{1}{D}\Big[c\Big(\frac{T_L}{J} - \frac{3p_n\psi_f i_{sq}}{2J}\Big) + \varepsilon h(x)\mathrm{sgn}(s) + qs\Big] + \frac{1}{K_t}\hat{T}_L \tag{6-31}$$

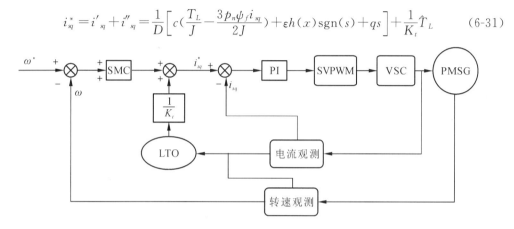

图 6-4　机侧系统结构图

6.4　网侧变流器控制分析

网侧变流器需要将机侧输出的直流电能转换为交流电并输送到电网。因此，它需要保证系统输送到电网的电能质量，同时，起到稳定直流母线电压的作用。因为直流母线电压的波动对于风电系统并网运行十分不利，所以，网侧变流器必须要有良好的控制方法[14,15]。

其中网侧变流装置需要实现的主要功能有：

(1)稳定直流母线电压，即保持机侧变流器输出的直流电电压稳定；

(2)实现逆变功能，将直流电逆变为交流电，将直流电能全部输送到电网；

(3)保证电能质量，即输出的交流电的频率、相序、相位、波形要和电网侧同步。

网侧变流器和机侧变流器的结构相同，易得到网侧变流器的数学模型：

$$\begin{cases} L_g \dfrac{\mathrm{d}i_{gd}}{\mathrm{d}t} = e_d + \omega L_g i_{gq} - u_{gd} - R_g i_{gd} \\[3mm] L_g \dfrac{\mathrm{d}i_{gq}}{\mathrm{d}t} = e_q - \omega L_g i_{gd} - u_{gq} - R_g i_{gq} \\[3mm] C \dfrac{\mathrm{d}u_{dc}}{\mathrm{d}t} = \dfrac{3}{2}(s_d i_{gd} + s_q i_{gq}) - i_L \end{cases} \tag{6-32}$$

式中，i_{gd}、i_{gq} 分别表示网侧并网电流的 d、q 轴分量；e_d、e_q 分别表示电网侧电压的 d、q 轴分量；u_{gd}、u_{gq} 分别表示网侧变流器输入电压的 d、q 轴分量；u_{dc} 为直流母线电压。对于式(6-32)所示耦合现象需要进行解耦处理。

采用电网电压定向的矢量控制可以得到：

$$\begin{cases} u_{gd} = e_d - R_g i_{gd} + \omega L_g i_{gq} \\ u_{gq} = -R_g i_{gq} - \omega L_g i_{gd} \end{cases} \tag{6-33}$$

根据能量守恒定律知，输入直流侧的功率与输送到电网之间的功率平衡关系直接决定了直流母线电压的稳定[16]：当直流侧输入功率大于输入电网功率时，多余的能量首先会存储在母线电容中，导致母线电压升高；反之，则会使电压降低。因此，网侧输送有功功率的大小决定了直流母线电压的稳定，只要能快速控制网侧输出的有功电流分量 i_{gd} 就能控制有功功率平衡，就可以实现直流母线电压的稳定。稳态情况下，假定直流母线电压稳定并且没有功率波动，电机侧整流器输出的有功功率为：

$$P_s = u_{sd} i_{sd} + u_{sq} i_{sq} = u_{dc} i_{dc} \tag{6-34}$$

$$P_g = u_{gd} i_{gd} = u_{dc} i_g \tag{6-35}$$

$$C \frac{\mathrm{d}u_{dc}}{\mathrm{d}t} = \frac{P_s - P_g}{u_{dc}} \tag{6-36}$$

式中，P_s 其中为电机输出有功功率；P_g 为输送到电网的有功功率；i_g 为直流侧输入到网侧逆变器的电流；i_{dc} 为机侧整流器输入到直流侧的电流值。

发电机输出有功功率随风速变化时，若能使网侧变流器输出到电网的有功功率始终与机侧变流器输出功率相等，则直流侧电容两侧功率可以达到动态平衡，直流侧无能量缓冲，直流母线电压达到稳定[17]。为此，将网侧控制与电机侧协调控制，对电网侧的控制量进行修正。该方式可以改进网侧电流给定值对系统机侧输出功率的跟踪能力，并且改善直流母线电压的稳定性。

在电网稳定的条件下 u_{gd} 是恒定的，则：

$$\frac{u_{dc}}{u_{gd}} C \frac{\mathrm{d}u_{dc}}{\mathrm{d}t} = \frac{P_s - P_g}{u_{gd}} = \frac{u_{sd} i_{sd} + u_{sq} i_{sq}}{u_{gd}} - i_{gd} \tag{6-37}$$

式(6-37)表明，直流侧电容电压同时受到 PMSG 输出的有功功率和网侧变流器的 d 轴电流分量 i_{gd} 的影响。所以，将系统机侧变流器控制信息的映射量纳入到网侧变流器的控制中，实现网侧的协调控制，使直流侧电容电压控制性能更加稳定。

导致直流侧电压波动的直接原因是网侧变流器电压外环产生的 d 轴电流分量的给定值与实际值存在一定滞后，因此，可结合式(6-37)，将等式右边第一项作为一个前馈补偿量 $\frac{u_{sd} i_{sd} + u_{sq} i_{sq}}{u_{gd}}$。将该值补偿到上文采用电网电压定向控制策略时直流侧电压经 PI 调节器的输出给定值，从而可以得到一个全新的网侧变流器电流内环的 d 轴电流给定值 i_{gd}^*。网侧变流器具体框图如图 6-5 所示。

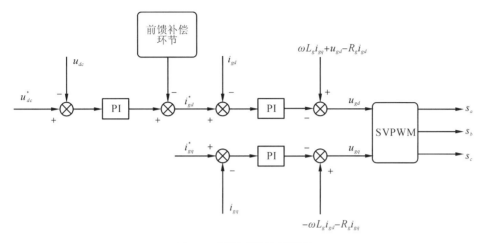

图 6-5　网侧系统控制框图

从图 6-5 中看出,改进的网侧变流器控制策略还是采用传统的基于电网电压定向矢量控制,不同之处在于 d 轴转速外环输出的给定值上,加入了表示永磁发电机输出有功功率改变的变化量,控制目标单一,容易实现。因此,当风速变化导致发电机输出的功率发生变化时,网侧变流器电流内环的给定值可及时反馈这种变化,然后通过电流内环控制,使 d 轴电流能够快速跟踪给定值,从而使网侧变流器输入电网的有功功率和机侧变流器输入到直流侧的有功功率达到平衡,以减小直流侧电压的波动,最终实现直流母线电压的稳定。

6.5　仿真分析

为了验证负载转矩观测器的正确性和前馈补偿方案的可行性,应用 MATLAB/Simulink 建立 PMSG 风力发电系统进行仿真。其中,PMSG 采用 d 轴电流为 0 的磁场定向解耦策略进行控制。整个系统的控制框图如图 6-6 所示,系统主要参数如表 6-1 所示,控制器参数及负载转矩观测器参数如表 6-2 所示。

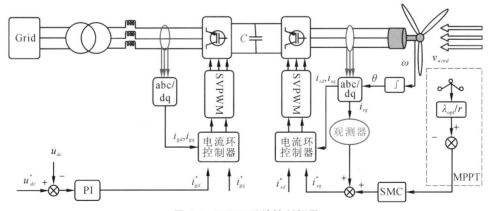

图 6-6　MPPT 系统控制框图

表 6-1　永磁风力发电系统主要参数

参数	数值
额定功率 P_N	160kW
极对子数 N	10
总磁通 ψ_f	1.92Wb
定子电阻 R	0.05Ω
定子电感 L	63.5mH
风轮半径 r	10m
最大风能利用系数 C_P	0.48
空气密度 ρ	1.225kg/m³
风机转动惯量 J_w	1000kg/m²
开关频率 f	20kHz
采样频率 f_s	1MHz
主轴转动惯量 J_T	5kg/m²
直流侧电压 U_{dc}	800V

表 6-2　控制器主要参数

参数	数值
滑模参数 k	2
滑模参数 ε	100
滑模参数 q	400
滑模参数 c	10
截止频率参数 δ_1	0.1
截止频率参数 δ_2	0.1
PI 参数 k_p	200
PI 参数 k_i	1000

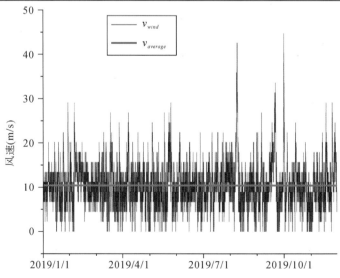

图 6-7　上海地区沿海 2019 年风速图

图 6-7 为上海地区沿海 2019 年 1～11 月风速图,可以看出其平均风速在 10m/s 左右,因此,对不同控制器在恒风速的情况下(10m/s)的控制效果进行比较。其控制效果如图 6-8(a)～(e)所示。

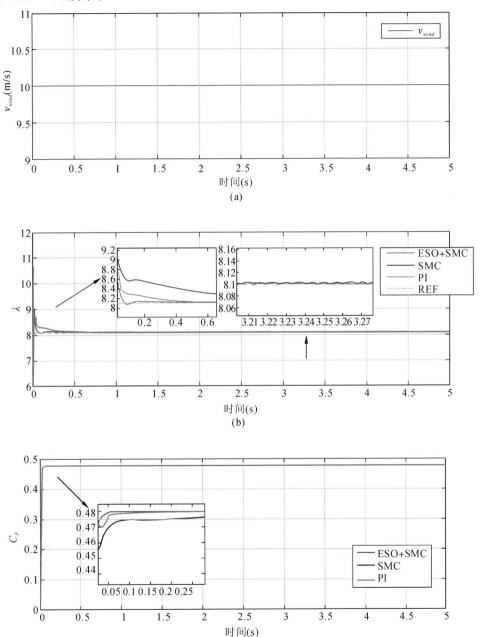

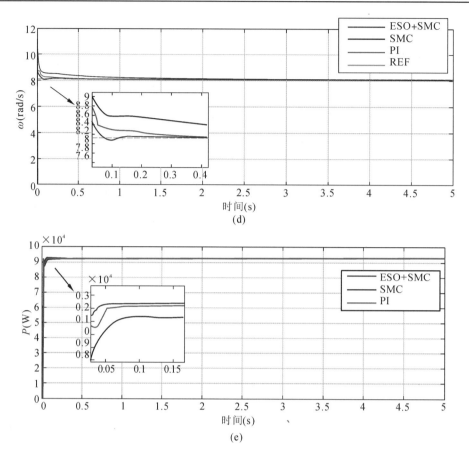

图 6-8 恒风速下 WECS 响应图

(a)仿真所用恒风速图;(b)叶尖速比 λ 曲线;(c)最大风能利用系数曲线;
(d)角速度跟踪响应;(e)风力机输出功率

由图 6-8(a)~(e)可以看出,在恒风速下,所采用的三种控制方法对 WECS 的 MPPT 控制效果差距不大,这是由于恒风速情况下 PI 参数设计良好,系统稳定性高。但是仍能够观测到 PI 控制下系统有一定超调,相比本章所提出的控制策略有一定不足。同时,SMC 下的系统响应快速性略有不足,但负载转矩观测器的加入明显补足了系统响应较慢这一缺点。所以本章所提出的控制策略是有效的,并且控制效果良好。

为了更好地展示控制效果,使用 Simulink 中白噪声模块模拟随机风速,如图 6-9(a)所示。在随机风速下分别使用 PI 控制器、滑模控制器和气动转矩观测器的滑模控制器对系统进行仿真,得到的结果如图 6-9(a)~(e)所示。

图 6-9(a)为仿真所用随机风速图,其值在风速 10m/s 左右波动。由图 6-9(b)、(c)可以看出,在模拟的随机风速波动下,由于 SMC 的鲁棒性优点,叶尖速比、最大风能利用系数在风速变化时波动明显减弱,而 PI 控制在波动风速下易产生明显波动。在仿真时间 1~1.5s 时,PI 控制下的最大风能利用系数低至 0.44,和 0.48 的参考值有较大差距。同

时,在图 6-9(b)中可以观测到仅使用 SMC 时,WECS 的 λ 值有明显的抖振。而加入观测器后由于气动转矩观测器的前馈补偿,使得系统的上升速度比仅使用 SMC 加快很多,其抖振也相对减小。

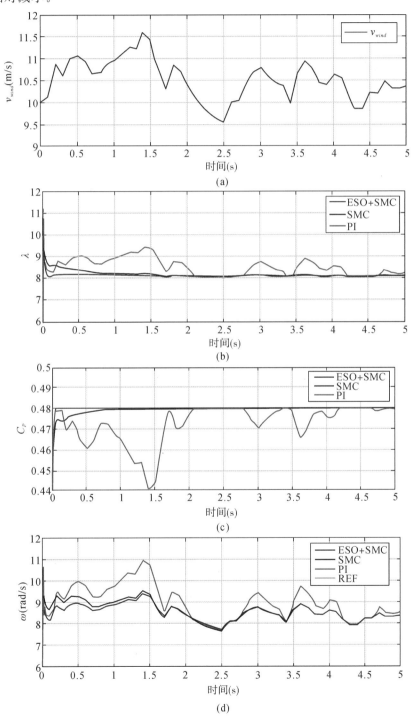

(a)

(b)

(c)

(d)

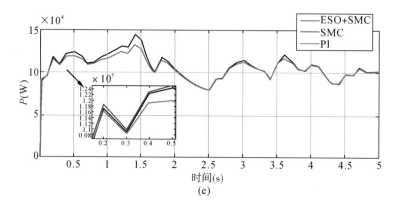

图 6-9　随机风速下 WECS 响应图

(a)随机风速图;(b)叶尖速比 λ 曲线;(c)最大风能利用系数曲线;

(d)角速度跟踪响应;(e)风力机输出功率

由图 6-9(d)可以看出,带观测器的 SMC 在系统运行后转速很快就接近参考值,而仅使用 SMC 时,转速在 1.5s 左右才接近参考值。另外,PI 控制下的转速跟随风速波动,很难达到稳定。不难看出,本章所采用的控制策略对 PMSG 的转速控制是十分有效的。

由图 6-9(e)可以看出,PI 控制下风力机的输出功率比 SMC 下的输出功率有了明显的降低。可见 PI 控制下,风能的利用是远远不够的,因此,可以看出 PI 控制在应对复杂系统的随机输入情况的表现是较差的,而带有 SMC 的系统的抗干扰性能有了显著的提高。另外,从局部放大图可以看出,带有观测器的 SMC 方法在响应的快速性上有了提高,在 0~1s 的输出的功率远超其余两种控制方法。

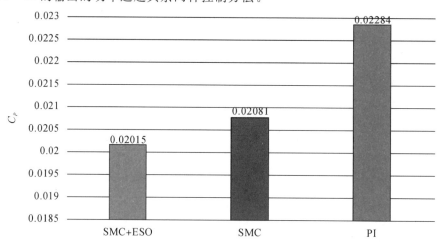

图 6-10　不同控制策略下C_P的平均值

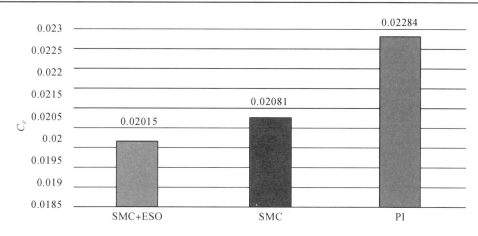

图 6-11 不同控制策略下C_P的标准差

图 6-10 和图 6-11 是随机风速下不同控制策略的风能利用系数平均值和标准差。不难看出，本章所提出的控制策略比 SMC 和 PI 有更好的表现，其平均值更加接近 C_P 参考值 0.48，标准差比 PI 更是减少了约 10%，这使得 WECS 的性能有了较大的提高。

综上，本章所提出的控制方法使得整个控制系统在抖振抑制、响应速度、抗扰动等方面的性能都有很大改善。

图 6-12 为气动转矩观测器的观测结果，观测的转矩与参考值十分接近，符合标准。因此，观测器的效果良好，在系统中性能稳定，这对本章提出的控制方法的准确运行有着重要作用。

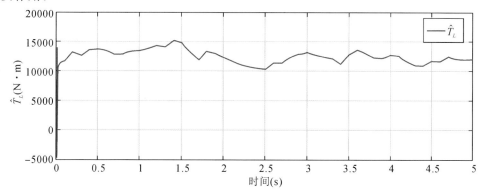

图 6-12 转矩观测图

图 6-13 为随机风速下直流侧电压曲线，可以看出 U_{dc} 在一开始的超调后迅速进入稳定状态，在风速波动较大的情况下，U_{dc} 仍能稳定在 800V。所以，所提出的整体控制策略被证明是有效的，能够使机侧和网侧的功率相互平衡，维持直流母线电压稳定。

仿真结果表明，由于转矩估计值的反馈，所提出的滑模控制律中的符号函数增益具有基于随机风速条件的自调节能力。所以它有助于消除抖振，并确保 MPPT 滑模控制信号的可靠性。相较于仅使用 SMC 方法，所提出的观测器能够帮助其提高系统响应的快速性，同时，其抗干扰性能比在随机风速下使用 PI 方法的有显著提高。

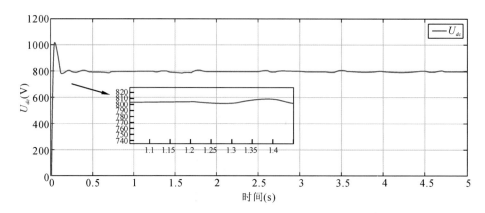

图 6-13　直流侧电压曲线

6.6　本章小结

本章提出了一种基于气动转矩观测器的永磁同步风力发电系统 MPPT 新型滑模控制器,并使用 MATLAB/Simulink 进行仿真和分析。根据最佳叶尖速比得出参考转速代入滑模控制器中,可以在风速变化的情况下实现最大风能追踪。另外,使用扩张状态观测器估计风力涡轮机的气动机械扭矩,对 q 轴电流进行前馈补偿,使滑模控制器有更好的效果。该方法比传统方法跟踪性能更好,稳定性也得到大幅提高。但是,这种控制策略仍然需要电机提供传感器来进行算法的实现,因此,未来研究将提出一种漂浮式海上永磁同步电机内部无传感器的方案来对风能转换系统进行进一步优化。

参 考 文 献

[1]　刘巡.直驱永磁风力发电机组最大功率跟踪技术的研究[D].长春:长春工业大学,2017.

[2]　宋修璞.永磁直驱风力发电机组模拟系统的研究[D].北京:北京交通大学,2014.

[3]　卞志鹏.提升电力系统安全稳定性的 VSC 分析与控制策略研究[D].杭州:浙江大学,2019.

[4]　周元立.永磁同步风力发电机功率平滑控制研究及主控系统设计[D].西安:西安理工大学,2019.

[5]　刘一栋.基于自抗扰控制器的 PMSG 模型预测直接转矩控制策略研究[D].西安:西安理工大学,2019.

[6]　ERRAMI Y,OBBADI A,SAHNOUN S,et al. Control of PMSG WECS based on DTC and backstepping algorithm[C]// 2018 6th International Renewable and Sustainable Energy Conference (IRSEC).2018.

[7]　JLASSI I,CARDOSO A J. Fault-tolerant back-to-back converter for direct-drive PMSG wind turbines using direct torque and power control techniques[J]. IEEE Transactions on Power Electronics,2019,34(11):11215-11227.

[8]　MAHDHI H B,AZZA H B,JEMLI M . Development of control strategies in a wind energy

conversion system based on PMSG[C]. International Conference on Sciences & Techniques of Automatic Control & Computer Engineering,2017.

[9] FADAEI S,POOYA A. Fuzzy U control chart based on fuzzy rules and evaluating its performance using fuzzy OC curve[J]. TQM Journal,2018,30(3):232-247.

[10] ABOUDRAR I,HANI S E,MEDIOUNI H,et al. Modeling and robust control of a grid connected direct driven PMSG wind turbine by ADRC[J]. Advances in Electrical and Electronic Engineering. 2018(4):1-12.

[11] 孙硕.基于无速度传感器的变风速风力发电机的二阶滑模控制策略研究[D].哈尔滨:哈尔滨工业大学,2018.

[12] 丁丹玫.永磁直驱风电系统功率优化滑模控制方法研究[D].哈尔滨:哈尔滨工业大学,2015.

[13] 凌乐陶.基于混沌萤火虫算法的滑模极值搜索在风电 MPPT 的应用[D].天津:天津大学,2017.

[14] GUERRERO J M,LUMBRERAS C,REIGOSA D,et al. Control and emulation of small wind turbines using torque estimators[C]//IEEE Energy Convers. Congr. Expo. ECCE 2015,2015.

[15] WU X,MA Z,RUI X,YIN W,et al. Speed control for the continuously variable transmission in wind turbines under subsynchronous resonance[J]. Iranian Journal of Science and Technology-Transactions of mechanical Engineering,2016,40(2):151-154.

[16] 周瑞卿.直驱永磁风力发电机组低电压穿越研究[D].沈阳:沈阳工业大学,2019.

[17] 吕绍峰.永磁直驱风电系统全功率变流器并网控制技术的研究[D].天津:天津理工大学,2019.

7 漂浮式海上风电机组双馈风力发电系统 MPPT 控制及参数优化

漂浮式海上风电机组双馈风力发电机是变速恒频风力发电机的主要形式之一,具有转子励磁灵活、功率变换器容量小、功率调节性能好等优点。本章基于双馈电机的数学模型和矢量控制策略的基本理论,研究双馈风力发电机的最大风能捕获问题。

本章以漂浮式海上风电机组双馈风力发电机为研究对象,旨在通过设计满足性能要求的控制器,以提高风力发电机转速控制性能的方式使得风能捕获效率最大化。基于灰狼优化算法,对漂浮式海上风电机组 DFIG 控制器进行参数优化。介绍了标准灰狼优化算法的原理。通过设计合适的适应度函数,将灰狼优化算法应用到 DFIG 控制器参数设计中。同时,对标准灰狼优化算法中的参数向量收敛律和边界条件进行了改进。对漂浮式海上风电机组 DFIG 风力发电系统进行建模与仿真,在不同风速下将所提出的控制器与 PI 控制器进行了对比。从而验证了所提出的控制策略的有效性。

7.1 基于灰狼优化算法的 DFIG 控制器参数优化

由前面内容分析可知,所提出的控制策略包含较多的待定参数,这些参数的选取会显著影响控制效果。在传统的 PI 控制中,可根据传递函数的自然频率和阻尼比等调节参数的选取。而所提出的控制策略由于其非线性的特点,无法采用类似 PI 控制器的调参方法选取参数。同时,参数对控制效果的影响较为复杂,难以定量分析各个参数对响应时间、最大超调量的影响。因此,本章针对这一问题,采用元启发式算法辅助参数设计。通过设计合适的目标函数,及改进现有元启发式算法,来获得良好的控制效果。

7.1.1 元启发式算法简介

通常,用于解决优化问题的方法包括确定性算法和随机性算法两类。确定性算法包括牛顿迭代法(Newton-Raphson)、爬山法(Hill-Climbing)等算法。对同一优化问题而言,若使用相同的初始值和迭代次数,确定性算法将产生相同的解。确定性算法对特定问题拥有较高的收敛速度,即仅需较少的迭代次数即可获得优化问题的解。但与其他采用局部搜索策略的方法一样,确定性算法容易陷入局部最优值中。

与确定性算法不同,由于随机性算法包含随机机制,即使使用相同的初始值,随机性算法在每次迭代中的解集可能都不相同。因此,可以认为随机性算法的寻优路径不可重复。但如果迭代次数足够多,不同寻优路径下的解,最终都能收敛于同一最优解。由于随机机制的引入,随机性算法能较好地避免陷入局部最优解。

元启发式算法属于随机性算法,广泛应用于解决优化问题。这类算法在解决优化问题时将问题视为黑匣子,不需要对搜索空间的导数进行计算,即元启发式算法仅通过输入和输出来解决优化问题。这种无需梯度的特性使得元启发式算法具有独特的优势。较为流行的元启发式算法有遗传算法(Genetic Algorithm,GA)、粒子群优化算法(Particle Swarm Optimization,PSO)、蚁群优化算法(Ant Colony Optimization,ACO)等。这些算法以真实的生物集体行为为基础,通过使用算法规则描述生物的群体活动实现对优化问题的求解。在解决优化问题时,这些算法会先生成一组随机初始值,然后根据特定的搜索机制更新可行解的值,经过一定的迭代次数后,即可获得最优解[1-3]。

7.1.2　灰狼优化算法

灰狼优化算法(Grey Wolf Optimization,GWO)是一种元启发式算法,由澳大利亚格里菲斯大学的 Mirjalili 提出[4]。这种算法的基本原理已经在第 3.2 节有详细的介绍,在这里只介绍一种优化的算法,并根据这种算法进行 DFIG 控制器参数优化[5]。

7.1.2.1　灰狼优化算法的数学描述

在获取猎物的位置后,灰狼群将对猎物进行包围,这一过程可用式(7-1)表示:

$$\begin{cases} D_p = |C \cdot X_p(k) - X(k)| \\ X(k+1) = X_p(k) - A \cdot D_p \end{cases} \tag{7-1}$$

其中,k 为迭代次数,$X(k)$ 为第 k 次迭代后灰狼的位置向量,$X_p(k)$ 为第 k 次迭代后猎物的位置向量,A 和 C 为系数向量,其表达式如式(7-2)所示:

$$\begin{cases} A = 2a\,r_1 - a \\ C = 2\,r_2 \end{cases} \tag{7-2}$$

其中,r_1 和 r_2 为[0,1]范围内的随机数,a 为随迭代次数线性减少的变量,其值由 2 逐渐减小至 0,如式(7-3)所示:

$$a = 2 - 2k/k_{max} \tag{7-3}$$

其中,k_{max} 为最大迭代次数。

通过上述迭代过程,灰狼个体可重定向猎物周围任何位置,但这还不足以体现灰狼群中的群体智慧。对猎物进行追捕时,等级较高的灰狼会对这一过程起到关键作用。在包围过程完成后,灰狼群会在 α、β、δ 三种等级的狼领导下进行追捕,这一过程可用式(7-4)、式(7-5)、式(7-6)描述:

$$\begin{cases} D_\alpha = |C_1 \cdot X_\alpha(k) - X(k)| \\ D_\beta = |C_2 \cdot X_\beta(k) - X(k)| \\ D_\delta = |C_3 \cdot X_\delta(k) - X(k)| \end{cases} \tag{7-4}$$

$$\begin{cases} X_1 = X_\alpha(k) - A_1 D_\alpha \\ X_2 = X_\beta(k) - A_2 D_\beta \\ X_3 = X_\delta(k) - A_3 D_\delta \end{cases} \tag{7-5}$$

$$X(k+1) = \frac{X_1 + X_2 + X_3}{3} \tag{7-6}$$

在灰狼群中,可以假设 α、β、δ 三种等级的灰狼比其他个体更有能力发现猎物的位置。这一特性在算法运行过程中可作如下体现:对每次迭代获得的一系列解进行排序,最优的前三个解作为这三种等级的灰狼位置被储存下来,并用于下一次计算。在求解优化问题的过程中,可认为最优解在解空间中的位置是不可知的。因此,在灰狼优化算法中,猎物的实际位置也可认为不可知,其估计位置通过三种等级灰狼的位置来预测。

在完成包围和追捕后,灰狼群将会对猎物进行攻击,这一阶段在优化问题求解过程中表现为解的收敛。由前文所述公式可知,系数向量 A 的取值位于 $[-2a,2a]$ 上,随着迭代次数的增加,A 的值将逐渐收敛至 0。当 $|A| \geqslant 1$ 时,灰狼群将与猎物保持距离,以获得较好的全局搜索能力;$|A| < 1$ 时,灰狼每个个体的位置将逐渐向猎物位置靠近,逐渐收敛至最优解。

7.1.2.2 灰狼优化算法的实现

将灰狼的集体行为应用于求解优化问题时,可将解空间中最优的位置作为猎物的实际位置,每个灰狼个体的位置即为一个解。算法初始化时,随机赋予每个灰狼个体一个位置,并根据优化问题计算每个个体对应的适应度值。随后,将适应度中最好的前三个值对应 α、β、δ 三种等级的灰狼,从而得出猎物的估计位置。根据猎物的估计位置,所有灰狼个体的位置可根据前文所述行为进行更新。不断重复上述过程后,所有的灰狼个体将最终收敛于解空间的一个位置,这个位置即为灰狼优化算法获得的最优解。具体步骤如下:

(1)初始化算法参数,包括个体数量 N、最大迭代次数 k_{max}、搜索空间上界和下界、个体初始位置。

(2)对每个个体的适应度函数值进行计算。

(3)找出适应度值中最好的三个解,分别将其对应的位置作为 α、β、δ 三种等级狼的初始位置向量 X_α、X_β、X_δ。

(4)更新所有灰狼个体的位置及参数向量 A 和 C。

(5)更新所有灰狼个体的适应度函数值。

(6)根据适应度函数值,更新 X_α、X_β、X_δ。

(7)检查是否达到最大迭代次数,如果是则将 X_α 作为最优解输出,否则返回第(4)步并累加一次迭代次数。

算法流程图如图 7-1 所示。

7.1.3 灰狼优化算法的改进

7.1.3.1 改进参数向量收敛律

在灰狼优化算法中,参数向量 A 决定了每次迭代中个体在解空间中的运动特性。实

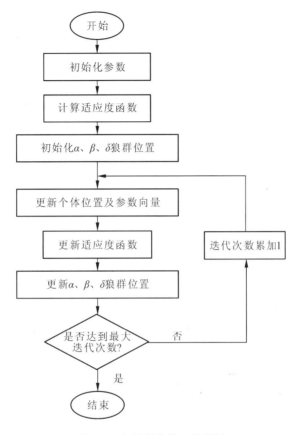

图 7-1 灰狼优化算法流程图

际上,参数 a 控制了参数向量 A 在每次迭代中的取值范围。在算法完成初始化后,参数 a 的值为最大值,此时,各个个体会在最大程度上与当前的最优解保持距离。这使得个体能够充分在解空间中进行搜索,即个体获得较好的全局搜索能力。而当算法快要执行至最大迭代次数时,参数 a 将接近于 0。这意味着个体会进入最优解附近的空间中进行搜索,而不会再搜索远离最优解的其他解空间。标准的灰狼优化算法中,参数 a 的取值按照线性规律随迭代次数变化。因此,对于某些优化问题,算法在已获得最优解附近的次优解后,依然倾向于在整个解空间中搜寻最优解。这使得在整个迭代过程的前期,算法在大量消耗计算资源的同时,所获得的解基本保持不变。

在迭代后期,若此时一个灰狼个体位于远离实际最优解的局部最优解附近,其余的灰狼个体将会向该位置迅速靠近。由于此时参数 a 的取值偏小,灰狼个体在到达局部最优解附近后不会再进入其他区域搜索。所有灰狼个体将会逐渐聚拢,并最终停止运动。因此,若发生这种现象,每次迭代将无法产生优于局部最优解的结果,在算法完成时,将输出这个局部最优解。

为消除迭代前期参数 a 较大的取值造成的不利影响,本章使用了一种非线性变化的方式使得参数 a 在迭代前期能够快速减小,如式(7-7)所示:

$$a = 2\left(\frac{k}{k_{\max}} - 1\right)^2 \tag{7-7}$$

这种取值方式可以使得迭代前期,参数 a 的取值能够以较快的速度减小,并使其在较小的取值下保持较长的时间,增强算法在最优解附近区域的搜索能力。然而,由于参数 a 的取值在迭代后期比标准算法更小,通过这种改进不仅不能解决迭代后期易陷入局部最优解的问题,反而会加剧这一问题。因此,可在灰狼个体陷入局部最优解后,将参数 a 的值适当增大。即在局部最优问题发生后,使用如式(7-8)所示收敛律替换初始的收敛律:

$$a = 2\sqrt{\frac{k_{\max} - k_{\text{local}}}{k_{\max}}}\left(\frac{k - k_{\text{local}}}{k_{\max} - k_{\text{local}}} - 1\right)^2 \tag{7-8}$$

其中,k_{local} 为发生局部最优问题时的迭代次数。在局部最优问题发生后,参数 a 会被重置为一个较大的值,并继续按照与初始收敛律相似的趋势随迭代次数减小。同时,由于局部最优问题发生时,算法已经获得了较好的解,不需要将参数 a 的值重置为初始状态。因此,重置后的值略大于标准灰狼优化算法在这一迭代次数下的值。

在确定参数 a 的选取过程后,还应判断局部最优问题产生于哪一次迭代中。因此,引入停滞因子 N_s 作为判断依据。当一次迭代满足如式(7-9)所示无效迭代判定条件时,无效迭代次数 N_l 累加 1;若迭代过程不满足无效迭代判定条件,则无效迭代次数 N_l 清零。当 $N_l > N_s$,即超过连续 N_s 次迭代均为无效迭代时,将参数 a 的值重置。

$$\frac{|f_{\text{opt}}(k) - f_{\text{opt}}(k-1)|}{|f_{\text{opt}}(k-1)|} < \varepsilon_{\text{opt}} \tag{7-9}$$

其中,$f_{\text{opt}}(k)$ 为第 k 次迭代中适应度函数的最优值,ε_{opt} 为停滞阈值,其值为正常数。

改进后的参数 a 更新流程如图 7-2 所示。

7.1.3.2 改进边界条件

灰狼个体位置更新的方式存在随机性,由位置更新公式可知,更新后的个体位置可能会位于搜索范围以外。二维搜索空间中,个体迭代超出搜索范围的情况如图 7-3 所示。

图 7-3 中方形区域为搜索范围边界,可观察到一部分个体超出了右侧边界。在标准的灰狼优化算法中,超出上限(或下限)的值会被重设为对应维度的最大值(或最小值)。处理后的个体位置如图 7-4 所示。

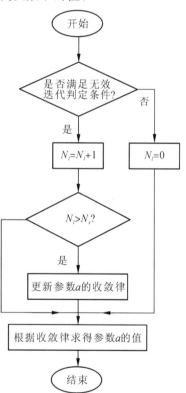

图 7-2 改进型收敛律流程图

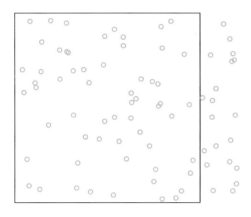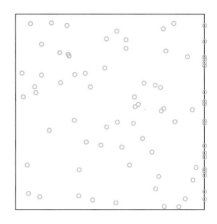

图 7-3　超出边界范围的个体　　　　　图 7-4　基础灰狼优化算法边界条件

经过处理后,所有边界外的个体将回到边界上。但同时,可观察到个体会在边界上聚集。聚集的个体位置具有较大的相似性,会造成个体多样性的降低,不利于算法在解空间中的搜索过程。为改善这一情况,可将超出范围的值随机重置为满足范围约束的值,其计算过程如式(7-10)所示:

$$X(k+1)=X_{\min}+rand\times(X_{\max}-X_{\min})\tag{7-10}$$

其中,$X_{\min}$ 为搜索空间下界,$X_{\max}$ 为搜索空间上界。使用该方法处理后的个体位置如图 7-5 所示,个体聚集的现象已被消除。

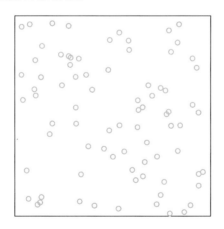

图 7-5　改进灰狼优化算法边界条件

7.1.4　基于改进灰狼优化算法的海上风力发电系统参数优化

使用改进灰狼优化算法为海上风力发电系统进行优化时,关键在于将控制系统的参数设计转化为优化问题。由前文可知,风力发电系统待定参数包括转速的比例增益系数 $k_{\omega p}$,转速的积分增益系数 $k_{\omega i}$,调制系数 α,滑动增益 k_i,滑模控制律的相关参数 k_p、ε、η、γ。将满足定义的一组参数视为一个可行解,所有满足定义的参数组合即构成了这一优化问题的解空间。要使用改进灰狼优化算法求解这一问题,还有需要对不同参数组合的优劣进行区分,即设计适应度函数。

7.1.4.1　控制系统性能指标

控制系统性能通常可从两个方面进行评估,即瞬态性能和稳态性能。瞬态性能指控制系统在过渡过程中输出的动态行为,能够体现系统的动态性能。对于一个控制系统,其对单位阶跃信号响应的性能指标包括:上升时间 t_r,峰值时间 t_p,最大超调量 $\sigma\%$,调整时间 t_s,延迟时间 t_d。这些指标可用于定量地描述控制系统的瞬态性能,其具体定义如下:

(1)上升时间 t_r:表现了系统输出响应从初始时刻至第一次达到稳态值的快慢程度,通常定义为系统输出从稳态值的 10% 到提高至 90% 所花费的时间。

(2)峰值时间 t_p:指系统输出超过稳态值并到达第一个峰值时所花费的时间。

(3)最大超调量 $\sigma\%$:表现了系统输出偏离预期值的程度,如果系统输出稳态值不为0,则可使用输出的最大峰值与稳态输出值之差除以稳态输出值来表示,如式(7-11)所示。最大超调量可直接体现控制系统的稳定性,其值越大,系统稳定性越差。在标准较为严格的工业生产场合下,通常会对最大超调量有直接的要求。

$$\sigma\% = \frac{y(t_p) - y(\infty)}{y(\infty)} \times 100\% \tag{7-11}$$

(4)调整时间 t_s:表现了系统输出响应从初始时刻至重新达到稳态的快慢程度,经过 t_s 时刻后,系统输出值与稳态值的偏差绝对值将不再超过某一个特定范围(通常取稳态值的 2% 或 5%)。

(5)延迟时间 t_d:指系统输出从初始时刻至到达稳态值的一半时所花费的时间。

控制系统的稳态性能指系统在达到稳态后的品质,即调整时间 t_s 之后的品质。稳态性能可使用稳态误差 $e(\infty)$ 来描述,其定义为系统达到稳态后输出值与期望值的差。稳态误差可以反映控制精度的性能,其值越小,控制品质越好。

由上述分析可知,针对控制系统性能的评价方式较为多样,不同的性能指标侧重不同方面的控制性能。若单独改善某一特定的指标,则可能会使得其他方面的性能指标劣化。因此,使得一个控制系统在所有方面的性能都为最优很难实现。在对控制系统性能进行判断时,需要综合考虑其各种性能指标。常用的综合性能指标为误差积分准则,这种方法使用系统的偏差 $e(t)$ 与时间 t 之间各种形式的积分进行构造,主要有以下几种形式[6-7]。

(1)偏差积分准则(IE):

$$IE = \int_0^\infty e(t)\,\mathrm{d}t \tag{7-12}$$

这种准则直接采用系统误差对时间进行积分,结构简单,易于实现,但具有明显的缺点。由于系统误差的正负值部分会在积分后相互抵消,这种方法无法表现系统误差的振荡程度。

（2）绝对偏差积分准则（IAE）：

$$IAE = \int_0^\infty | e(t) | \, \mathrm{d}t \tag{7-13}$$

这种准则采用系统误差的绝对值对时间进行积分，能够反映系统误差的振荡程度，从而良好反映系统的瞬时特性。

（3）平方偏差积分准则（ISE）：

$$ISE = \int_0^\infty e^2(t) \, \mathrm{d}t \tag{7-14}$$

这种准则采用系统误差的平方对时间进行积分，对较大的系统偏差十分敏感，能够快速体现系统的瞬时状态。

（4）时间乘绝对偏差积分准则（ITAE）：

$$ITAE = \int_0^\infty t | e(t) | \, \mathrm{d}t \tag{7-15}$$

这种准则采用系统误差的绝对值乘上时间再对时间进行积分，响应速度和稳定性较好，对调整时间较为敏感。

（5）时间乘平方偏差积分准则（ITSE）：

$$ITSE = \int_0^\infty t e^2(t) \, \mathrm{d}t \tag{7-16}$$

这种准则采用系统误差的平方乘上时间再对时间进行积分，对系统后期的响应性能较为敏感，也易于产生较大的波动。

以上性能指标中，时间乘绝对偏差积分准则（ITAE）采用得最为广泛。对于偏差积分准则（IE）、绝对偏差积分准则（IAE）和平方偏差积分准则（ISE）而言，这些性能指标中没有引入时间变量，其对应的系统响应调节速度较慢。而时间乘平方偏差积分准则（ITSE）虽然包含时间变量，但结构较为复杂，其对应的系统响应振荡较为剧烈。ITAE因为其结构的特点，能够在减小初始误差对输出影响的同时，对后期的偏差还具有放大作用。因此，本章选用 ITAE 构建适应度函数。

7.1.4.2　参数优化流程

在风力发电系统中，可使用转速 ω_r 作为系统输出，以此为依据判断参数优化的效果。实际的转速输出往往需要经过传感器采样，其输出值为离散值。同时，相对于控制系统，用于参数优化的转速值不需太高的精度，可对其进行二次采样以提高计算速度。相应地，使用离散形式的 ITAE 评估性能，其表达式如式（7-17）所示：

$$E_{ITAE} = \sum_{i=0}^{num} \frac{i | e(i) |}{f_s} \tag{7-17}$$

其中，$e(i)$ 为第 i 个采样点的误差值，num 为采样数目，f_s 为采样频率。风力发电系统中转速超调量过大会引起较为严重的后果，而在阶跃信号的响应中，超调部分的信号产生于初始时刻附近。信号的采样时间越长，超调部分的信号对 ITAE 的值影响越小。因此，适应度函数将在 ITAE 的基础上额外考虑超调量的影响，设计的适应度函数如式(7-18)所示：

$$f_{obj} = \text{In}(1 + \frac{\sum_{i=0}^{num} i \mid \omega_r(i) - \omega_r^*(i) \mid}{f_s E_\omega^*}) + \text{In}(1 + \frac{\sigma\%}{\sigma\%^*}) \tag{7-18}$$

其中，E_ω^* 为转速 ITAE 参考值，$\sigma\%^*$ 为超调量的参考值，以上参数都是常数，用于调节转速的 ITAE 和超调量在适应度函数中的权重。

综上所述，使用改进灰狼优化算法进行参数优化的流程如下：

(1)初始化改进灰狼优化算法参数。

(2)根据各个个体的位置和参数上下界，求得控制器参数。

(3)获取对应个体在阶跃信号下的转速输出值，并根据仿真结果计算各个个体的适应度函数值。

(4)根据适应度值的大小，选取 α、β、δ 三种等级狼的初始位置。

(5)更新所有灰狼个体的位置及参数向量 A 和 C。

(6)根据新的个体位置，更新所有灰狼个体的适应度函数值。

(7)更新 α、β、δ 三种等级狼的初始位置。

(8)检查无效迭代判定条件并更新参数 a。

(9)检查是否达到最大迭代次数，如果是则将 X_a 作为最优解输出，否则返回第(4)步并累加一次迭代次数。

7.1.5 改进灰狼优化算法性能测试

元启发式算法的性能测试通常使用标准测试函数完成，本章将选取如表 7-1 所示测试函数对所提出的改进灰狼优化算法性能进行测试。

表 7-1 基准测试函数

函数	维数	范围	最小值
$f_1(x) = \sum_{i=1}^{n} x_i^2$	30	$[-100,100]$	0
$f_2(x) = \sum_{i=1}^{n} \mid x_i \mid + \prod_{i=1}^{n} \mid x_i \mid$	30	$[-10,10]$	0
$f_3(x) = \sum_{i=1}^{n} (\sum_{j-1}^{i} x_j)^2$	30	$[-100,100]$	0
$f_4(x) = \max_i \{ \mid x_i \mid, 1 \leqslant i \leqslant n \}$	30	$[-100,100]$	0
$f_5(x) = \sum_{i=1}^{n-1} [100 (x_{i+1} - x_i^2)^2 + (x_i - 1)^2]$	30	$[-30,30]$	0
$f_6(x) = \sum_{i=1}^{n} i x_i^4 + random[0,1)$	30	$[-1.28,1.28]$	0

续表 7-1

函数	维数	范围	最小值
$f_7(x)=\sum\limits_{i=1}^{n-1}\left[x_i^2-10\cos(2\pi x_i)+10\right]$	30	$[-5.12,5.12]$	0
$f_8(x)=-20\exp\left(-0.2\sqrt{\dfrac{1}{n}\sum\limits_{i=1}^{n}x_i^2}\right)$ $-\exp\left(\dfrac{1}{n}\sum\limits_{i=1}^{n}\cos(2\pi x_i)\right)+20+e$	30	$[-32,32]$	0

本节选取改进的灰狼优化算法、标准灰狼优化算法和粒子群优化算法进行对比测试。由于元启发式算法的搜索路径不可重复,每次的优化结果都不相同。因此,对于每种测试函数,优化算法将重复运行 40 次以获取可靠的结果。所有算法取最大迭代次数为 300,个体数目为 30。改进灰狼优化算法中停滞因子 N_s 为 4,停滞阈值 ε_{opt} 为 0.5%。粒子群算法参数 $c_1=2,c_2=2$。测试结果如表 7-2 所示。

表 7-2　测试函数仿真结果

函数	改进 GWO		GWO		PSO	
	平均值	标准差	平均值	标准差	平均值	标准差
$f_1(x)$	1.05e−21	1.84e−21	6.28e−15	1.12e−14	0.0217	0.0234
$f_2(x)$	1.53e−13	1.13e−13	1.68e−9	1.02e−9	0.347	0.197
$f_3(x)$	2.50e−3	6.10e−3	0.065	0.115	234.66	87.96
$f_4(x)$	1.37e−5	1.18e−5	8.12e−4	5.16e−4	1.70	0.339
$f_5(x)$	26.92	0.64	27.48	0.807	234.50	413.57
$f_6(x)$	2.6e−3	1.60e−3	3.18e−3	2.32e−3	0.388	0.183
$f_7(x)$	2.78	3.71	7.41	5.72	74.79	19.06
$f_8(x)$	4.06e−12	3.12e−12	1.18e−8	6.54e−9	0.788	0.591

由表 7-2 测试结果可知,通过改进灰狼算法所获得解的平均值比其他两种算法更接近测试函数的最小值,这表明所提出的算法在准确性上优于其他两种算法。同时,改进灰狼优化算法所得解的标准差也是所有算法中最小的,这表明所提出的算法所得解的波动程度低于其他两种算法。

图 7-6 为不同测试函数下各算法最优解随迭代次数变化的曲线。

由图 7-6 可知,各测试函数下改进灰狼优化算法的收敛速度明显高于粒子群优化算法,略高于标准灰狼优化算法。这表明针对标准灰狼优化算法参数向量收敛律和边界条件的改进是有效的。综上所述,所提出的改进灰狼优化算法总体性能优于标准灰狼算法和粒子群优化算法。通过将标准算法中的参数向量收敛律进行修改,避免参数向量简单的线性收敛带来的问题,改善了算法性能。同时,改进了边界条件,将超出边界范围的个体随机移动至边界内,从而避免个体在边界上的堆积,并通过使用标准测试函数证明了所提出优化算法的有效性。

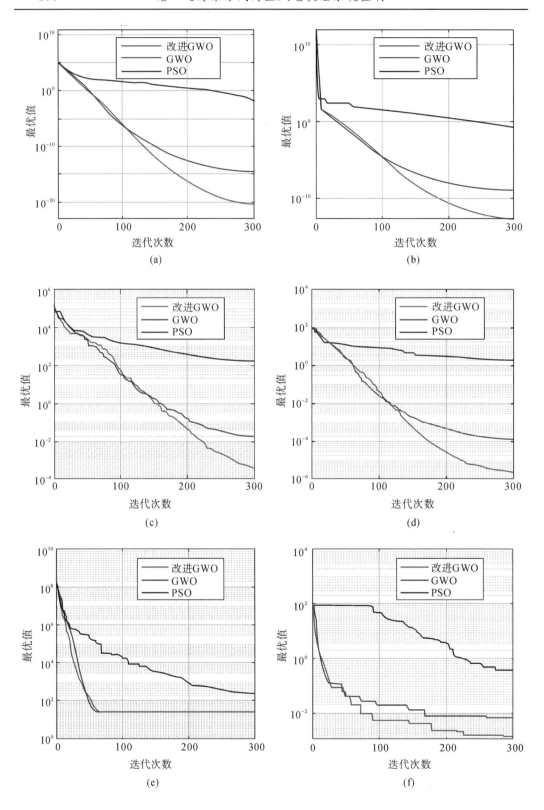

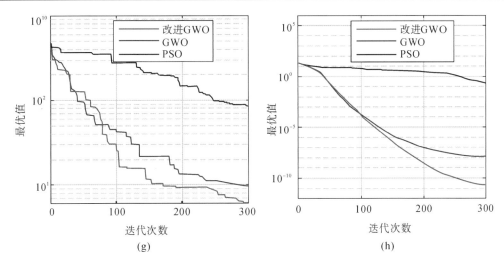

图 7-6　测试函数收敛曲线

(a)$f_1(x)$测试函数仿真结果；(b)$f_2(x)$测试函数仿真结果；(c)$f_3(x)$测试函数仿真结果；

(d)$f_4(x)$测试函数仿真结果；(e)$f_5(x)$测试函数仿真结果；

(f)$f_6(x)$测试函数仿真结果；(g)$f_7(x)$测试函数仿真结果；(h)$f_8(x)$测试函数仿真结果

7.2　DFIG 风力发电系统建模与仿真

本节将通过仿真软件，构建 DFIG 风力发电系统的仿真模型。为验证本章所提出控制方法的有效性，使用传统双闭环 PI 控制器作为对比。传统双闭环 PI 控制器的参数根据自然频率和阻尼比选取，所提出积分滑模控制器的参数根据改进灰狼优化算法选取。通过风力发电机在随机风速下的响应评估不同方法的性能。

7.2.1　DFIG 风力发电机建模

风力发电机的模型在 MATLAB/Simulink 软件中搭建，其具体参数如表 7-3 和表7-4所示，风力机及传动系统的转动惯量与摩擦系数已按照前文所述方法折算至高速轴[8-12]。

表 7-3　DFIG 特性参数

名称	值	单位
额定功率	2000	kW
定子电压	690	V
磁极对数(N_P)	2	
电压频率	50	Hz
定子电阻(R_S)	0.0025	Ω
转子电阻(R_R)	0.003	Ω
互感系数(L_M)	2.5	mH
定子电感(L_S)	2.51	mH
转子电感（L_R)	2.51	mH

表 7-4　风力机特性参数

名称	值	单位
切入风速	3	m/s
额定风速	12	m/s
切出风速	25	m/s
桨叶长度(R)	40	m
传动比(N_G)	100	
最优叶尖速比	6.32	
等效转动惯量(J_T)	127	kg·m²
等效摩擦系数(K_T)	0.001	kg·m²/s

　　根据上述参数,依照前文所述建模方法搭建如图 7-7 所示模型。在该模型中,控制器输出的电压信号通过 SVPWM 调制后输入三相桥式电路中。根据前文分析,由于电力变换器整流部分不是本章的重点研究内容,因此,使用了理想直流电压源替代该部分[13-15]。

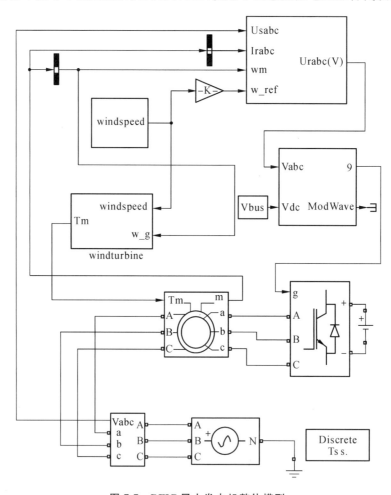

图 7-7　DFIG 风力发电机整体模型

　　风力机部分的建模如图 7-8 所示。该模型以高速轴转速和风速作为输入,通过计算获得高速轴输出转矩,其计算方式与前文分析一致。由于本章只研究风力发电机在变速运行区下的控制特性,恒功率运行、恒转速运行等其他应用场景未予考虑[16-19]。

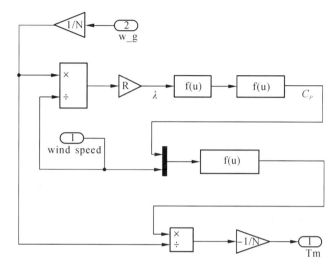

图 7-8　风力机模型

控制器部分的建模如图 7-9 所示。该模型为双闭环控制结构,外环通过 PI 控制器对转速实现控制,内环通过内模-积分滑模控制器对电流实现控制。

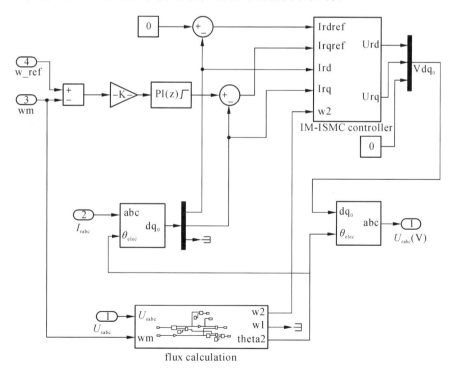

图 7-9　控制器模型

7.2.2 控制器参数设计

7.2.2.1 双闭环 PI 控制器参数选取

由前文分析可知,采用双闭环 PI 控制器时,电流环闭环传递函数如式(7-19)所示[20-21]。

$$G(s) = \frac{k_{irp}s + k_{iri}}{L_r\sigma s^2 + (R_r + k_{irp})s + k_{iri}} \tag{7-19}$$

由上式可知,可将整个系统看作二阶系统。对于二阶系统,有式(7-20)所示关系:

$$\begin{cases} \dfrac{R_r + k_{irp}}{L_r\sigma} = 2\xi_i\omega_{ni} \\ \dfrac{k_{iri}}{L_r\sigma} = \omega_{ni}^2 \end{cases} \tag{7-20}$$

其中,ω_{ni} 为电流环子系统自然频率,ξ_i 为电流环子系统的阻尼比。通过选取合适的自然频率和阻尼比即可计算出 PI 控制器的参数。通常阻尼比取 0.6~0.8 时可获得较好的控制性能,本章中阻尼比取 0.7,自然频率可取 2Hz。

在转速环控制中,阻尼系数相对于转动惯量而言非常小,在进行控制器设计时,可忽略其影响。获得的闭环传递函数如式(7-21)所示[22-23]。

$$G(s) = \frac{k_{\omega p}s + k_{\omega i}}{\dfrac{J_t L_s}{1.5 n_p^2 L_m \psi_s}s^2 + k_{\omega p}s + k_{\omega i}} \tag{7-21}$$

同理可得如式(7-22)所示关系式:

$$\begin{cases} \dfrac{1.5 n_p^2 L_m \psi_s k_{\omega p}}{J_t L_s} = 2\xi_\omega \omega_{n\omega} \\ \dfrac{1.5 n_p^2 L_m \psi_s k_{\omega i}}{J_t L_s} = \omega_{n\omega}^2 \end{cases} \tag{7-22}$$

其中,$\omega_{n\omega}$ 为转速环子系统自然频率,ξ_ω 为转速环子系统的阻尼比。此处阻尼比取 0.7,自然频率可取 3Hz。

综上所述,双闭环 PI 控制器参数为 $k_{irp} = 0.3482$、$k_{iri} = 3152$、$k_{\omega p} = 312$、$k_{\omega i} = 4211$。

7.2.2.2 积分滑模控制器参数选取

积分滑模控制器的参数将使用改进灰狼算法获取,算法参数设置为:个体数量 $N = 30$,最大迭代次数 $k_{max} = 60$,待求问题维数为 8,停滞因子 $N_s = 4$,停滞阈值 $\varepsilon_{opt} = 0.5\%$,转速 ITAE 参考值 $E_\omega^* = 500$,超调量参考值 $\sigma\%^* = 5\%$。迭代过程中,风力发电系统模型以改进灰狼算法的个体作为参数输入,在 4~6m/s 的阶跃风速下进行仿真,通过仿真获得的转速响应计算出该个体对应的适应度函数值[24-25]。每次迭代获得的最优适应度函数值如图 7-10 所示。

从图 7-10 可观察到,在约 21 次迭代后,适应度函数值收敛。经过 60 次迭代后,适应度函数最优值为 1.6837,最优积分滑模控制参数为转速的比例增益系数 $k_{\omega p} = 491$,转速的积分增益系数 $k_{\omega i} = 3956$,调制系数 $\alpha = 1200$,滑动增益 $k_i = 800$,滑模控制律的相关参数 $k_p = 30$、$\varepsilon = 0.87$、$\eta = 2$、$\gamma = 35$。

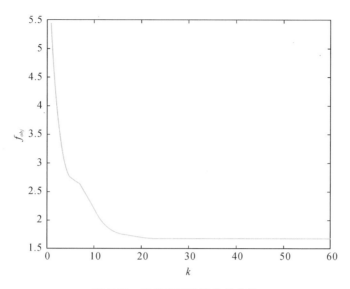

图 7-10　适应度函数值收敛曲线

7.2.3　最大功率点追踪效果分析

7.2.3.1　阶跃风速下的动态响应

为对 DFIG 风力发电系统的动态特性进行分析,可对其阶跃风速下的响应过程进行仿真研究。虽然在现实中的风速不会类似阶跃信号一样剧烈变化,但阶跃变化的风速能够直观展现出风力发电系统的基本运行特征。由于最大功率点追踪控制应用于风力发电系统的变速运行区,因此,风速的变化范围应在切入风速和额定风速之间。因此,取 8m/s、11m/s 和 10m/s 的风速依次阶跃变化,风速与时间的关系如图 7-11 所示。

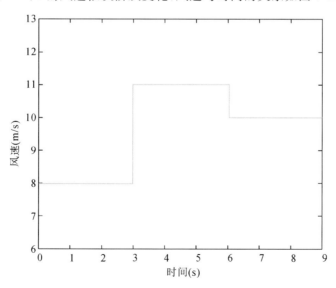

图 7-11　阶跃变化的风速曲线

　　图 7-12 为使用积分滑模控制器的 DFIG 在阶跃风速下的转子电流及其特定时间段局部放大图,phase A、phase B、phase C 分别表示转子 A 相、B 相、C 相的电流大小。可观察到风速平稳时,转子电流以一定的频率正弦变化;在风速发生突变后,转子电流的频率将发生变化。在 1～3s 时,风速为 8m/s 的恒定值,比 DFIG 同步工作状态下的风速低 1m/s,由图 7-13 可知,此时电流频率约为 10Hz;而在 3～6s 时,风速突变为 11m/s,高于同步工作状态下的风速 2m/s,由图 7-14 可知,此时电流频率约为 5Hz 且相序与之前相反;在 6～9s 时,风速突变为 10m/s,接近同步工作状态下的风速,此时电流频率非常低。这表明 DFIG 首先运行于亚同步状态,风速增加后运行于超同步状态,并最后在同步状态附近运行,其数值也与前文分析符合。

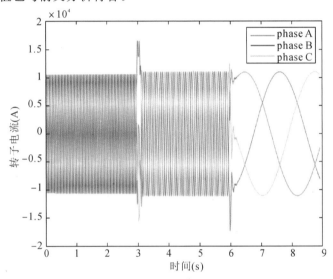

图 7-12　阶跃风速下 DFIG 转子电流

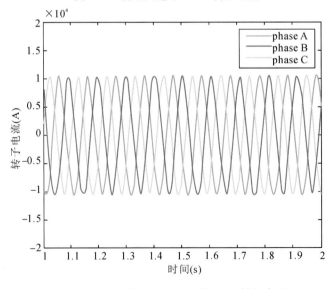

图 7-13　1～2s 内阶跃风速下的 DFIG 转子电流

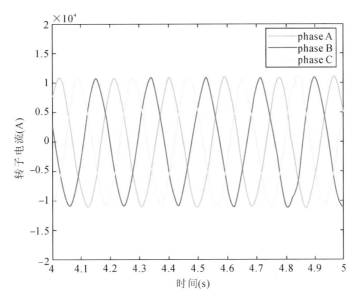

图 7-14 4～5s 内阶跃风速下的 DFIG 转子电流

图 7-15 为阶跃风速下使用 PI 控制器和积分滑模控制器的 DFIG 转子转速变化图。随着风速的阶跃变化,转子的转速也随之做出调节,以维持叶尖速比为最佳值。当风速稳定时,两种控制方法下的转速都能稳定于参考值附近,这表明两种控制方法都具有较好的稳态性能,使得风力发电机在风速平稳的情况下维持最佳的叶尖速比。在 3s 时,参考转速增加,采用积分滑模控制器的 DFIG 在约 0.8s 后重新达到平衡,而采用 PI 控制器的 DFIG 在约 1s 后达到平衡。在 6s 时,参考转速下降,采用积分滑模控制器的 DFIG 在约 0.5s 后重新达到平衡,而采用 PI 控制器的 DFIG 在约 0.8s 后达到平衡。同时,使用积分滑模控制器的 DFIG 在超调量上也要明显低于使用 PI 控制器的 DFIG。

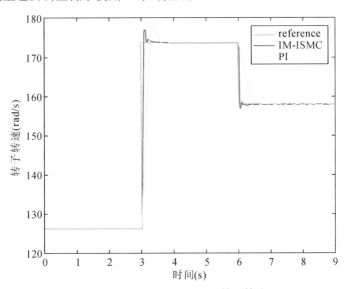

图 7-15 阶跃风速下 DFIG 转子转速

最大功率点追踪控制的目的为尽可能多地捕获风能,风能利用系数可作为风能捕获量的判断依据。图 7-16 为阶跃风速下使用 PI 控制器和积分滑模控制器的 DFIG 风能利用系数变化图。在风速平稳时,两种系统的风能利用系数均稳定在约 0.438 处。在风速突变时,两种系统的风能利用系数出现下降,但采用积分滑模控制器的 DFIG 能够在更短的时间内恢复至稳定值。这意味着采用积分滑模控制器的 DFIG 在整段仿真时间内捕获了更多的风能,最终能够输出更多的电能。

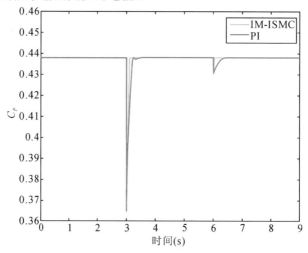

图 7-16　阶跃风速下的风能利用系数

7.2.3.2　随机风速下的动态响应

现实中的风速具有不可预测性,在短期内变化不会过于剧烈,但同时也不会长时间维持在某一特定值上,这与阶跃信号的特性不相符。相对而言,随机信号的变化规律更加符合现实中风速的特性。为进一步研究最大功率点追踪的控制效果,本小节将对 DFIG 在随机风速下的响应进行研究。随机风速的变化范围依然限制在切入风速和额定风速之间,如图 7-17 所示。

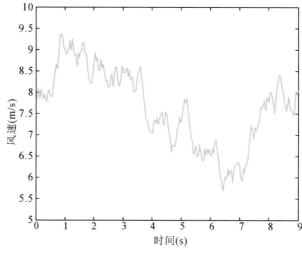

图 7-17　随机变化的风速曲线

　　图 7-18 为采用两种控制器的 DFIG 转子转速变化图。其中,采用积分滑模控制器的 DFIG 能够准确地跟随转速参考值变化。采用 PI 控制器的 DFIG 转速相对于参考值而言有明显的延迟。

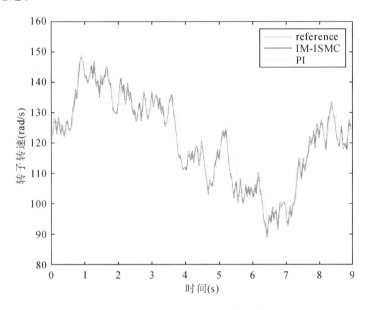

图 7-18　随机风速下 DFIG 转子转速

　　图 7-19 为采用两种控制器的 DFIG 风能利用系数变化图。采用积分滑模控制器的 DFIG 风能利用系数稳定在 0.438 附近,而采用 PI 控制器的 DFIG 则具有较大的波动,风能利用系数最小值约为 0.426。

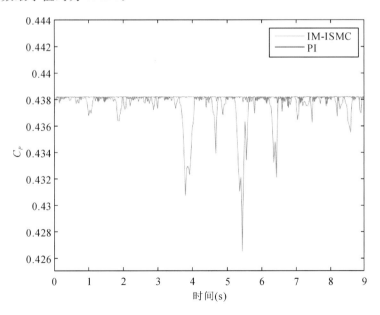

图 7-19　随机风速下风能利用系数

　　综上所述,本章所提出的控制器具有比传统双闭环 PI 控制器更为优秀的最优转速追踪能力,采用该控制器的风力发电系统可捕获更多的电能。同时,也证明了基于改进灰狼优化算法的优化策略在积分滑模控制器的参数选取中取得了较好的效果。

　　本节对双馈风力发电系统进行了建模仿真,并对前文提出的理论进行了验证。通过使用改进灰狼优化算法,在不需要手动调节的情况下获得了控制器的各项参数。同时,在阶跃变化的风速和随机变化的风速下,分别对采用传统 PI 控制器和积分滑模控制器的风力发电系统进行了对比分析。仿真结果表明,所提出的控制器在性能上要优于传统PI 控制器。

参 考 文 献

［1］　马丹丹.基于改进粒子群算法的双定子无刷双馈电机转子优化设计[D].沈阳:沈阳工业大学,2019.

［2］　王博华.粒子群算法的改进及其在 PID 参数整定中的应用[D].长沙:湖南大学,2017.

［3］　张丽娜.萤火虫算法研究及其在船舶运动参数辨识中的应用[D].哈尔滨:哈尔滨工程大学,2017.

［4］　MIRJALILI S,MIRJALILI S M,LEWIS A. Grey wolf optimizer[J]. Advances in Engineering Software,2014,69:46-61.

［5］　王梦娜.灰狼优化算法的改进及其在参数估计中的应用[D].西安:西安理工大学,2019.

［6］　YANG B,ZHANG X,YU T,et al. Grouped grey wolf optimizer for maximum power point tracking of doubly-fed induction generator based wind turbine[J]. Energy Conversion and Management, 2017,133:427-443.

［7］　王小霞.改进型仿水流 PID 算法的研究[D].唐山:华北理工大学,2017.

［8］　CHATZINIKOLAOU S D,OIKONOMOU S D,VENTIKOS N P. Health externalities of ship air pollution at port – Piraeus port case study[J]. Transportation Research Part D:Transport and Environment,2015,40:155-165.

［9］　PFEIFER A,GORAN K,DAVOR L,et al. Increasing the integration of solar photovoltaics in energy mix on the road to low emissions energy system – Economic and environmental implications [J]. Renewable Energy,2019,143:1310-1317.

［10］　RUBÉN P,ROBERTO C,ASHER G . Overview of control systems for the operation of DFIGs in wind energy applications[C]// IECON 2013-39th Annual Conference of the IEEE Industrial Electronics Society,2013.

［11］　AKHBAR A,RAHIMI M R. Control and stability analysis of DFIG wind system at the load following mode in a DC microgrid comprising wind and microturbine sources and constant power loads[J]. International Journal of Electrical Power & Energy Systems,2020,117:105622.

［12］　PRAJAPAT G P,SENROY N,KAR I N . Modified control of DFIG-WT for the smooth generator speed response under turbulent wind[C]// IEEE India Council International Conference,2017.

［13］　MAZOUZ F,BELKACEM S,HARBOUCHE Y,et al. Active and reactive power control of a

DFIG for variable speed wind energy conversion[C]//2017 6th International Conference on Systems and Control (ICSC). IEEE,2017.

[14]　ELKHADIRI S,ELMENZHI P L,LYHYAOUI P A. Fuzzy logic control of DFIG-based wind turbine[C]// 2018 International Conference on Intelligent Systems and Computer Vision (ISCV), 2018.

[15]　XIAHOU K S,LIU Y,LI M S,et al. Sensor fault tolerant control of DFIG based wind energy conversion systems[J]. International Journal of Electrical Power & Energy Systems,2020, 117:105563.

[16]　SALMI H,ABDELMAJID B,MOURAD Z,et al. Artificial bee colony MPPT control of wind generator without speed sensors[C]// International Conference on Electrical and Information Technologies-2017,2017.

[17]　YANG B,ZHANG X S,YU T,et al. Grouped grey wolf optimizer for maximum power point tracking of doubly-fed induction generator based wind turbine[J]. Energy Conversion and Management,2017,133(1):427-443.

[18]　MOZAYAN S M,SAAD M,VAHEDI H,et al. Sliding mode control of PMSG wind turbine based on enhanced exponential reaching law[J]. IEEE Transactions on Industrial Electronics,2016,63 (10):6148-6159.

[19]　BADRE B,MOHAMMED K,AHMED L,et al. Observer backstepping control of DFIG-Generators for wind turbines variable-speed:FPGA-based implementation[J]. Renewable Energy, 2015,81:903-917.

[20]　YANG B,YU T,SHU H C,et al. Robust sliding-mode control of wind energy conversion systems for optimal power extraction via nonlinear perturbation observers[J]. Applied Energy,2018,210: 711-723.

[21]　KAZMI S M R,GOTO H,GUO H J,et al. A novel algorithm for fast and efficient speed-sensorless maximum power point tracking in wind energy conversion systems[J]. IEEE Transactions on Industrial Electronics,2011,58(1):29-36.

[22]　ZHOU H W,WEN X H,ZHAO F,et al. Decoupled current control of permanent magnet synchronous motors drives with sliding mode control strategy based on internal model[J]. Proceedings of the CSEE,2012,32(15):91-99.

[23]　LAINA R,LAMZOURI E Z,BOUFOUNAS E M,et al. Intelligent control of a DFIG wind turbine using a PSO evolutionary algorithm[J]. Procedia Computer Science,2018,127:471-480.

[24]　LAMZOURI F E,BOUFOUNAS E,AMRANI A E. Power capture optimization of a wind energy conversion system using a backstepping integral sliding mode control[C]//2018 4th International Conference on Optimization and Applications (ICOA),Mohammedia,2018:1-6.

[25]　ABO-AL-EZ K M,TZONEVA R. Active power control (APC) of PMSG wind farm using emulated inertia and droop control[C]//2016 International Conference on the Industrial and Commercial Use of Energy (ICUE),Cape Town,2016:140-147.

8 基于超螺旋算法的漂浮式海上双馈风力发电系统最大功率追踪控制

本章针对双馈异步风力发电系统,对双馈异步电机的控制策略进行改进,以实现最大功率追踪的目标。传统的转子侧变换器内部采用双闭环控制,结构复杂、参数多,系统的稳定性易受外界环境影响。采用改进的超螺旋控制取代双闭环控制结构,以有功功率和无功功率为滑模变量。通过构造李雅普诺夫函数,对系统的稳定性进行严格证明。改进的控制方法简化了转子侧系统的结构,提高了系统的鲁棒性,可以实现最大功率点追踪的目标。

8.1 风力发电系统控制研究现状

根据发电机的控制技术以及运行特征,可以将风力发电系统分为恒速恒频(CSCF)风力发电系统和变速恒频(VSCF)风力发电系统[1,2]。恒速恒频发电系统最常用的是鼠笼感应电机(SCIG),虽然该风机结构和控制简单,但由于风力机转速不能随风速变化而变化,导致风能利用率不高;风速突变时,会产生很大的机械应力,危害设备使用寿命,并网时会产生很大的电流冲击。变速恒频发电系统是一种新型发电技术,正逐步取代恒速发电系统成为主流机型。目前,最常用的是双馈异步电机(DFIG)和永磁同步电机(PMSG)。DFIG可以调节的励磁量包括励磁电流的幅值、频率和相位。通过调节励磁电流,不仅可以调节发电机的无功功率,也可以调节有功功率。通过背靠背双PWM功率变换器,可以抑制谐波,减少开关损耗,允许原动机在一定范围内变速运行,提高了机组的运行效率;采用矢量控制技术,实现功率的解耦控制,实现系统单位功率因数运行。双馈感应电机变速恒频风力系统是目前市场上广受欢迎的风力发电系统。

由于海上风速的随机性和强波动,风力发电系统的效率一直不高。虽然风力发电前景广阔,但是由于风的高波动性和强随机性,风力发电对电网的冲击比较大,发电效率比较低。如何提升风力发电的效率,提高发电质量是一个很迫切的任务。最大功率点跟踪(Maximum Power Point Tracking,MPPT)是风力发电研究中不可忽略的问题[3]。每一个风力发电机组在运行时都存在一个最大功率点,这是风力机组的固有属性。风机厂商可以从空气动力学角度入手,通过对风机的叶片进行优化设计,提高制造工艺,使风机在工作时展现更好的性能。除了提升风机自身的属性,MPPT通过对风力发电系统进行控制,使其运行在最大功率点,这样可以最大限度地利用风能,提高系统的运行效率。MPPT算法有助于在风速超过额定风速时稳定功率输出,从而保护风力发电机免于过载和电涌。通过更先进的控制方法提升发电的效率,对风电行业的持续性发展意义重大[4,5]。根据风力发电最大功率捕获的方式,可以把最大功率点跟踪控制方法分为间接功率控制(IPC)和直接功率控制(DPC),同时在现代控制方法的基础上,还发展出现代智能最大功率点跟踪控制算法[6-8]。

间接功率控制主要是将风力涡轮机捕获的功率最大化,通过传动系统间接使得发电机组的输出功率最大。许利通等在考虑损耗的条件下,提出的改进功率反馈法控制策略可以使发电机的转速跟踪参考转速,实现最大功率追踪的目标。最佳转矩法是根据给定风速下风力发电机的最大功率,控制发电机的转矩以获得最佳转矩参考曲线。Ganjefar S 等[9]提出了一种将最佳转矩法与量子神经网络结合的控制方法,该方法可以提高最大功率追踪的效率。

直接功率控制则是通过控制系统直接使发电机的输出功率最大。在直接功率控制思想下主要使用爬山搜索法、增量电导法和基于最佳关系法。这些算法在应用时无需使用传感器,可通过基于预先获得的系统曲线分析功率变化来进行最大功率追踪。Mousa H H 等[10]提出了一种快速有效的基于可变步长扰动观察法的 MPPT 模块化扇区搜索算法。

随着现代控制技术以及人工智能的发展,越来越多的新型控制方法被用到风力发电系统中。混合智能算法的原理主要基于合并不同 MPPT 算法功能,以减少单个 MPPT 算法的局限性。智能控制器被应用在最大功率点追踪算法中,例如模糊控制、神经网络和其他软计算 MPPT 算法。此外,其他基于元启发式优化算法的 MPPT,例如遗传算法、灰狼算法、支持向量机、蚁群优化和基于学习的优化等,可以避免传统 MPPT 算法的限制。因为风力发电系统结构复杂,需要控制的参数多,滑模控制也被广泛应用其中。当外界环境变化时,基于模糊的 MPPT 算法的性能很强。但是,这种控制器的精度在很大程度上取决于设定的误差。Bharathi M L 等[11]提出一种支持 ANN 的模糊逻辑控制器,模糊逻辑控制器充当混合系统中的预测单元,该控制器可以提高最大功率追踪的效率。Tiwari R 等[12]考虑在不同风速下的稳态电压和系统的动态响应,设计了一种基于 PI 控制和模糊逻辑控制的最大功率追踪算法。Babu P S 等[13]将最佳叶尖速比与模糊逻辑控制相结合进行最大功率追踪。其中,模糊逻辑控制器既适用于电网侧转换器,又用于最优叶尖速比控制的发电机侧变流器。

滑模控制是一种基于李雅普诺夫函数的非线性控制技术。滑模控制的主要优势是高鲁棒性和易于实现,调节的参数少,响应速度快,同时对扰动有很强的抑制能力。Liu Y 等[14]提出了一种新型指数趋近律的双馈感应风力发电系统滑模控制方案。该方案可以减少系统的抖振。Abolvafaei M 等[15]为了在低于额定风速的运行区域中提取最大风能和降低机械应力,提出了使用二阶滑模控制的非线性控制策略,该策略可以抵消参数不确定性、未建模的动力学和外部干扰的影响。

双馈异步电机的控制主要集中在转子侧和网侧变换器,属于控制级别。在进行最大功率追踪时,转子侧变换器内部采用功率外环和电流内环双闭环控制结构。该结构虽然可以实现有功功率和无功功率的解耦控制,但是该系统结构复杂、参数不易设计。在面对风速这样剧烈波动的变量时,在保持系统稳定性、抑制抖动方面表现不够出色。因此,本章依据超螺旋算法设计转子侧控制器,以改善双闭环控制的弊端,简化控制器结构,提高系统的鲁棒性,实现控制级别的控制目标。

本章的组织结构如下:第8.2节介绍风力发电系统数学模型;第8.3节提出超螺旋算法的设计结构;第8.4节给出 MATLAB 仿真结果;第8.5节总结最后的结论。

8.2 风力发电系统模型

8.2.1 风力涡轮机模型

风力涡轮机主要作用是将风轮输出的机械功率传送到发电机转子上,然后,通过发电机转换为电能。

风轮转子实际捕获的输出功率,可由功率系数 C_P 表示:

$$P_{ut} = \frac{1}{2}\rho\pi R^2 v^3 C_P(\lambda,\beta) \tag{8-1}$$

功率系数 C_P 是叶尖速比 λ 和桨叶节距角 β 的函数,主要由桨叶的设计决定,风能利用系数可由经验函数获得,其关系可由式(8-2)和式(8-3)近似地给出:

$$C_P(\lambda,\beta) = 0.5176\left(\frac{116}{\lambda_i} - 0.4\beta - 5\right)e^{-\frac{21}{\lambda_i}} + 0.0068\lambda \tag{8-2}$$

$$\frac{1}{\lambda_i} = \frac{1}{\lambda + 0.08\beta} - \frac{0.035}{\beta^3 + 1} \tag{8-3}$$

叶尖速比是一个重要的无量纲参数,用 λ 表示。叶尖速比反映的是在不同风速下风轮的运行状态,用式(8-4)表示:

$$\lambda = \frac{2\pi R n_{ut}}{v} = \frac{\omega_{ut} R}{v} \tag{8-4}$$

式中:n_{ut} 为风轮的转速;ω_{ut} 为风轮的机械角速度;R 为风轮半径。

功率系数、叶尖速比和桨叶节距角的三维关系图如图8-1所示,二维关系图如图8-2所示。由三维图可以看出,当桨叶节距角为 $0°$,叶尖速比为 8.1 时,功率系数最大为 $0.48^{[16,17]}$。

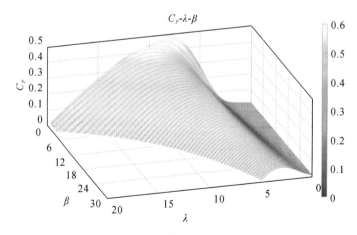

图8-1 功率系数-叶尖速比-桨叶节距角三维关系图

由图 8-1 的三维关系图可知,当桨叶节距角为 0°时,功率系数由叶尖速比决定。当风速变化时,调节风轮转速,使叶尖速比保持在最佳值,就可以间接使得功率系数为最大值,以此实现在变风速条件下功率系数最大。由于风速测量仪安装在风机尾部,不能准确反映风速的变化,为了消除对风速的依赖关系,将最大功率系数和最佳叶尖速比代入式(8-1)中,则可以推导出由风轮转速表达的最大输出功率,用式(8-5)表示:

$$P_{wt\max} = \frac{1}{2}\rho\pi R^2 C_{P\max}\left(\frac{R}{\lambda_{\mathrm{opt}}}\right)^3 \omega_{wt}^3 \tag{8-5}$$

由式(8-5)可以得到在不同风速下风轮输出功率、最大功率与风轮转速的关系,如图 8-2 的二维关系图所示。在桨叶节距角为 0°的前提下,在不同的风速曲线上,都存在一个点,这个点对应的转速可以使得当前风速下的功率最大。将这些点连接起来,就可以得到理想状态下最大功率曲线,如图 8-2 中黑色曲线所示。

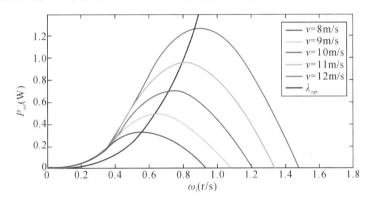

图 8-2 风轮输出功率、最大功率与风轮转速的关系

8.2.2 双馈异步电机模型

双馈异步电机需要对电压、电流、电磁转矩、频率等大量的参数进行控制,这些参数之间相互耦合,传统控制方法无法对其进行精确实时控制。针对双馈异步风力发电系统的特点,矢量控制因为可以简化控制环节,逐渐脱颖而出,成为风力发电系统的主流控制策略。坐标变换是矢量控制技术的核心。为了简化电磁转矩与其他矢量的复杂关系,矢量控制又进一步发展为定向矢量控制。

当电网电压发生变化时,定子电压的变化会导致磁链和电压相角的变化不一致。转子侧的控制目标是实现转子电流的转矩分量与励磁分量的解耦控制。转子侧一般采用基于定子磁链定向的控制技术。在构建动态数学模型时,忽略定子电阻。由基尔霍夫定律,可推导出双馈异步电机在定子磁链定向下电压和电流的关系方程,用式(8-6)表示:

$$\begin{bmatrix} u_{sx} \\ u_{sy} \\ u_{rx} \\ u_{ry} \end{bmatrix} = \begin{bmatrix} R_s+L_sp & -\omega_1 L_s & L_mp & -\omega_1 L_m \\ \omega_1 L_s & R_s+L_sp & \omega_1 L_m & L_mp \\ L_mp & -\omega_s L_m & R_r+L_rp & -\omega_2 L_r \\ \omega_s L_m & L_mp & \omega_2 L_r & R_r+L_rp \end{bmatrix} \begin{bmatrix} i_{sx} \\ i_{sy} \\ i_{rx} \\ i_{ry} \end{bmatrix} \tag{8-6}$$

式中:ω_2 为双馈感应电机转差;P 为微分算子。

转子电压方程由定转子电流表述,用式(8-7)表示:

$$\begin{cases} u_{rx} = R_r i_{rx} + L_r \dfrac{\mathrm{d}i_{rx}}{\mathrm{d}t} + L_m \dfrac{\mathrm{d}i_{sx}}{\mathrm{d}t} - \omega_2 (L_r i_{ry} + L_m i_{sy}) \\ u_{ry} = R_r i_{ry} + L_r \dfrac{\mathrm{d}i_{ry}}{\mathrm{d}t} + L_m \dfrac{\mathrm{d}i_{sy}}{\mathrm{d}t} - \omega_2 (L_r i_{rx} + L_m i_{sx}) \end{cases} \tag{8-7}$$

将同步旋转 xy 坐标系下的转子 x 轴电流与定子磁通的合成矢量相重合称为定子磁链定向。定子磁链的表达式为:

$$\begin{cases} \psi_{sx} = L_s i_{sx} + L_m i_{rx} \\ \psi_{sy} = L_s i_{sy} + L_m i_{ry} \end{cases} \tag{8-8}$$

将定子电流用定子磁链电流空间矢量 i_{ms} 和转子 x、y 轴电流分量 i_{rx}、i_{ry} 代替,可将式(8-8)改写为式(8-9):

$$\begin{cases} \psi_{sx} = L_m i_{ms} = L_s i_{sx} + L_m i_{rx} \\ 0 = L_s i_{sy} + L_m i_{ry} \end{cases} \tag{8-9}$$

通过式(8-9)可得出定子电流分量 i_{sx} 和 i_{sy},如式(8-10)所示:

$$\begin{cases} i_{sx} = \dfrac{L_m}{L_s} (i_{ms} - i_{rx}) \\ i_{sy} = -\dfrac{L_m}{L_s} i_{ry} \end{cases} \tag{8-10}$$

化简得到的转子电压方程,如式(8-11)所示:

$$\begin{cases} u_{rx} = R_r i_{rx} + \sigma L_r \dfrac{\mathrm{d}i_{rx}}{\mathrm{d}t} - \omega_2 \sigma L_r i_{ry} + \dfrac{L_m^2}{L_s} \dfrac{\mathrm{d}i_{ms}}{\mathrm{d}t} \\ u_{ry} = R_r i_{ry} + \sigma L_r \dfrac{\mathrm{d}i_{ry}}{\mathrm{d}t} + \omega_2 \sigma L_r i_{rx} + \omega_2 \dfrac{L_m^2}{L_s} i_{ms} \end{cases} \tag{8-11}$$

同步旋转 xy 坐标系下的电磁转矩方程,如式(8-12)所示:

$$T_e = \frac{3}{2} n_p (\psi_{sx} i_{sy} - \psi_{sy} i_{sx}) = -\frac{3}{2} n_p \frac{L_m}{L_s} \psi_s i_{ry} \tag{8-12}$$

定子磁链定向矢量控制中,定子磁链的幅值是不变的,定子磁链 x 轴分量在数值上等于该值。由式(8-12)可知,电磁转矩与定子磁链 x 轴分量和转子 y 轴分量成正比。在磁链幅值不变的条件下,电机的电磁转矩仅取决于 y 轴电流。转子电流的转矩分量就是 y 轴电流。

8.3　基于超螺旋算法的漂浮式海上双馈异步电机控制器优化

变结构控制方法由苏联学者 Utkin 在 20 世纪 60 年代提出。变结构控制思想的核心是保证系统在规定的运动轨迹上运行,可以通过改变系统的运动状态来实现[18]。在理想情况下,系统可以一直运动在规定的轨迹上并保持稳定。但是在实际应用中,由于系统延迟和惯性、控制率的不连续性以及测量误差等因素,系统状态不能在预设的轨迹上运动,这样就会使系统产生抖振。一阶滑模控制存在频繁的不连续切换控制,这样无法同时兼顾系统的强鲁棒性和稳定的控制性能。

高阶滑模控制的切换函数存在于滑模变量的导数中。当对滑模变量进行积分时,得到的控制率会含有对切换函数的积分项,因为积分项具有滤波的功能,因此实现了抑制抖振的功能[19,20]。高阶滑模控制是在传统滑模控制的基础上发展而来,在保留不变性特点的同时,又可以发挥自身优势。

8.3.1　二阶滑模控制原理

在高阶滑模控制方法中,二阶滑模的结构简单并且控制参数少。相较于更高阶数的滑模控制,二阶滑模控制易于实现,因此在实际工程中有着广泛的应用。二阶滑模控制可以保证滑模变量在时间上是连续的,可以有效减小抖振,同时对外界参数的不确定性有较强的鲁棒性[21]。

对于一个单输入、单输出的非线性系统,系统的状态方程可表示为:

$$\begin{cases} \dot{x} = a(t,x) + b(t,x)u \\ \sigma = \sigma(t,x) \end{cases} \tag{8-13}$$

式中:$x \in R^n$ 是状态变量;$a(t,x)$,$b(t,x)$ 表示不确定的光滑有界函数;σ 是输出变量,即滑模变量;$u \in R$ 是控制变量;控制系统的任务为在保证滑模变量 $\sigma \equiv 0$ 的前提下,通过不连续的全局有界反馈控制使系统在有限时间内到达滑模面。此时系统的有界输入会收敛至滑模面。

通过对滑模变量 $\sigma = \sigma(t,x)$ 进行两次求导,可以得到二阶滑模的基本形式,用式(8-14)表示:

$$\ddot{\sigma} = f(t,x) + g(t,x)u \tag{8-14}$$

式中:$f(t,x) = \ddot{\sigma}(u=0)$,$f(t,x)$ 和 $g(t,x)$ 均为不确定函数。

假设有不等式:

$$\begin{cases} 0 < K_m \leqslant g \leqslant K_M \\ |f(t,x)| \leqslant C \end{cases} \tag{8-15}$$

式中:K_M,K_m,$C > 0$。

对于一个控制器,如果保证 $\sigma \equiv 0$,那么同样可以保证 $\ddot{\sigma} = 0$。当二阶滑模系统的参数未知时,应该保证 $\sigma = \dot{\sigma} = 0$。如果假设式(8-15)对任意范围内的二阶导数都成立,式(8-14)中二阶导数的范围可以表示为:

$$\ddot{\sigma} = [-C,C] + [K_m,K_M]u \tag{8-16}$$

大多数控制器通过式(8-16)来保证输出变量 σ 和 $\dot{\sigma}$ 在有限时间内趋近于0。式(8-16)中不包含时间变量,系统的初始信息不会对后续控制产生影响。因此,二阶滑模控制对于任何形式的扰动都具有良好的鲁棒性。满足式(8-16)的所有运动轨迹都可以在有限时

间内收敛到相平面 $\sigma = \dot{\sigma} = 0$ 处。二阶滑模状态轨迹图如图 8-3 所示。

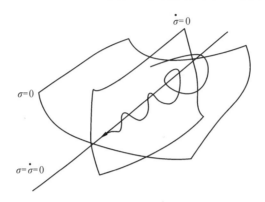

图 8-3　二阶滑模状态轨迹

8.3.2　超螺旋算法

超螺旋算法是目前使用频率很高的二阶滑模控制算法,在使用时只需要知道滑模变量的值,滑模变量的一阶导数值和其他信息则不需要知道。因此,该算法成为二阶滑模控制中计算最为简单、所需信息最少的算法。

超螺旋算法的控制率由不连续时间的微分部分和滑动变量的连续函数部分组成。超螺旋算法的具体表达形式如下:

$$u(t) = u_1(t) + u_2(t) \tag{8-17}$$

$$\dot{u_1} = \begin{cases} -u & |u| > U_M \\ -\alpha \operatorname{sign}(s) & |u| < U_M \end{cases} \tag{8-18}$$

$$u_2 = \begin{cases} -\lambda |S_0|^\rho \operatorname{sign}(s) & |u| > S_0 \\ -\lambda |S|^\rho \operatorname{sign}(s) & |u| \leqslant S_0 \end{cases} \tag{8-19}$$

保证超螺旋算法在有限时间内收敛的充分必要条件为:

$$\begin{cases} \alpha > \dfrac{C_0}{K_m} & 0 < \rho < 0.5 \\ \lambda^2 > \dfrac{4C_0 K_m (\alpha + C_0)}{K_m^2 K_m (\alpha - C_0)} & \rho = 0.5 \end{cases} \tag{8-20}$$

当 $\rho = 0.5$ 时,取 $S_0 \to \infty$,超螺旋算法就可以简化为:

$$\begin{cases} u = -\lambda |s|^{\frac{1}{2}} \operatorname{sign}(s) + u_1 \\ \dot{u_1} = -\alpha \operatorname{sign}(s) \end{cases} \tag{8-21}$$

式中:u 为滑模变量;u_1 为中间变量;α 和 λ 为待设计参数。

方程(8-21)是简化后最常用的二阶滑模状态方程。由该方程可以看出连续函数和微分函数存在符号函数。微分环节的符号函数经过积分之后,会消除阶跃。而连续函数中 $|s|^{\frac{1}{2}} \operatorname{sign}(s)$ 前存在系数 $|s|^{\frac{1}{2}}$,当系统运动到滑模面时,这一项的阶跃可以近似看作 0。

当消除阶跃之后,滑模变量及其一阶导数为连续函数。同时滑模变量满足 $s = \dot{s} = 0$。所以超螺旋算法可以实现二阶滑动模态。图 8-4 为超螺旋控制器的主曲线图。

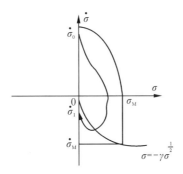

图 8-4　超螺旋控制器的主曲线图

8.3.3　超螺旋控制器的分析与设计

在矢量控制的基础上,为了实现最大功率追踪的目的,转子侧控制器一般采用最佳功率给定法。该方法以最大功率为参考,确保风力发电机组的功率因数最大,从而实现最大风能的捕获。最佳功率控制需要获得有功功率和无功功率的参考值,该参考值与电机实时的功率相比,产生双闭环 PI 控制的输入。无功功率参考值一般设定为 0,有功功率参考值由风力涡轮机控制策略中得到的转速进行计算。有功功率和无功功率的实际值则通过转子 x、y 轴电流分量获得。

在转子侧变换器中超螺旋控制器的跟踪误差分别为 e_1 和 e_2。e_1 表示有功功率和有功功率参考值的差值,e_2 表示无功功率和无功功率参考值的差值。具体的跟踪误差为:

$$\begin{cases} e_1 = P_s - P_s^* \\ e_2 = Q_s - Q_s^* \end{cases} \tag{8-22}$$

根据跟踪误差,滑模面可以定义为:

$$\begin{cases} \sigma_1 = c_1 e_1 + \dfrac{\mathrm{d}e_1}{\mathrm{d}t} \\ \sigma_2 = c_2 e_2 + \dfrac{\mathrm{d}e_2}{\mathrm{d}t} \end{cases} \tag{8-23}$$

有功功率参考值可以用最大功率表示,无功功率的参考值设为 0,用式(8-24)表示:

$$\begin{cases} P_s^* \approx P_{u\!f\max} \\ Q_s^* = 0 \end{cases} \tag{8-24}$$

在矢量控制策略下,定子侧有功功率和无功功率的导数,用式(8-25)表示:

$$\begin{cases} \dot{P}_s = -\dfrac{3}{2}\omega_1 \psi_s \dfrac{L_m}{L_s} \dfrac{\mathrm{d}i_{ry}}{\mathrm{d}t} \\ \dot{Q}_s = -\dfrac{3}{2}\omega_1 \psi_s \dfrac{L_m}{L_s} \dfrac{\mathrm{d}i_{rx}}{\mathrm{d}t} \end{cases} \tag{8-25}$$

转子 x、y 轴电流对时间的一阶导数，用式(8-26)表示：

$$\begin{cases} \dfrac{\mathrm{d}i_{rx}}{\mathrm{d}t} = \dfrac{1}{\sigma L_r}\left(u_{rx} - R_r i_{rx} + \omega_2 \sigma L_r i_{ry} - \dfrac{L_m^2}{L_s}\dfrac{\mathrm{d}i_{ms}}{\mathrm{d}t}\right) \\ \dfrac{\mathrm{d}i_{ry}}{\mathrm{d}t} = \dfrac{1}{\sigma L_r}\left(u_{ry} - R_r i_{ry} - \omega_2 \sigma L_r i_{rx} - \omega_2 \dfrac{L_m^2}{L_s} i_{ms}\right) \end{cases} \tag{8-26}$$

在获得有功功率和无功功率参考值、有功功率和无功功率对时间的导数以及转子电流分量对时间的导数后，滑模变量的一阶导数可以表示为：

$$\dot{\sigma}_1 = \dot{P}_s - \dot{P}_s^*$$
$$= -\frac{3}{2}\omega_1 \psi_s \frac{L_m}{\sigma L_r L_s}\left(u_{rx} - R_r i_{rx} + \omega_2 \sigma L_r i_{ry} - \frac{L_m^2}{L_s}\frac{\mathrm{d}i_{ms}}{\mathrm{d}t}\right) - \dot{P}_s^* \tag{8-27}$$

$$\dot{\sigma}_2 = \dot{Q}_s - \dot{Q}_s^*$$
$$= -\frac{3}{2}\omega_1 \psi_s \frac{L_m}{\sigma L_r L_s}\left(u_{ry} - R_r i_{ry} - \omega_2 \sigma L_r i_{rx} - \omega_2 \frac{L_m^2}{L_s} i_{ms}\right) \tag{8-28}$$

对式(8-27)和式(8-28)进行简化，定义参数表达式 M、H_1 和 H_2，具体的表达式见式(8-29)：

$$\begin{cases} M = -\dfrac{3}{2}\omega_1 \psi_s \dfrac{L_m}{\sigma L_r L_s} \\ H_1 = -\dfrac{3}{2}\omega_1 \psi_s \dfrac{L_m}{\sigma L_r L_s}(-R_r i_{rx} + \omega_2 \sigma L_r i_{ry}) - \dot{P}_s^* \\ H_2 = -\dfrac{3}{2}\omega_1 \psi_s \dfrac{L_m}{\sigma L_r L_s}\left(-R_r i_{ry} - \omega_2 \sigma L_r i_{rx} - \omega_2 \dfrac{L_m^2}{L_s} i_{ms}\right) \end{cases} \tag{8-29}$$

经过参数简化后滑模变量的一阶导数可表示为：

$$\dot{\sigma} = H + Mu \tag{8-30}$$

式中：$\sigma = [\sigma_1, \sigma_2]^T$；$H = [H_1, H_2]^T$；$u = [u_{rx}, u_{ry}]^T$。

选择超螺旋控制算法，把转子侧 x 轴和 y 轴电压作为控制器输出，对于根据超螺旋算法的标准表达式设计的控制器有：

$$\begin{cases} u_{rx} = \dfrac{1}{M}\left[-\lambda_1 |\sigma_1|^{\frac{1}{2}}\mathrm{sign}(\sigma_1) - \alpha_1 \displaystyle\int_0^t \mathrm{sign}(\sigma_1) - H_1\right] \\ u_{ry} = \dfrac{1}{M}\left[-\lambda_2 |\sigma_2|^{\frac{1}{2}}\mathrm{sign}(\sigma_2) - \alpha_2 \displaystyle\int_0^t \mathrm{sign}(\sigma_2) - H_2\right] \end{cases} \tag{8-31}$$

8.3.4　系统稳定性证明

当转子侧控制器中引入超螺旋算法后，需要对系统稳定性进行验证。为了使滑模变量及其一阶导数在有限时间内趋近于 0，需要更加精确地追踪误差。可以构造李雅普诺夫函数,当李雅普诺夫函数正定且该函数的导数负定时,系统会趋于稳定。

由式(8-30)可知,系统存在参数不确定项。以滑模变量 σ_1 为例,引入状态转换方程:

$$F = H_1 - M_{\alpha_1} \int_0^t \mathrm{sign}(\sigma_1)\, \mathrm{d}\tau \tag{8-32}$$

将式(8-31)和式(8-32)代入式(8-30)可以得到:

$$\begin{cases} \dot{\sigma} = -M\lambda_1 |\sigma_1|^{\frac{1}{2}} \mathrm{sign}(\sigma_1) + F \\ \dot{F} = -M_{\alpha_1} \mathrm{sign}(\sigma_1) + \dot{H}_1 \end{cases} \tag{8-33}$$

由式(8-29)可知,未定参数项 $\dot{H}_1$ 是有界函数,参数项的一阶导数有界。因此未定参数项的一阶导数满足:

$$|\dot{H}_1| \leqslant \Gamma_1 \qquad \forall\, t > 0 \tag{8-34}$$

式中:Γ_1 为正数。

选择一个矩阵,构建李雅普诺夫二次型函数,如式(8-35)所示:

$$V(\sigma, F) = \xi^T P \xi \tag{8-35}$$

式中:$\xi = [\,|\sigma_1|^{\frac{1}{2}} \mathrm{sign}(\sigma_1), F\,]^T$。

P 是实对称矩阵,可构造为:

$$P = \begin{bmatrix} 2M_{\alpha_1} + \dfrac{1}{2}M^2\lambda_1^2 & -\dfrac{1}{2}M\lambda_1 \\ -\dfrac{1}{2}M\lambda_1 & 1 \end{bmatrix} \tag{8-36}$$

同时实对称矩阵 P 应满足下式:

$$A^T P + PA = -Q \tag{8-37}$$

式中:$A = \begin{bmatrix} -\dfrac{1}{2}M\lambda_1 & \dfrac{1}{2} \\ -M_{\alpha_1} & 0 \end{bmatrix}$;$Q$ 为任意实对称矩阵。

对于式(8-35),满足下式:

$$\lambda_{\min}(P)\|\xi\|^2 \leqslant \xi^T P \xi \leqslant \lambda_{\max}(P)\|\xi\|^2 \tag{8-38}$$

式中:$\lambda_{\min}(P)$ 和 $\lambda_{\max}(P)$ 分别为矩阵 P 的最小和最大特征值。

因为实对称矩阵 P 的顺序主子式都是大于零,所以矩阵 P 为正定矩阵。可以得到 $V(\sigma, F)$ 是正定矩阵的二次型,所以可以得到 $V(\sigma, F)$ 为正定二次型。

对矩阵 ξ 进行求导可得:

$$\dot{\xi} = \begin{bmatrix} \dfrac{1}{2}\dfrac{1}{|\sigma_1|^{\frac{1}{2}}}\left[-M\lambda_1|\sigma_1|^{\frac{1}{2}}\mathrm{sign}(\sigma_1) + F\right] \\ -M_{\alpha_1}\mathrm{sign}(\sigma_1) + \dot{H}_1 \end{bmatrix} \tag{8-39}$$

对矩阵中一些项可以用参数代替,得到新的表达式:

$$\dot{\xi} = \frac{1}{|\xi_1|}(A\xi + B\hat{H}_1) \tag{8-40}$$

$$|\xi_1| = |\sigma_1|^{\frac{1}{2}} \leqslant \|\xi\| < \frac{V^{\frac{1}{2}}}{\lambda_{\min}^{\frac{1}{2}}(P)} \tag{8-41}$$

对式(8-35)进行求导,则李雅普诺夫二次型函数的导函数为:

$$\begin{aligned}
\dot{V}(\sigma,F) &= \dot{\xi}^T P\xi + \xi^T P\dot{\xi} \\
&= 2\dot{\xi}^T P\xi \\
&= \frac{1}{|\xi_1|}(\xi^T A^T + \xi^T A + 2\hat{H}_1 B^T)P\xi \\
&= -\frac{1}{|\xi_1|}\xi^T Q\xi + \frac{2}{|\xi_1|}\xi^T \hat{H}_1 B^T\xi
\end{aligned} \tag{8-42}$$

在式(8-27)两边同乘一个系数,可得:

$$\hat{H}^2 < \Gamma_1^2|\xi_1| \tag{8-43}$$

选择一个矩阵C,$C=[1,0]$,式(8-35)可进一步简化为:

$$\begin{aligned}
\dot{V}(\sigma,F) &= -\frac{1}{|\xi_1|}\xi^T Q\xi + \frac{2}{|\xi_1|}\xi^T \hat{H}_1 B^T\xi \\
&\leqslant -\frac{1}{|\xi_1|}\xi^T Q\xi + \frac{1}{|\xi_1|}(2\hat{H}_1 B^T P\xi + \Gamma_1^2|\xi_1|^2 - \hat{H}^2) \\
&= -\frac{1}{|\xi_1|}\xi^T Q\xi + \frac{1}{|\xi_1|}(2\hat{H}_1 B^T P\xi + \Gamma_1^2\xi_1^T C^T C\xi - \hat{H}^2) \\
&\leqslant -\frac{1}{|\xi_1|}\xi^T Q\xi + \frac{1}{|\xi_1|}(\Gamma_1^2\xi_1^T C^T C\xi + \xi^T PBB^T P^T\xi) \\
&= -\frac{1}{|\xi_1|}\xi^T(Q - \Gamma_1^2 C^T C - PBB^T P^T)\xi
\end{aligned} \tag{8-44}$$

令$\Omega = Q - \Gamma_1^2 C^T C - PBB^T P^T$。当$\Omega$是实对称正定矩阵时,就会存在:

$$\dot{V}(\sigma,F) \leqslant -\frac{1}{|\xi_1|}\xi^T\Omega\xi < 0 \tag{8-45}$$

这样就可以得出李雅普诺夫函数正定,其导函数负定。系统也会在有限的时间收敛至滑模面。

实对称矩阵Ω的完整表达形式为:

$$\begin{aligned}
\Omega &= -(A^T P + PA^T + \Gamma_1^2 C^T C + PBB^T P^T) \\
&= \begin{bmatrix} M^2\left(\dfrac{1}{2}M\lambda_1^3 + \lambda_1\alpha_1 - \dfrac{1}{4}\lambda_1^2\right) - \Gamma_1^2 & \dfrac{1}{2}M(\lambda_1 - M\lambda_1^2) \\ \dfrac{1}{2}M(\lambda_1 - M\lambda_1^2) & \dfrac{1}{2}M\lambda_1 - 1 \end{bmatrix}
\end{aligned} \tag{8-46}$$

当Ω为实对称矩阵,则矩阵中的参数α_1和λ_1应当满足的条件为:

$$\begin{cases} \lambda_2 > \dfrac{2}{M} \\[3mm] \alpha_2 > \dfrac{M\lambda_2^2}{4(M\lambda_2-2)} + \dfrac{\Gamma_2^2}{M\lambda_2} \end{cases} \tag{8-47}$$

将 M 代入式(8-41)可得超螺旋方程参数的取值范围：

$$\begin{cases} \lambda_1 > \dfrac{4\sigma L_r L_s}{3\omega_1 \psi_s L_m} \\[4mm] \alpha_1 > \dfrac{3\omega_1 \psi_s L_m \lambda_1^2}{12\omega_1 \psi_s L_m \lambda_1 - 16\sigma L_r L_s} + \dfrac{2\Gamma_1^2 \sigma L_r L_s}{3\omega_1 \psi_s L_m \lambda_1} \\[4mm] \lambda_2 > \dfrac{4\sigma L_r L_s}{3\omega_1 \psi_s L_m} \\[4mm] \alpha_2 > \dfrac{3\omega_1 \psi_s L_m \lambda_2^2}{12\omega_1 \psi_s L_m \lambda_2 - 16\sigma L_r L_s} + \dfrac{2\Gamma_2^2 \sigma L_r L_s}{3\omega_1 \psi_s L_m \lambda_2} \end{cases} \tag{8-48}$$

　　基于超螺旋算法的双馈异步电机最佳功率控制的实现框图如图 8-5 所示，与传统最佳功率控制相比，基于超螺旋算法的控制器取代了传统控制的双闭环结构，仅需要通过坐标变换进行定子功率计算，极大地简化了系统的结构。超螺旋控制器所需的参数也非常少，在得到两个滑模变量的值之后，只需要获得同步角速度的值即可。超螺旋控制器的输出为定子电压 x、y 轴分量，该输出作为空间矢量脉宽调制的输入即可实现转子侧控制器的完整控制。

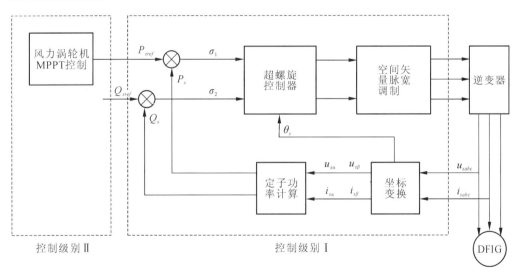

图 8-5　基于超螺旋算法的转子侧控制图

8.4　基于超螺旋算法的双馈异步电机最佳功率控制仿真结果

　　由于风力发电机在最大功率点追踪区域存在切入风速和切出风速，所以为了验证控制策略的可行性,需要一系列实际可行的有随机特性的风速数据,这样的风速可以由快速变化的紊流部分叠加上变化速度较慢的平均风速而成。同时,考虑到最大功率点跟踪在第二区域内运行,存在着切入风速和稳定风速,所以在模拟风速时模拟平均值 7.4m/s 的风速。风速仿真波形如图 8-6 所示。

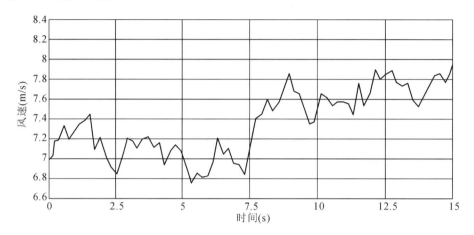

图 8-6　风速仿真波形

为了简化风力涡轮机的结构,采用单质量块模型。双馈异步电机的具体参数如表 8-1 所示。

表 8-1　双馈异步电机参数

双馈异步电机参数	数值
额定电压 U	380V
直流母线电压 U_{dc}	700V
电压频率 f	50Hz
定子电感 L_s	0.01H
定子电阻 R_s	0.435Ω
转子电感 L_r	0.002H
转子电阻 R_r	0.816Ω
互感系数 L_m	0.069H
极对数 P	2

风力涡轮机的具体参数如表 8-2 所示。

表 8-2　风力涡轮机的参数

风力涡轮机参数	数值
风轮直径 D	24m
额定功率 P_{ut}	200kW
切入转速 $v_{cut\text{-}in}$	4m/s
额定转速 v_{rated}	14m/s
切出风速 $v_{cut\text{-}out}$	28m/s
叶片数	3
齿轮箱传动比	22.4
最佳叶尖速比 λ	8.1
空气密度 ρ	1.225kg/m³

超螺旋算法中控制器的参数存在取值范围，将电机的参数代入计算可得合适的参数。具体参数如表 8-3 所示。

表 8-3　超螺旋算法参数

控制器参数	α_1	λ_1	α_2	λ_2	a
数值	10	20000	7	500	1

通过基于超螺旋算法的最佳功率给定控制与传统最佳功率给定控制进行仿真测试，并给出两种仿真的输出波形，观测使用改进算法的效果。本次仿真测试分别在 $t=1$s 和 $t=2$s 时改变双馈异步电机的转速。初始转速为 310rad/s，随后将转速降至 225rad/s，最后将转速升至 280rad/s。

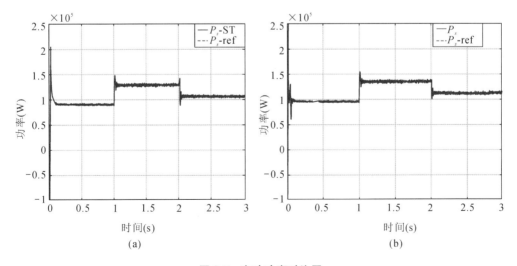

图 8-7　有功功率对比图

(a)超螺旋控制；(b)双闭环 PI 控制

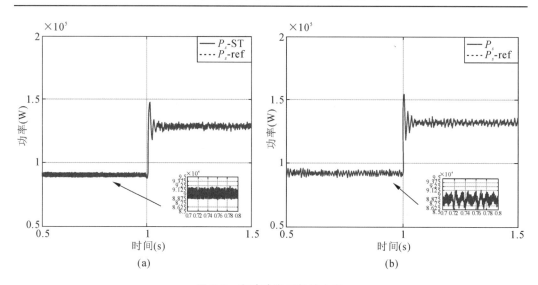

图 8-8　有功功率局部放大图

(a)超螺旋控制；(b)双闭环 PI 控制

　　有功功率的追踪图如图 8-7 和图 8-8 所示。图 8-7(a)和图 8-8(a)代表使用超螺旋控制的仿真结果图。图 8-7(b)和图 8-8(b)表示使用传统双闭环控制的仿真结果图。从图 8-7 可以看出，传统双闭环控制的功率曲线在稳态时仍有较大波动，而超螺旋算法的功率曲线比较平滑，这说明超螺旋算法可以实现对滑模变量的精确追踪。双闭环控制在启动时超调比较大，同时有比较大的振荡。而使用超螺旋算法的控制方法仅有比较小的超调，系统整体到达稳定状态的时间也比较短。由图 8-8 的有功功率局部放大图可以看出，在达到稳定阶段后，传统方法不能有效追踪有功功率参考值，实际功率偏离参考值，在稳定后的功率振幅为 5000W。而超螺旋算法在系统稳定之后可以有效追踪，追踪误差为 3000W。这体现了超螺旋算法稳定的追踪特性。无功功率的追踪图如图 8-9 和图 8-10 所示。图 8-9 是使用超螺旋算法的追踪图，图 8-10 是使用双闭环控制的追踪效果图。双馈异步电机在进行工作时，理想状态下无功功率应保持为 0W。由图 8-9 和图 8-10 可以看出两种方法都基本可以使无功功率在参考值附近。从图 8-10 的局部放大图可以看出，传统方法的无功功率追踪效果与设定值的偏差为 250W，超螺旋算法将实际值与设定值的偏差降为 200W。在 $t=2s$ 时，转速发生突变，系统需要重新进入稳定状态，传统方法的无功功率会有比较大的波动，在仿真图上表现为有比较大的超调和振荡，超螺旋算法的无功功率曲线在启动之后一直比较稳定，在转速突变时，无功功率依然可以有效追踪参考值，没有出现明显超调，体现了超螺旋算法的强鲁棒性。

　　图 8-11 和图 8-12 分别为双馈异步电机转矩追踪以及局部放大图。图 8-11(a)和图 8-12(a)为基于超螺旋算法的转矩追踪图。图 8-11(b)和图 8-12(b)为基于双闭环控制的转矩追踪图。从图 8-12 可以看出，在系统达到稳定之后，传统最佳功率给定法的转矩脉动在给定值 ±4N·m 上下波动，转矩比较难维持稳定，同时系统转矩值偏离给定转矩值。基于超螺旋算法的最佳功率给定法的转矩脉动被限制在 ±2N·m 之间，转矩脉动减

小了一半。在转速发生变化后,转速可以快速跟踪给定值,并保持在新的稳定状态,并且转矩超调比较小,体现超螺旋算法强鲁棒性。下面将各控制策略的电机脉动情况列在表 8-4 中进行比较分析。

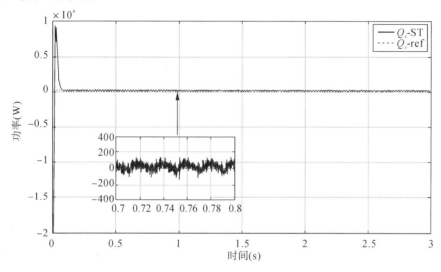

图 8-9 超螺旋算法无功功率追踪图

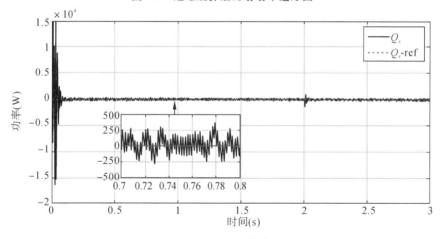

图 8-10 双闭环控制无功功率追踪图

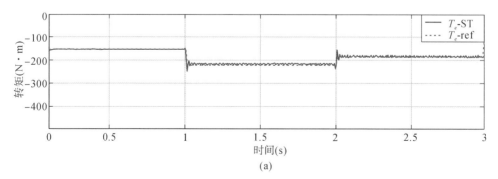

(a)

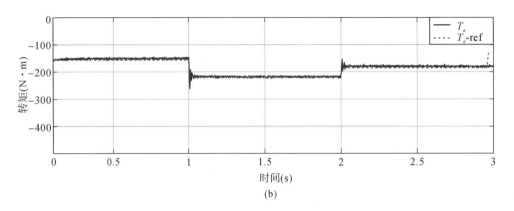

(b)

图 8-11 转矩对比图

(a)超螺旋控制;(b)双闭环 PI 控制

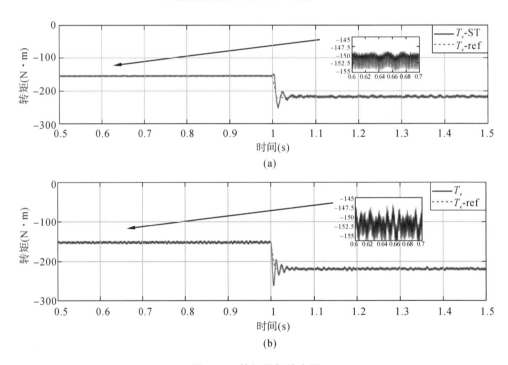

(b)

图 8-12 转矩局部放大图

(a)超螺旋控制;(b)双闭环 PI 控制

表 8-4 电机参数脉动情况

	有功功率(W)	无功功率(W)	转矩(N·m)
基于最佳功率给定控制	±2500	±125	±4
基于超螺旋控制	±1500	±100	±2

从表 8-4 的归纳总结可以看出,基于超螺旋算法的最佳功率给定无论是在参数脉动还是抗干扰能力方面表现都要优于传统方法。对于传统最佳功率给定法框架的改动尤

为显著。较传统方法而言,基于超螺旋算法的最佳功率给定有功功率脉动减小40%,无功功率脉动减小20%,转矩脉动减小50%。综上可以得出结论,基于超螺旋算法的最佳功率给定简化了控制系统结构,与传统方法相比较可以有效地追踪有功功率和无功功率,同时,可以减小功率和转矩的脉动。系统响应速度更快,鲁棒性更强,是一种有效的改进策略。

图 8-13 为最大风能利用系数仿真对比图。实线为理论最大风能利用系数,其值为0.48。蓝色曲线为系统仅使用双闭环PI控制的仿真曲线。虚线在大部分时间不能使系统运行在最大风能系数处,且波动大。黑色曲线为采用超混合控制后的功率系数仿真曲线。黑色曲线在大部分时间可以逼近最大值0.48,且波动小。为了进一步说明两种控制方法的差异,绘制时间间隔为5s的最大风能利用系数放大图,如图8-14所示。

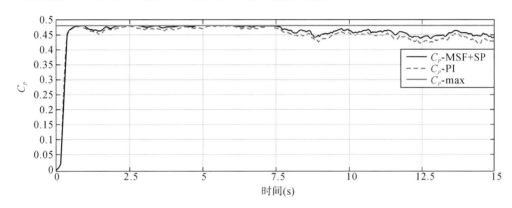

图 8-13 最大风能利用系数仿真对比图

从图8-13可以看出,在0~5s启动阶段,风速的变化范围小,使用了超螺旋控制和前馈控制的风能利用系数的波动更小。这一阶段,PI控制的平均风能利用系数为0.469,改进功率追踪控制的风能利用系数则为0.478,提高了1.9%。在5~10s这一阶段,风速的变化前期处于振荡,后半阶段有明显的升高。两种控制方法在风速大幅提高的情况下,功率系数都有一定程度的下降,但是改进控制方法的下降幅度更小。这一阶段,PI控制的平均风能利用系数为0.445,波动区间为0.42~0.48,混合控制的平均风能利用系数则为0.467,波动区间为0.45~0.48,风能利用系数提高了4.9%。改进的算法明显抑制了波动。在10~15s这一阶段,风速依然处于前一阶段的高位,并缓慢升高。这一阶段两种方法都无法使系统保持在最大功率点处运行。但是,改进算法的功率系数值仍然全面高于PI控制的系数值。在10~15s区间内,PI控制的风能利用系数的波动区间为0.42~0.46,平均值为0.434,混合控制的风能利用系数波动区间为0.44~0.47,平均值为0.451,风能利用系数提高了3.6%。以上数据可以表明,无论风速处于振荡阶段还是升高阶段,基于多信号前馈和超螺旋算法控制的最大功率追踪控制都可以使系统运行在最大功率点处,系统的稳定性相比于PI控制也有明显的提升。

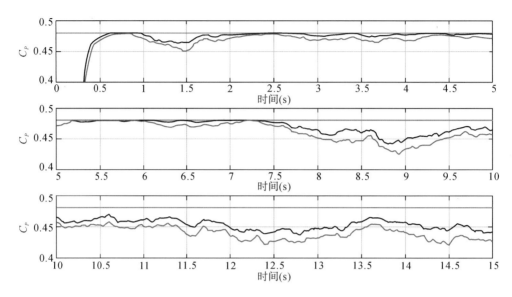

图 8-14 最大风能利用系数放大图

图 8-15 为风力涡轮机捕获功率的仿真对比图。功率曲线与风速的变化呈正相关关系。黑色曲线代表改进控制后的功率曲线,红色曲线代表 PI 控制下的功率曲线。由仿真对比图可以看出,相比于 PI 控制,基于超螺旋算法和多信号前馈的最大功率追踪控制可以捕获更多功率,提高风能的利用率,提升系统的效率。

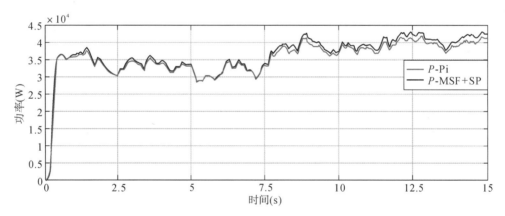

图 8-15 风力涡轮机捕获功率仿真对比图

综上所述,本章所提出的控制策略相比于传统的最大功率追踪控制可以有效提高系统的风能利用系数,并使系统维持在最大功率点处运行,实现最大功率追踪的控制目标。

8.5 本章小结

为了改善该控制系统结构复杂、鲁棒性差的问题,本章提出改进的超螺旋控制算法替代传统的双闭环 PI 控制,通过构造李雅普诺夫函数,对超螺旋算法的稳定性进行严格证明。以有功功率和无功功率为滑模变量,通过超螺旋控制,直接得到定子电压 x 轴和 y 轴参考值。新的控制方法简化转子侧系统的结构,提高系统的鲁棒性。

对漂浮式海上双馈异步风力发电系统进行仿真建模,对系统的并网稳定性进行验证,在此基础上分析不同控制策略的最大功率追踪效果。通过仿真得到实际可行的有随机特性的风速,在此环境下验证本章所提出的控制策略可以有效提高功率系数,实现最大功率追踪。

参 考 文 献

[1] ZHU X,LIN M. A study on variable speed constant frequency AC double-fed exciting wind power generation system and its control technology[J]. Chemical Engineering Transactions,2017,62: 1165-1170.

[2] SATHYAMOORTHI S,SELVAPERUMAL S. Study the performance about the implementation of variable speed constant frequency aircraft electrical power system [J]. Materials Today: Proceedings,2020,33:2970-2976.

[3] THONGAM J S,OUHROUCHE M. MPPT control methods in wind energy conversion systems [J]. Fundamental and Advanced Topics in Wind Power,2011(1):339-360.

[4] MERABET A,AHMED K T,IBRAHIM H,et al. Energy management and control system for laboratory scale microgrid based wind-PV-battery[J]. IEEE Transactions on Sustainable Energy, 2016,8(1):145-154.

[5] JAVED M S,MA T,JURASZ J,et al. Solar and wind power generation systems with pumped hydro storage:Review and future perspectives[J]. Renewable Energy,2020,148:176-192.

[6] DE KOONING J D,GEVAERT L,VAN DE VYVER J,et al. Online estimation of the power coefficient versus tip-speed ratio curve of wind turbines[C]//IECON 2013-39th Annual Conference of the IEEE Industrial Electronics Society,2013.

[7] MOKHTARI Y,REKIOUA D. High performance of maximum power point tracking using ant colony algorithm in wind turbine[J]. Renewable Energy,2018,126:1055-1063.

[8] NASIRI M,MILIMONFARED J,FATHI S H. Modeling,analysis and comparison of TSR and OTC methods for MPPT and power smoothing in permanent magnet synchronous generator-based wind turbines[J]. Energy Conversion and Management,2014,86:892-900.

[9] GANJEFAR S,GHASSEMI A A,AHMADI M M. Improving efficiency of two-type maximum power point tracking methods of tip-speed ratio and optimum torque in wind turbine system using a quantum neural network[J]. Energy,2014,67:444-453.

[10] MOUSA H H,YOUSSEF A,MOHAMED E E. Variable step size P&O MPPT algorithm for optimal power extraction of multi-phase PMSG based wind generation system[J]. International Journal of Electrical Power & Energy Systems,2019,108:218-231.

[11] BHARATHI M L,BASHA R F K,RAMANATHAN S K,et al. Fuzzy logic controlled maximum

power point tracking for SEPIC converter fed DC drive-A hybrid power generation system[J]. Microprocessors and Microsystems,2020(11):103371.

[12] TIWARI R,BABU N R. Fuzzy logic based MPPT for permanent magnet synchronous generator in wind energy conversion system[J]. IFAC-Papers on Line,2016,49(1):462-467.

[13] BABU P S,SUNDARABALAN C K,BALASUNDAR C,et al. Fuzzy logic based optimal tip speed ratio MPPT controller for grid connected WECS[J]. Materials Today:Proceedings,2020,45 (2):2544-2550.

[14] LIU Y,WANG Z,XIONG L,et al. DFIG wind turbine sliding mode control with exponential reaching law under variable wind speed[J]. International Journal of Electrical Power & Energy Systems,2018,96:253-260.

[15] ABOLVAFAEI M,GANJEFAR S. Maximum power extraction from a wind turbine using second-order fast terminal sliding mode control[J]. Renewable Energy,2019,139:1437-1446.

[16] YOUNG J,TIAN F,LIU Z,et al. Analysis of unsteady flow effects on the Betz limit for flapping foil power generation[J]. Journal of Fluid Mechanics,2020,902:30-31.

[17] WEST J R,LELE S K. Wind turbine performance in very large wind farms:Betz analysis revisited [J]. Energies,2020,13(5):1078.

[18] JING Y,SUN H,ZHANG L,et al. Variable speed control of wind turbines based on the quasi-continuous high-order sliding mode method[J]. Energies,2017,10(10):1626.

[19] GUO L,WANG D,PENG Z,et al. Improved super-twisting sliding mode control of a stand-alone DFIG-DC system with harmonic current suppression[J]. IET Power Electronics,2020,13(7): 1311-1320.

[20] GUARACY F H,PEREIRA R L,DE PAULA C F. Robust stabilization of inverted pendulum using ALQR augmented by second-order sliding mode control[J]. Journal of Control,Automation and Electrical Systems,2017,28(5):577-584.

[21] SAMI I,ULLAH S,ALI Z,et al. A super twisting fractional order terminal sliding mode control for DFIG-based wind energy conversion system[J]. Energies,2020,13(9):2158.

9 漂浮式海上垂直轴风力发电机翼型参数化设计及空气动力学研究

本章基于叶素理论(BEM),以弯度为变量对三叶片 H 型漂浮式海上垂直轴风力发电机(VAWT)的翼型进行参数化设计,研究了翼型弯度(f)对 H 型垂直轴风力发电机气动规律的影响。选取 $v=4\text{m/s},8\text{m/s},12\text{m/s}$ 作为设计工况,以 NACA0015 翼型($f=0\%$)为原型对翼型进行参数化设计,设计了 $f=0\%,1\%,2\%,3\%,4\%,5\%$ 共 6 种不同弯度的翼型作为参考翼型,通过 ANSYS 软件,建立了二维 CFD 仿真模型。以风能功率系数 C_P、高效风能运行区 $\Delta\lambda$、风轮的功率 P 为研究对象,研究了 VAWT 的气动规律以及不同方位角下翼型表面的转矩、压力场和速度场变化。研究发现,弯度对垂直轴风力发电机的气动性能影响很大,弯度较小的翼型($f=0\%,1\%,2\%$)有着更好的气动性能。

9.1 垂直轴风力发电机翼型参数化设计研究概述

风力发电机根据主轴相对于地面的安装位置,可以分为水平轴风力涡轮机(HAWT)和垂直轴风力涡轮机(VAWT)。随着科技的发展,垂直轴风力发电机组以其设计方法先进、风能利用率高、启动风速低、基本不产生噪声等优点,逐渐重新被人们认识和重视,尤其在近海港口风电场及家庭居住区具有广泛的市场应用前景。

垂直轴风机主要有 Darrieus 型和 Savonius 型两种。Savonius 型自启动能力较好,功率系数较低,Darrieus 型自启动能力较差,但是制造成本低,装置简单,可以有较高的叶尖速比,功率系数较高[1]。本章模拟计算所用的 H 型风机就是 Darrieus 型风力发电机。

近年来,很多学者对垂直轴风力机进行了研究,包括研究了翼型的叶片数、密实度、翼型形状等对垂直轴风力发电机气动性能的影响。Battisti L 等人通过将实验数据与仿真结果对比,研究了垂直轴风力发电机的空气流体动力学性能[2]。Rocchio B 等人在叶素理论的基础上研究了垂直轴风力发电机[3]。Goude A 等人研究了在停机状态时垂直轴风机上叶片的受力情况[4]。Ostos I 和 Zheng M 等人对 Savonius 型风机的叶片进行了优化设计,以提高风机的性能[5,6]。Ferroudji F 等人将 Darrieus 型和 Savonius 型结合,设计了一种新型垂直轴风力发电机[7]。Kumar V 等人模拟了在火星上的空气环境,并设计了一种适用于火星环境的垂直轴风力发电机[8]。Eboibi O 等人研究了在低雷诺数条件下,垂直轴风力机的空气流体动力学性能[9]。Mohamed M H 和 Shih T H 等人研究了不同湍流模型下的风机性能,并涉及了 CFD 的基本控制方程[10,11]。Liu Q 等人在翼型尾缘加了 Gurney 襟翼,发现 Gurney 襟翼能改善风力机的气动性能[12]。Abdalrahman G

等人通过神经网络算法控制垂直轴风力机的桨距角,对垂直轴风力机的控制进行了优化[13]。Dessoky A 等人研究了配置风镜技术对 H 型垂直轴风力机的影响[14]。Shaheed R 等人利用 Realizable k-ε 模型,将实验结果与仿真数据对比,发现 Realizable k-ε 模型对流体计算有良好的效果[15]。Lositaño Ｉ Ｃ Ｍ 等人研究了翼型结节前缘对风机性能的影响,发现结节前缘会降低风机性能[16]。Rezaeiha A 等人研究了中心轴对垂直轴风力发电机的影响,发现中心轴对垂直轴风机影响不大[17]。Piperas A T 对计算模型中第一层网格高度公式进行了推导[18]。此外,一些学者对翼型弯度方面也进行了研究。Chen C C 等人通过研究 NACA0012、NACA2412 和 NACA4412 翼型,发现弯度和桨距角对风机有影响[19]。Mohamed M H 对不同系列的 20 种翼型进行了研究,得出了对称翼型的气动性能更好的结论[20]。Bausas M D 等人研究了非恒定风速下有弯度的翼型的空气动力学性能[21]。Beri H 等人通过对 NACA2415 翼型的分析,发现弯度对自启动能力有影响[22]。

　　但是,以上的研究都没有对同一种翼型,根据弯度进行参数化设计,并研究弯度对垂直轴风力发电机气动性能的影响,没有对产生的结果原因进行具体分析。针对上述提到的问题,本章以 NACA0015 翼型为原型,以弯度为变量对翼型进行了参数化设计,设计了 $f=0\%$(NACA0015)、1%、2%、3%、4% 和 5% 的翼型,并且利用 ANSYS 软件进行了二维流体动力学仿真,研究了风能利用率 C_P、高效风能运行区 $\Delta\lambda$、风轮的功率 P 和翼型表面的扭矩、压力场和速度场变化,并对产生这种影响进行了具体分析。

　　本章第 9.1 节介绍了风力发电机的背景和一些学者所做的相关研究,第 9.2 节介绍了研究的空气动力学理论和数值模拟方法,第 9.3 节介绍了风力机的设计参数和网格划分,第 9.4 节是对风力机的动力学仿真以及对结果的分析,第 9.5 节总结了本章得出的结论。

9.2　空气动力学理论与数值模拟方法

9.2.1　风力机运行原理

　　本章基于叶素理论(BEM)设计风轮的翼型、弦长、弯度等几何参数,估算叶片受力,确定风机的转矩和功率,对风轮的表现进行评估。叶素理论的基本原理是将叶片沿 z 轴分为多个微元段,每个微元段称为叶素。叶素理论假设各个叶素之间相互独立、互不影响,可视为二维翼型,从图 9-1 中可以看出,风机的单个叶片由无数个连续布置的叶素组成,故将研究对象简化为单个叶素,研究单个叶素的运动、受力情况和动力特性。

　　图 9-2 表示了垂直轴风力机单个叶素的二维运动,其中 U_d 为来流的速度,V 为叶片旋转时的线速度,W 为叶片与来流的相对速度,W_t 和 W_n 分别为相对速度 W 的切向和法向分量,θ 为叶片运动时的方位角,φ 表示叶片的攻角,r 为风轮半径,Ω 为角速度,通过该模型,可以给出任意时刻叶片运动和方位角的关系。

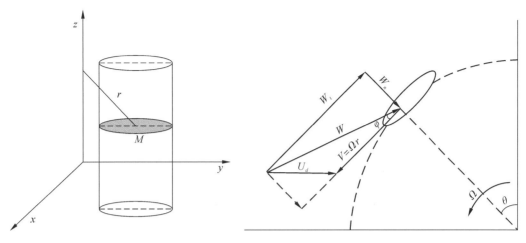

图 9-1 叶片叶素   图 9-2 叶片运动

在叶素的气动中心处,有以下几个参数:

$$\theta = \Omega t, 0 \leqslant \theta \leqslant 2\pi \tag{9-1}$$

$$x = r\sin\theta, 0 \leqslant x \leqslant r \tag{9-2}$$

$$y = r\cos\theta, 0 \leqslant y \leqslant r \tag{9-3}$$

叶素的相对速度 W 为:$W = U_d + V$。其在切向和法向上的分量分别为:

$$W_t = U_d\cos\theta + V \tag{9-4}$$

$$W_n = U_d\sin\theta \tag{9-5}$$

叶尖速比 λ 是用来表述风电机特性的一个十分重要的参数。风轮叶片尖端线速度与风速之比称为叶尖速比:

$$\lambda = \frac{V}{U_d} = \frac{\omega r}{v} \tag{9-6}$$

$$W = \sqrt{W_t^2 + W_n^2} = \sqrt{(U_d\cos\theta + V)^2 + (U_d\sin\theta)^2}$$
$$= U_d\sqrt{(\cos\theta + \lambda)^2 + \sin^2\theta} \tag{9-7}$$

$$\tan\varphi = \frac{W_n}{W_t} = \frac{U_d\sin\theta}{U_d\cos\theta + V} = \frac{\sin\theta}{\cos\theta + \lambda} \tag{9-8}$$

$$\varphi = \arctan\left(\frac{\sin\theta}{\cos\theta + \lambda}\right) \tag{9-9}$$

图 9-3 为单个叶素在运行过程中的受力情况,F 表示流体对叶素作用的合力,F 在相对速度 W 上的分量为阻力 F_D,在垂直于 W 上的分量为升力 F_L。合力 F 作用在叶片法向方向上的分量为 F_n,F 作用在叶片切向方向上的分量为 F_c。

作用在垂直轴风力发电机叶片上的升力、阻力计算公式可表示为:

$$F_L = \frac{1}{2}\rho c l\, C_l W^2 \tag{9-10}$$

$$F_D = \frac{1}{2}\rho c l\, C_d W^2 \tag{9-11}$$

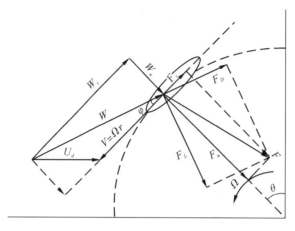

图 9-3　叶素受力

式中,ρ 为空气密度,c 为翼型弦长,l 为叶片长度,W 为相对速度,C_l 为升力系数,C_d 为阻力系数。

F 作用在叶片切向和法向方向上的分量F_c和F_n分别为:

$$F_c = F_L \sin\varphi - F_D \cos\varphi = \frac{1}{2}\rho cl(C_l \sin\varphi - C_d \cos\varphi)W^2 \tag{9-12}$$

$$F_n = F_L \cos\varphi + F_D \sin\varphi = \frac{1}{2}\rho cl(C_l \cos\varphi + C_d \sin\varphi)W^2 \tag{9-13}$$

运行过程中,F 的切向分量F_c为风轮提供转矩,获得的转矩 T 为:

$$T = F_c r = \frac{1}{2}\rho cl(C_l \sin\varphi - C_d \cos\varphi)W^2 r \tag{9-14}$$

风机在不同方位角时,由升力和阻力共同作用,为风机提供转矩。当提供正转矩时,驱动风力机旋转;当产生负转矩时,阻碍风力机旋转。本章采用的是升力型风力机,主要通过作用在叶片上的升力驱使风机工作,由于翼型的弯度不同,不同翼型的受力情况有所差异,所以,弯度必定影响风机的气动性能。

9.2.2　单元流管模型

基于贝茨理论,在叶素理论的基础上,本章使用单元流管模型对风轮进行计算,如图 9-4所示。

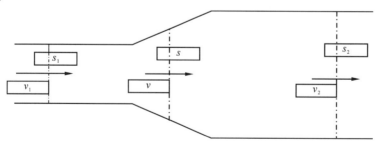

图 9-4　单元流管模型

假设空气是不可压缩的,在通过风轮前后,空气的体积和质量保持不变,在通过风轮中心前的风速和扫风面积为v_1和s_1,风轮中心处的风速和扫风面积为v和s,通过风轮中心后的风速和扫风面积为v_2和s_2。

假设$v_1 < v_2$,$s_1 < s_2$,$\overline{V}$为风在单位时间内通过的体积,则:

$$\overline{V} = s_1 v_1 = sv = s_2 v_2 \tag{9-15}$$

风在单位时间内运动的质量$m = \rho sv$,其中ρ为空气的密度,则风的动能P为:

$$P = \frac{1}{2} m v^2 = \frac{1}{2} \rho s v^3 \tag{9-16}$$

通过风轮前后的动能差$\overline{P}$为:

$$\overline{P} = P_1 - P_2 = \frac{1}{2} m (v_1^2 - v_2^2) = \frac{1}{2} \rho sv (v_1^2 - v_2^2) \tag{9-17}$$

单位时间内在风轮中心处受的力$\overline{F} = ma = m(v_1 - v_2)$,则风轮在中心处获得的动能$\overline{P}$为:

$$\overline{P} = \overline{F} v = m(v_1 - v_2) \tag{9-18}$$

根据动能定理,由式(9-17)和式(9-18)得到:

$$\overline{F} = \frac{1}{2} \rho s (v_1^2 - v_2^2) \tag{9-19}$$

设风轮中心处的速度$v = \frac{1}{2}(v_1 + v_2)$,则:

$$\overline{P} = \overline{F} v = \frac{1}{4} \rho s (v_1^2 - v_2^2)(v_1 + v_2) \tag{9-20}$$

令$\dfrac{d \Delta \overline{P}}{d v_2} = \dfrac{1}{4} \rho s (v_1^2 - 2 v_1 v_2 - 3 v_2^2) = 0$,得到当$v_2 = \dfrac{1}{3} v_1$时,风轮的最大功率$P_{\max} = \dfrac{8}{27} \rho s v_1^3$。风能公式如式(9-21)(其中,$A_s$为风轮的扫风面积)所示:

$$P = \frac{1}{2} C_P \rho A_s v^3 \tag{9-21}$$

根据得出的$P_{\max}$,此模型下的最大功率系数为$C_{P\max} = \dfrac{16}{27}$。

9.2.3　CFD 中的基本控制方程

本章采用 Fluent 软件对风轮模型进行数值模拟,根据流体力学中的基本控制方程,对垂直轴风力发电机进行了空气动力学仿真。图 9-5 为 CFD 数值模拟的求解过程。

为了得到垂直轴风机风轮的升力、阻力、转矩及功率等空气动力学特性,下面对这一系列方程进行了详细的求解。这些基本控制方程满足质量守恒定律、动量守恒定律和能量守恒定律这三大物理规律的连续性方程、动量方程和能量方程。

连续性方程描述的是流体力学中的质量守恒规律,流出控制体的质量流量等于控制

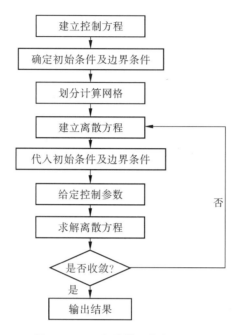

图 9-5 CFD 数值模拟的求解过程

体内质量随时间的减少率,其计算公式为:

$$\frac{\partial \rho}{\partial t} + \frac{\partial (\rho u)}{\partial x} + \frac{\partial (\rho v)}{\partial y} + \frac{\partial (\rho w)}{\partial z} = 0 \tag{9-22}$$

其中,ρ 为流体密度,t 为时间,u、v、w 分别为 x、y、z 三个方向上的速度分量。

动量方程描述的是动量守恒定律:控制体动量随时间的变化率等于作用在控制体上的力,其计算公式为:

$$\begin{cases} \frac{\partial (\rho u)}{\partial t} + \frac{\partial u^2}{\partial x} + \frac{\partial uv}{\partial y} + \frac{\partial uw}{\partial z} = \frac{\partial (-p + \tau_{xx})}{\partial x} + \frac{\partial \tau_{xy}}{\partial y} + \frac{\partial \tau_{xz}}{\partial z} + Fx \\[2mm] \frac{\partial (\rho v)}{\partial t} + \frac{\partial uv}{\partial x} + \frac{\partial v^2}{\partial y} + \frac{\partial vw}{\partial z} = \frac{\partial \tau_{xy}}{\partial x} + \frac{\partial (-p + \tau_{yy})}{\partial y} + \frac{\partial \tau_{yz}}{\partial z} + Fy \\[2mm] \frac{\partial (\rho w)}{\partial t} + \frac{\partial uw}{\partial x} + \frac{\partial vw}{\partial y} + \frac{\partial w^2}{\partial z} = \frac{\partial \tau_{xz}}{\partial x} + \frac{\partial \tau_{yz}}{\partial y} + \frac{\partial (-p + \tau_{zz})}{\partial z} + Fz \end{cases} \tag{9-23}$$

其中,p 为控制体表面压力,F 为作用在控制体上的体积力,τ 为作用在控制体三个方向上的表面应力在各个方向上的分量。将式(9-23)写成矢量形式:

$$\frac{\partial \rho \boldsymbol{V}}{\partial t} + \nabla \cdot (\rho \boldsymbol{V} \times \boldsymbol{V}) = -\nabla \cdot p + \nabla \cdot \tau + F \tag{9-24}$$

其中,∇ 为哈密尔顿算子,$\boldsymbol{V}$ 为速度矢量,式(9-24)又被称为 Navier-Stokes 方程,等式左边项分别为定常情况的控制体的动量流量和非定常情况下的动量增加率,等式右边项分别为压力、黏性力和体积力。

能量方程描述的是能量守恒规律:根据热力学第一定律,控制体内能的增加等于外界环境传给控制体的热能以及外界环境对控制体做功之和。其计算公式为:

$$\rho \frac{\mathrm{d}}{\mathrm{d}t}\left(e+\frac{V^2}{2}\right)=\rho F \cdot V+\nabla \cdot (k \nabla T) \tag{9-25}$$

其中,e 为单位质量的内能,k 为湍流的热传导系数。本章进行数值计算过程中,并不涉及热量交换,所以无需考虑能量守恒方程。

9.2.4　湍流模型

本研究采用的 Realizable k-ε 模型是基于雷诺平均方程组的模型(RANS),在基于雷诺假设的基础上,将湍流的速度、压强都分解为平均量和脉冲量,可以降低对空间和时间离散上的分辨率,从而减小计算量。Realizable k-ε 模型是对 Standard k-ε 模型的变形,可以改善模型的性能,能用于预测中等强度的旋流,还可以更好地模拟圆形射流,受到涡旋黏性同性假设限制,除强旋流过程无法精确模拟外,其他流动过程都可以使用此模型。很多学者已证明采用 Realizable k-ε 模型对涉及复杂流场的旋转机械流场的数值模拟精度和可信度较高,与实验结果也非常接近。

9.3　风力机设计参数和网格划分

9.3.1　风力机参数和翼型参数化设计

本章模拟采用的 H 型垂直轴风力机的各项参数如表 9-1 所示。表中 L 为风轮高度,D 为旋转直径,c 为叶片弦长,β 为安装角,N 为叶片数,v 为风速,Re 为雷诺数。

表 9-1　海上垂直轴风力机参数

参数	数值
叶型桨叶轮廓	NACA0015
弯度 f	0%～5%
风轮高度 L(m)	1
旋转直径 D(m)	1.6
叶片弦长 c(m)	0.15
安装角 β(°)	0
叶片数 N	3
风速 v(m/s)	4,8,12
雷诺数 Re	2×10^6

本章所采用的翼型为 NACA0015 翼型,在此基础上对翼型进行参数化改造,使得它们的相对弯度为 0%、1%、2%、3%、4% 和 5%。

用方程来表现翼型的几何特性。$y_u(x)$ 表示翼型的上翼面的坐标:

$$y_u = y_u(x) \tag{9-26}$$

$y_l(x)$表示翼型的下翼面的坐标：

$$y_l = y_l(x) \tag{9-27}$$

翼型的弦长 c 为翼型的最大长度。翼型的厚度δ_x为上、下翼面的坐标之差：

$$\delta_x = y_u - y_l \tag{9-28}$$

翼型的相对厚度 Δ 是最大厚度与弦长 c 之比：

$$\Delta = \frac{\delta_{\max}}{c} = \frac{|y_u - y_l|}{c} \tag{9-29}$$

y_c 为翼型的中线坐标，公式为：

$$y_c = \frac{1}{2}(y_u + y_l) \tag{9-30}$$

翼型的弯度 f 为翼型中线坐标的最大值与叶片弦长 c 之比：

$$f = \frac{|y_u + y_l|_{\max}}{2c} \tag{9-31}$$

以弯度为变量对 NACA0015 翼型进行修改。修改后的上翼面坐标$\tilde{y}_u$为：

$$\tilde{y}_u = y_u + cf \tag{9-32}$$

修改后的下翼面坐标$\tilde{y}_l$为：

$$\tilde{y}_l = y_l + cf \tag{9-33}$$

不同弯度的翼型的几何外形如图 9-6 所示。

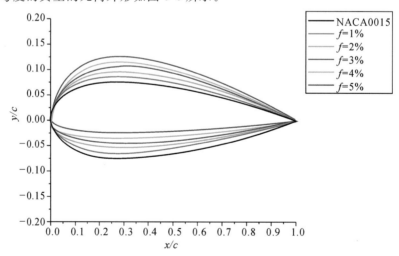

图 9-6　翼型几何外形

9.3.2　风力机几何模型

本章研究的垂直轴风力发电机几何模型如图 9-7 所示。

漂浮式海上风机的主要结构包括轮毂、叶片、旋转轴、法兰盘、发电机、塔筒、浮式平台等。垂直轴风力发电机主要通过叶片上产生的升力带动风力机旋转，通过旋转轴及法

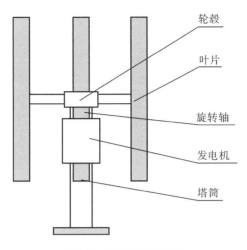

图 9-7　风力机几何模型

兰盘等部件将转矩传送到发电机,从而将风能转化为电能。风轮通过叶片获得转矩,轮毂、法兰盘等部件几乎不产生影响。本章主要是叶片对垂直轴风力发电机气动规律的研究,不需要考虑风机上的每一个部件。

此外,在对垂直轴风力发电机进行 CFD 仿真过程中,首先需要对风机的各个计算域进行网格划分,如果考虑旋转轴、法兰盘、发电机等部件,会大大增加计算域的复杂程度,在部件与部件连接处也将生成很多不规则的计算网格,网格质量很差,将会占用很多计算机不必要的硬件资源,影响计算结果和计算速度。因此,在对垂直轴风机空气动力学性能进行数值模拟的过程中,将支撑杆、连接法兰以及转动轴等对风机性能影响较小的部件去除。简化前的风机模型如图 9-8 所示,包含了轮毂、叶片、旋转轴、法兰盘等部件。简化后的风机模型如图 9-9 所示,只包含三个叶片,通过计算模型的简化,可以降低计算成本,提高计算效率。

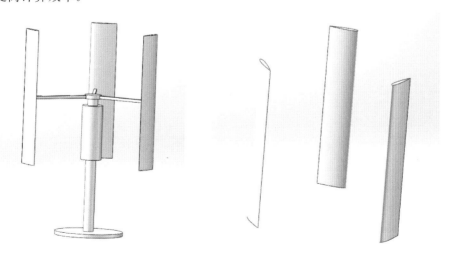

图 9-8　简化前的风机模型　　　　　　图 9-9　简化后的风机模型

9.3.3　网格划分

风力机在三维空间内的运动和在二维平面内的运动一致,在 ANSYS 软件中的 ICEM 软件里将二维风力机模型进行网格划分。风力机模型主要由静止域、旋转域两部分组成。图 9-10 是计算模型的静止域,入口位于旋转域中心上游 8m 处,出口位于旋转域中心 16m 处,上下边界相对风轮对称分布,相隔距离为 8m,风从 X 轴负方向吹向正方向。图 9-11 为模型的旋转域,旋转域的直径为 2.4m,旋转域中包括含有三个叶片的旋转子域,旋转域逆时针旋转,为了更好地划分网格,旋转域中包含叶片子域部分,叶片子域的直径为 0.2m,每个叶片子域包含一个叶片,各叶片子域之间相隔 120°。

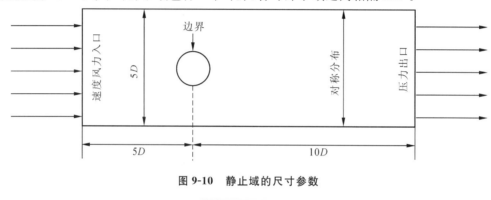

图 9-10　静止域的尺寸参数

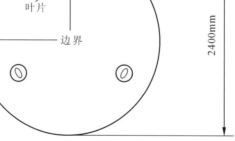

图 9-11　旋转域的尺寸参数

采用结构化网格对风力机模型进行网格划分,在对风轮附近的流场进行瞬态分析时风力机在不断地旋转,因此,在求解垂直轴风机空气动力学性能的过程中,将流场区分成静止域和旋转域两个部分。叶片随旋转域旋转,静止域和旋转域之间的数据交换通过 Fluent 软件提供的 interface 边界条件实现,风力机获取气动力主要通过叶片作为载体实现,因此,叶片周围需要生成高质量的计算网格。为方便在叶片附近进行网格加密,生成高质量的计算网格,旋转域中包含三个含有叶片的叶片子域,旋转域与叶片子域之间也采用 interface 边界条件连接,叶片周围的网格进行加密处理,叶片表面设有边界层网格以提高 CFD 仿真时的计算精度,其第一层网格高度由式(9-34)确定:

$$\Delta y = L\,y^* \sqrt{80}Re^{\frac{-13}{14}} \tag{9-34}$$

其中,L 为特征尺寸,y^* 为无量纲的壁面距离,Re 为雷诺数。

图 9-12 为旋转域的网格,旋转域为风轮旋转的区域,要求的网格质量相对较高。图 9-13为单个叶片周围的网格,风机获取的能量主要由叶片获得,因此,这部分需要质量很高的网格,叶片周围的网格进行了加密,每个叶片周围都生成了 70290 个网格,网格质量都在 0.95 以上。图 9-14 为叶片前缘的网格,图 9-15 为叶片尾缘周围的网格,网格质量都很好,可以用作计算。

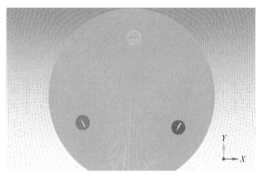

图 9-12　旋转域网格

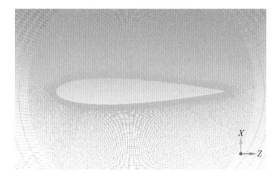

图 9-13　叶片周围网格

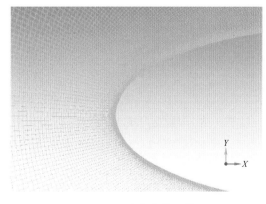

图 9-14　叶片前缘网格

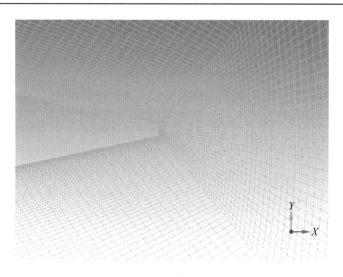

图 9-15　叶片尾缘网格

9.3.4　参数设置

将网格导入 ANSYS 软件下的 Fluent 软件进行数值计算,设置开始时刻入口的流动情况为初始条件,设置边界条件如下:

(1)入口边界:静止域的最左边设为均匀来流速度入口边界(velocity inlet),速度 $v=$ 4m/s,8m/s,12m/s,风向沿 X 轴正方向;

(2)出口边界:静止域的最右边设为压力出口(pressure outlet)边界,压力等于大气压;

(3)对称边界:静止域的上、下两边设为对称无壁面(symmetry)边界;

(4)壁面边界:叶片的表面设为无滑移壁面(wall)边界,随旋转域一起同步旋转;

(5)交接面边界:在静止域和旋转域的结合处以及叶片子域和旋转域的结合处均设为交接面(interface)边界。

旋转域和叶片子域的运动方式为 moving mesh,角速度随风速和叶尖速比 λ 的变化而变化,其中,叶尖速比的范围为 1.25~5,每隔 0.25 个单位进行计算,一共 16 个点,分别进行计算。

压力速度耦合求解采用 SIMPLE 方法,使用 Fluent 软件对垂直轴风机进行瞬态计算时,设定风轮每旋转 1°计算一次,即设定风轮旋转一周有 360 个时间步,当相邻两个旋转周期的转矩系数偏差小于 1%时认为计算已经收敛。以风速为 8m/s,叶尖速比为 2.5 为例,如图 9-16 所示,经验算,风轮第 9 个周期(2.01~2.26s)和第 10 个旋转周期 (2.26~2.51s)之间的转矩系数偏差已经小于 1%,认为本研究计算已经收敛。

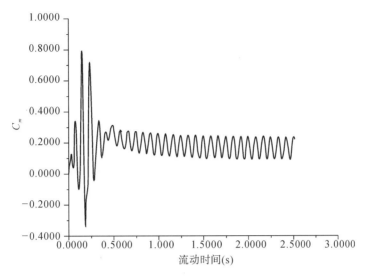

图 9-16 风轮转矩系数

9.4 动力学仿真与结果分析

9.4.1 参数求解

风轮的转矩系数C_m能够反映风轮运行中的转矩T的变化,其关系见下式:

$$T = \frac{1}{2}C_m \rho A_s r v^2 \tag{9-35}$$

其中,A_s为扫风面积,r为风轮半径,v为风速。

Fluent 软件可以求解每个时间步下,各叶片的瞬时转矩系数C_{m1}、C_{m2}、C_{m3},以及三个叶片转矩系数之和C_m,风机的气动性能之一通过功率系数C_P-λ 曲线和功率P-n曲线反映。经验算,第 10 个周期时计算已经收敛,根据第 10 个周期得到的瞬时转矩系数值得到风轮的平均转矩系数,从而得到风轮的平均风能利用系数C_P和平均功率P。功率P由式(9-21)给出,根据式(9-21),可得:

$$C_P = \frac{P}{0.5\rho A_s v^3} = \frac{Tr\Omega}{0.5\rho A_s r v^2 v} = \lambda C_m \tag{9-36}$$

这里的ρ取 Fluent 软件提供的默认值 1.225kg/m³。

9.4.2 计算结果与分析

基于近海港口风电场以及现实环境,选取风速为 4m/s、8m/s、12m/s,对$f = 0\%\sim5\%$的风轮运行在叶尖速比值为 1.25~5 的情况下进行了二维模拟计算,通过对计算结果的数值计算,分析了垂直轴风力机在运行过程中的气动性能随翼型弯度变化的规律。

9.4.2.1 风能利用率C_P和功率P

风能利用率C_P和功率P能很好地体现风机的性能。根据公式,将得到的叶尖速比值为 $1.25\sim5$ 的转矩系数计算得到相应的功率系数,通过曲线拟合得到风速为 $4\mathrm{m/s}$、$8\mathrm{m/s}$、$12\mathrm{m/s}$ 时的风能利用率曲线。图 9-17 为风速为 $4\mathrm{m/s}$ 时弯度取值在 $0\%\sim4\%$ 之间的风能利用率曲线,图 9-18 为风速为 $8\mathrm{m/s}$ 时的风能利用率曲线,图 9-19 为风速为 $12\mathrm{m/s}$时的风能利用率曲线。经计算,弯度为 5% 及弯度更高的翼型风能利用率很低,研究意义不大,图 9-20 为 $v=8\mathrm{m/s}$ 时 $f=5\%$ 的C_P-λ 曲线,在之后的分析中将不对 $f>5\%$ 的翼型进行分析。

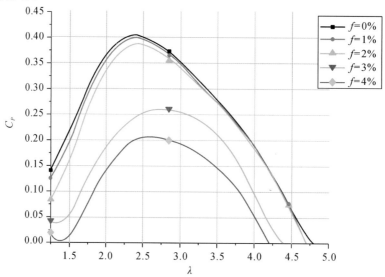

图 9-17 风速为 $v=4\mathrm{m/s}$ 时弯度取值在 $0\%\sim4\%$ 之间的风能利用率曲线

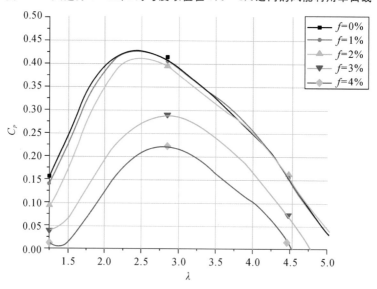

图 9-18 风速为 $v=8\mathrm{m/s}$ 时的风能利用率曲线

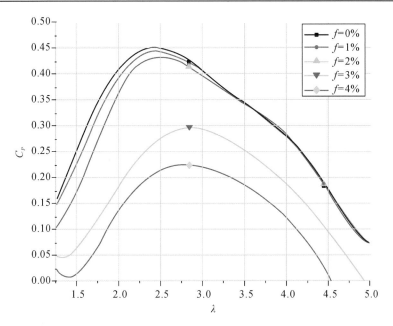

图 9-19　风速为 $v=12\mathrm{m/s}$ 时的风能利用率曲线

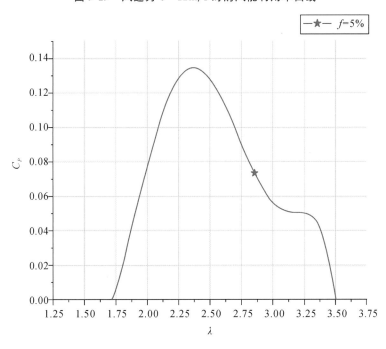

图 9-20　当 $v=8\mathrm{m/s}$ 时 $f=5\%$ 的 C_P-λ 曲线

从图 9-17 至图 9-20 可以看出，在不同风速下，弯度对风机的空气动力学性能影响很大，并且产生了相似的结论。以风速为 $8\mathrm{m/s}$ 时的风能利用率曲线为例，在低叶尖速比范围内（$\lambda<2.5$）时，NACA0015（$f=0\%$）的风能利用率最高，随着翼型弯度的增加，风能利用率降低，在中等叶尖速比（$2.5\sim3.25$）和高叶尖速比（$3.25\sim5$）范围内，f 取值在 $0\%\sim$

2%之间翼型的风能利用率较高且差距不大,C_{Pmax} 可以达到 40% 以上,在 $v=4\mathrm{m/s}$ 和 $v=12\mathrm{m/s}$ 时,也分别达到了 35% 和 43% 以上,尤其在高叶尖速比范围内,风能利用率几乎重合,三种翼型的风能利用率各有高低,其中,3% 和 4% 翼型的风能利用率随着弯度的增加而降低。

当 $v=8\mathrm{m/s}$ 时,f 取值在 0~2% 之间的翼型,可运行的叶尖速比范围在已计算范围内,为 1.25~5,弯度为 3% 的翼型可运行的叶尖速比范围为 1.25~4.762,弯度为 4% 的翼型可运行的叶尖速比范围为 1.25~4.5,弯度在 0%~2% 之间的翼型的叶尖速比运行范围较大,3% 和 4% 的翼型的叶尖速比运行范围较小。在 $v=4\mathrm{m/s}$ 和 $v=12\mathrm{m/s}$ 时,f 取值在 0%~2% 之间的翼型也有较大的可运行叶尖速比范围。所以,f 取值在 0%~2% 之间翼型的气动性能较好。

为了更好地研究不同弯度翼型气动性能的规律,取最高风能利用率为 C_{Pmax},获得 C_{Pmax} 时的叶尖速比为 λ_{opt},高于 $0.85\,C_{Pmax}$ 的叶尖速比范围为高效风能运行区 $\Delta\lambda$,对计算的结果进行分析,得到表 9-2。

表 9-2　计算结果

f	C_{Pmax}	λ_{opt}	$\lambda_{0.85 C_{Pmax}}$	$\Delta\lambda$
0%	0.42876	2.417	1.869~3.175	1.306
1%	0.42717	2.443	1.908~3.195	1.287
2%	0.41145	2.493	2.004~3.191	1.187
3%	0.28538	2.803	2.269~3.453	1.184
4%	0.22141	2.753	2.314~3.275	0.961

从表 9-2 中可以看出,f 取值在 0%~4% 之间的翼型,C_{Pmax} 分别为 0.42876、0.42717、0.41145、0.28538 和 0.22141,C_{Pmax} 随着翼型弯度的增加而降低。f 取值在 0%~2% 之间,C_{Pmax} 较高并且差距不大;f 取值在 2%~4% 之间,C_{Pmax} 较低。λ_{opt} 在 f 取值为 0%~3% 之间范围内随着弯度的增加而增加,$f>3\%$ 以后逐渐变小。不同弯度的翼型有着各自对应最高效的叶尖速比范围区间,可以根据不同的叶尖速比选择合适的翼型。$\Delta\lambda$ 随着弯度的增加而减少,f 取值在 0%~3% 之间,翼型的 $\Delta\lambda$ 为 1.184~1.306,高效风能运行区范围较大。综上所述,f 取值在 0%~2% 之间的翼型性能依然最好。

图 9-21 是风速为 4m/s、8m/s、12m/s,叶尖速比为 2.5 时,NACA0015 翼型 C_P 的变化,从图 9-21 中可以看出,C_P 随着风速的增加而增加,但是,不会影响 λ_{opt} 的值。

根据式(9-16)得到的 v 取值在 4m/s、8m/s、12m/s 时,P-n 曲线分别如图 9-22 至图 9-24 所示,其中风轮的转速 $n=\dfrac{\omega}{2\pi}=\dfrac{\lambda v}{2\pi r}$。如图 9-22 所示,当 λ 取值在 1.25~5 之间时,$v=4\mathrm{m/s}$ 的转速范围为 59.6831~238.7324r/min,功率 P 在 26W 以下;如图 9-23 所示,$v=8\mathrm{m/s}$ 的转速范围为 119.3662~477.4638r/min,功率 P 在 225W 以下;如图 9-24 所示,$v=12\mathrm{m/s}$ 的转速范围为 179.0493~716.1972r/min,功率 P 在 800W 以下。从图 9-22

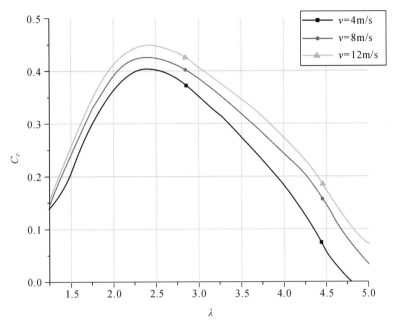

图 9-21 v 取值为 $4\mathrm{m/s}$、$8\mathrm{m/s}$、$12\mathrm{m/s}$ 时的 C_P-λ 曲线

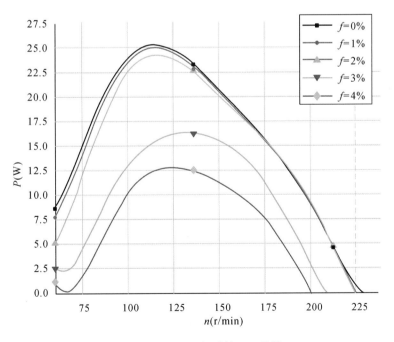

图 9-22 $v=4\mathrm{m/s}$ 时的 P-n 曲线

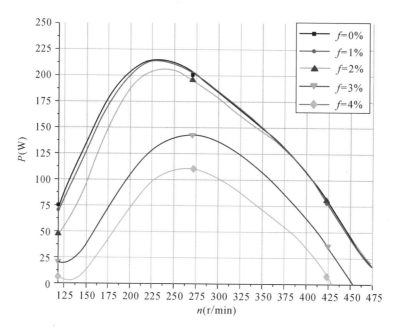

图 9-23 $v=8\text{m/s}$ 时的 $P\text{-}n$ 曲线

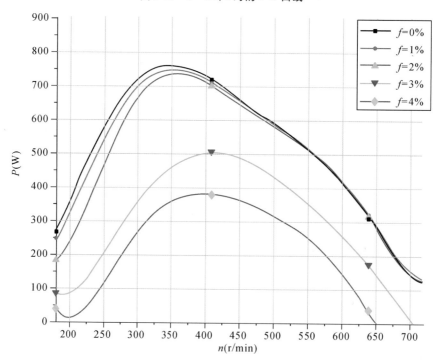

图 9-24 $v=12\text{m/s}$ 时的 $P\text{-}n$ 曲线

至图9-24可以看出，$P\text{-}n$ 曲线和 $C_P\text{-}\lambda$ 曲线变化趋势一致，在相同风速条件下，f 取值在 0％～2％之间的翼型的功率较高，$f>2$％的翼型的功率较低，f 取值在 0％～3％之间时，出现P_{max}时的转速n随着f的增大而增大,能产生较高功率的转速区间Δn随着f的增大而减小,在转速较高时,f取值在$0\%\sim2\%$之间的翼型产生的功率几乎相同。从式(9-21)也可以看出,相同风速条件下,功率P只和功率系数C_P呈线性关系。对比图9-22至图9-24可以发现,风速对垂直轴风力发电机的功率影响很大,功率随着风速的增加而大大增加,从式(9-21)可以得出,P和v^3成正比。

图9-25是根据计算结果作出的转矩系数随方位角变化的图,垂直轴风力机获得的转矩与转矩系数的关系由式(9-35)给出。

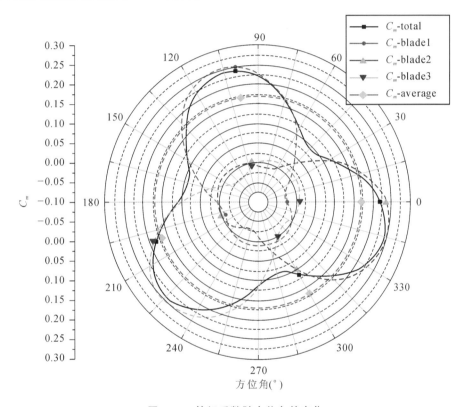

图9-25　转矩系数随方位角的变化

转矩和转矩系数成正比,转矩系数反映了风力机获得的转矩变化。黑色的实线为整个风轮在每个方位角的转矩系数,红色、蓝色和绿色的虚线显示了每个叶片的转矩系数随方位角的变化,三个叶片的转矩共同作用,带动风轮旋转,紫色的虚线为整个风轮的平均功率系数。

图9-26所示为风轮的单个叶片在风速为8m/s、叶尖速比为2.5时的转矩系数随着方位角的变化。对此进行分析,发现在方位角为$0°\sim180°$之间,转矩系数随着叶片弯度的增加而减小,转矩系数大于0的部分为垂直轴风力机提供正转矩,小于0的部分提供负转矩,提供正转矩的方位角区间随着弯度的增加而减小,在方位角为$180°\sim360°$之间,转矩系数随着弯度的增加而增加,提供正转矩的区间也增加,弯度的增加能提高翼型在顺

风区域中的功率系数。但是方位角为 $0°\sim180°$ 比方位角为 $180°\sim360°$ 提供的转矩大,综合两部分提供的转矩,f 取值为 $0\%\sim2\%$ 时翼型的气动性能较好。

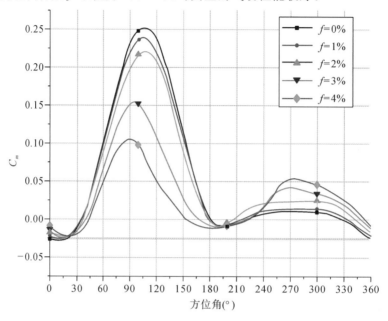

图 9-26　f 取值为 $0\%\sim4\%$ 时,每个叶片的 C_m-方位角曲线

9.4.2.2　压力和速度分布对比分析

在运行过程中,叶片周围的压力影响着垂直轴风力机的气动性能,叶片周围的速度分布能够反映流体的变化规律,研究叶片周围的压力和速度分布,有利于更好地研究不同弯度条件下垂直轴风力机的运行机理。叶片运行在方位角 $0°\sim180°$ 的范围称为逆风区域,叶片运行在方位角 $180°\sim360°$ 的范围称为顺风区域。在理想条件下,当叶片在逆风区域中操作时,内表面受到负压力(称为吸力表面),外表面受到正压力(称为压力表面)。在叶片两侧的压力差的作用下,风力涡轮机将旋转。当叶片在顺风区域中旋转时,内表面和外表面受到相反的压力,内表面是压力表面,外表面是吸力表面。

以 0% 的翼型代表弯度较低的翼型,4% 的翼型代表弯度较高的翼型,图 9-27 显示了在风速为 8m/s、叶尖速比为 2.5 时,弯度为 0% 和 4% 的单个叶片在一个周期内的压力变化,每 $40°$ 进行一次对比。从图 9-27 中可以看出,在一个周期内的两种不同弯度的叶片周围的压力差距很大,方位角在 $0°\sim160°$ 之间,两种翼型的正压力都是先减小后增大,负压力也是先减小后增大。但是,两种翼型压力变化的幅度不一样,弯度为 4% 的翼型在方位角位于 $80°\sim160°$ 之间,翼型前缘和中部出现了较为明显的压力漩涡,除此之外,压力表面和吸力表面压力差相差不大。相比之下,弯度为 0% 的翼型,在 $80°\sim160°$ 之间,压力表面和吸力表面的压力差相差较大,能够提供更高的转矩,气动性能更好;在 $200°\sim360°$ 之间,翼型表面的正压力和负压力都是先减小后增大再减小。在 $240°\sim360°$ 之间,弯度为 4% 的翼型在前缘出现了压力漩涡,而且弯度为 4% 的翼型比弯度为 0% 的翼型的压力表面和吸力表面的压力差大,能提供较高的转矩。所以,在 $240°\sim360°$ 之间,有弯度的翼型气动性能更好。综合整个周期,弯度较低的翼型能够提供更高的转矩,所以,气动性能更好。

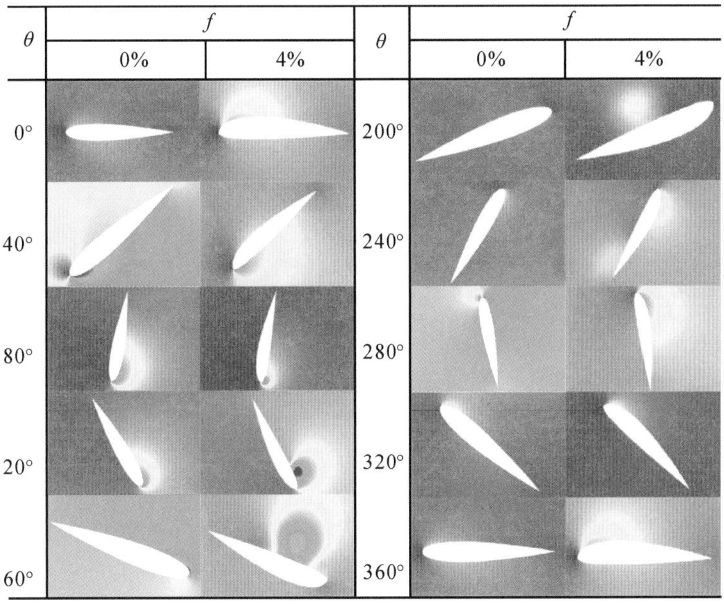

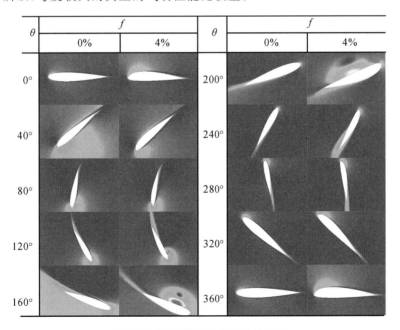

图 9-27　压力随方位角变化的对比

图 9-28 给出了在风速为 8m/s、叶尖速比为 2.5 时,弯度为 0％和 4％的单个叶片在一个周期内的速度变化。从图 9-28 中可以看出,大多数情况下,弯度为 4％比弯度为 0％的翼型在翼型前缘和尾缘的失速现象更为明显,尤其,在 120°～240°之间,出现了明显的失速漩涡,所以,弯度较大的翼型的气动性能比较差。

图 9-28　速度随方位角变化的对比

9.5　本章小结

本章以 NACA0015 翼型为原型,针对近海港口海上风电场及家庭居住区的现实环境,在叶素理论基础上,以弯度为参考变量设计了弯度在 $0\%\sim5\%$ 之间的翼型,研究了不同弯度的翼型对垂直轴风力机气动性能的影响,并解释了产生这种现象的原因。

研究发现,弯度对垂直轴风力发电机的气动性能有很大的影响。弯度的增加能够相对提高风机在顺风区的气动性能,不同叶尖速比时有各自最适宜的弯度的翼型。综合来看,f 取值在 $0\%\sim2\%$ 之间翼型的气动性能较好,$f>2\%$ 的翼型的气动性能较差。风能利用率 C_P 和功率 P 随着弯度的增加而降低,f 取值在 $0\%\sim2\%$ 之间翼型有较高的 C_P 和 P 值。f 取值在 $0\%\sim3\%$ 之间,获得最高风能利用率时的叶尖速比 λ_{opt} 随着弯度的增加而变大,在 $f>3\%$ 时,λ_{opt} 随着弯度的增加而减小。不同弯度的翼型有不同的高效运行叶尖速比区间,高效风能运行区 $\Delta\lambda$ 随着弯度的增加而减小,f 取值在 $0\%\sim2\%$ 之间翼型有较高的高效风能运行区。更高的风速会提高风能利用率 C_P 和功率 P 的值,但是,不会改变 λ_{opt} 的值。弯度较小的翼型有着更好的空气动力学性能,弯度会影响风轮在顺风区与逆风区获得的转矩,以及在不同方位角时翼型表面的压力场和速度场。有弯度的风轮在逆风区的压力差变小,获得的转矩随着弯度的增加而减小;在顺风区的压力差变大,获得的转矩随着弯度的增加而增加。逆风区获得的转矩比顺风区大,同时,有弯度的翼型在一些方位角时有着明显的失速现象。综合各因素考虑,f 取值在 $0\%\sim2\%$ 之间的翼型是 H型垂直轴风力机最为理想的选择。

参 考 文 献

[1]　TALUKDAR P K, SARDAR A, KULKARNI V, et al. Parametric analysis of model Savonius hydrokinetic turbines through experimental and computational investigations [J]. Energy Conversion & Management, 2018, 158:36-49.

[2]　BATTISTI L, PERSICO G, DOSSENA V, et al. Experimental benchmark data for H-shaped and troposkien VAWT architectures[J]. Renewable Energy, 2018, 125:425-444.

[3]　ROCCHIO B, DELUCA S, SALVETTI M V, et al. Development of a BEM-CFD tool for vertical axis wind turbines based on the actuator disk model [J]. Energy Procedia, 2018, 148:1010-1017.

[4]　GOUDE A, ROSSANDER M. Force measurements on a VAWT blade in parked conditions[J]. Energies, 2017, 10(12):1954.

[5]　OSTOS I, RUIZ I, GAJIC M, et al. A modified novel blade configuration proposal for a more

efficient VAWT using CFD tools[J]. Energy Conversion and Management,2019,180:733-746.

[6] ZHENG M,ZHANG X,ZHANG L,et al. Uniform test method optimum design for Drag-Type Modified Savonius VAWTs by CFD numerical simulation[J]. Arabian Journal for Science and Engineering,2018,43(9):4453-4461.

[7] FERROUDJI F,KHELIFI C,MEGUELLATI F,et al. Design and static structural analysis of a 2.5kW combined Darrieus-Savonius wind turbine [J]. International Journal of Engineering Research in Africa,2017,30:94-99.

[8] KUMAR V,PARASCHIVOIU M,PARASCHIVOIU I,et al. Low Reynolds number vertical axis wind turbine for mars[J]. Wind Engineering,2010,34(4):461-476.

[9] EBOIBI O,DANAO L A M,HOWELL R J. Experimental investigation of the influence of solidity on the performance and flow field aerodynamics of vertical axis wind turbines at low Reynolds numbers [J]. Renewable Energy,2016,92:474-483.

[10] MOHAMED M H,ALI A M,HAFIZ A A. CFD analysis for H-rotor Darrieus turbine as a low speed wind energy converter [J]. Engineering Science & Technology an International Journal, 2015,18(1):1-13.

[11] SHIH T H,LIOU W W,SHABBIR A,et al. A new k-ε eddy viscosity model for high Reynolds number turbulent flows [J]. Computers & Fluids,1995,24(3):227-238.

[12] LIU Q,MIAO W,LI C,et al. Effects of trailing-edge movable flap on aerodynamic performance and noise characteristics of VAWT[J]. Energy,2019,189:116271.

[13] ABDALRAHMAN G,MELEK W,LIEN F S. Pitch angle control for a small-scale Darrieus vertical axis wind turbine with straight blades (H-Type VAWT)[J]. Renewable Energy,2017, 114:1353-1362.

[14] DESSOKY A,BANGGA G,LUTZ T,et al. Aerodynamic and aeroacoustic performance assessment of H-rotor Darrieus VAWT equipped with wind-lens technology[J]. Energy,2019, 175:76-97.

[15] SHAHEED R,MOHAMMADIAN A,GILDEH H K. A comparison of standard k-ε and realizable k-ε turbulence models in curved and confluent channels[J]. Environmental Fluid Mechanics,2019, 19(2):543-568.

[16] LOSITAÑO I C M,DANAO L A M. Steady wind performance of a 5 kW three-bladed H-rotor Darrieus vertical axis wind turbine (VAWT) with cambered tubercle leading edge (TLE) blades [J]. Energy,2019,175:278-291.

[17] REZAEIHA A,KALKMAN I,MONTAZERI H,et al. Effect of the shaft on the aerodynamic performance of urban vertical axis wind turbines[J]. Energy Conversion & Management,2017, 149(C):616-630.

[18] PIPERAS A T. Investigation of boundary layer suction on a wind turbine airfoil using CFD[D]. Denmark:Technical University of Denmark,2010.

[19] CHEN C C,KUO C H. Effects of pitch angle and blade camber on flow characteristics and performance of small-size Darrieus VAWT[J]. Journal of Visualization,2013,16(1):65-74.

[20] Mohamed M H. Performance investigation of H-rotor Darrieus turbine with new airfoil shapes [J]. Energy,2012,47 (1):522-530.

[21] BAUSAS M D,DANAO L A M. The aerodynamics of a camber-bladed vertical axis wind turbine in unsteady wind[J]. Energy,2015,93:1155-1164.

[22] BERI H,YAO Y. Effect of camber airfoil on self starting of vertical axis wind turbine[J]. Journal of Environmental Science and Technology,2011,4(3):302-312.

10 J型垂直轴海上风力发电机的二维CFD仿真与参数化研究

本章用六种不同叶片对垂直轴海上风力发电机(VAWT)的空气动力学性能进行研究。提出一种J型叶片,并研究不同上缘距前缘距离下的转矩和风能捕获率的变化。本章研究优化了J型叶片的转矩系数和输出功率系数。为了优化涡轮机的整体性能,建立了垂直轴海上风机三维模型。通过二维定常流体动力学(CFD)模型,分析了不同叶片的动力学性能。考虑海上风机主轴动力学性能影响,在进行二维建模时把主轴加入模型。利用ANSYS Fluent软件,对剪切应力输运(SST)k-ε湍流模型进行了二维模拟。针对J型片的动力学性能分析,提出改进型的叶片。研究NACA0020叶片和J型叶片的不同叶尖速比(TSR),以及改进后的J型叶片风能捕获率(CP)的变化和转矩变化。结果表明J型叶片会相对于NACA0020叶片转矩和风能捕获率都会降低,改进的J型叶片虽然在叶尖速比大于2时风能捕获率会下降,但是,当叶尖速比小于2时,会获得较大的转矩和风能捕获率,能有效解决垂直轴海上风机(VAWT)启动转矩低的问题,提升小型垂直轴海上风机在低叶尖速比时的使用性能。

10.1 海上风机气动性能二维CFD仿真模型研究概述

在上一章中已经介绍过海上风力发电机可以分为两大类,即水平轴海上风力发电机(HAWT)和垂直轴海上风力发电机(VAWT),由于水平轴海上风机风能利用率高,现在大型海上风力发电多用水平轴海上风机。但是,随着微电网运用越来越广泛,垂直轴海上风机也重新被重视,具有启动风速低、结构简单、外形美观、安装方便、噪声较低的优点。可以在不同的风向下工作,而不需要使用复杂的偏航机制。与水平轴海上风机相比,对尾流效应不敏感。垂直轴海上风机又可分为萨沃纽斯阻力型(Savonius)和达里厄升力型(Darrieus)。Savonius转子是杯形或凹形叶片,它利用空气动力推动前进的叶片转动。Darrieus转子为ϕ或H型,利用叶片两边的压力差产生升力驱动主轴。其中,Savonius阻力型海上风机风能捕获率低,但是具有较好的启动转矩;Darrieus升力型海上风机风能捕获率较高,启动转矩差。

在海上风力机设计研究中,对海上风力机周围流场的分析方法有多种。基本方法分为计算空气动力学方法、计算流体动力学方法和实验测量方法三种[1]。在计算空气动力学中,多流管模型、双多流管模型和涡模型是研究人员最常用的三种方法。相比于实验方法,CFD模拟是一种经济实用的方法,模拟VAWT周围的流场。

近年来,随着计算机计算能力提升,三维仿真逐渐增多,能够考虑垂直轴海上风机上下涡流扰动,但是,会花费大量的计算资源,和二维仿真的计算结果相差不大。虽然三维仿真更准确地了解叶片形状,但是海上风机结构等对海上风机气动性能有影响。为了合理利用计算资源建立二维 CFD 仿真模型,对不同叶片的性能进行预测,Hoe W K 等人通过二维仿真结果来判断叶片的气动性能如何快速优化,采用 NACA0020 叶片,额定功率为 1kW 的垂直轴海上风机,分别分析六种不同叶片类型在不同叶尖速比情况下转矩和风能捕获率的变化。进而采用三维数值模拟的方法对 NACA0021 直叶垂直轴海上风力机的气动特性进行了分析。仿真结果表明,在优化参数的基础上,转矩循环平均系数较无偏转器时提高了约 47.10%[2]。Bai H L 对通道内海上风力机与开放空间海上风力机进行了综合比较。通过对长通道螺旋桨式水平轴海上风力机最大功率系数的修正,预测了 Savonius 型 VAWT 的最大功率系数[3]。Hosseini A 等人对由两叶改进型萨沃纽斯巴克型转子和三叶片达里厄转子组成的混合转子进行了建模分析,计算了转子系统的特征参数[4]。Wang S 等人采用二维数值对 NACA0012 不同时速情况下的叶片特性进行仿真研究[5]。Larsen J 等人讨论了动态失速和机翼在吸力侧的流动分离有关问题[6]。Castelli 和 Benini 等人对 NACA0021 和 NACA 0012 的 Darrieus 三叶片海上风机进行了完整的计算分析,此外,还提出了单叶片螺旋形 Darrieus 模型并通过实验验证[7-9]。Mohamed M H 等人研究了 25 个不同系列的不同截面翼型对 Darrieus 三叶型垂直轴海上风力机性能的数值分析,其中,CFD 模拟使用了非定常(瞬态)雷诺-平均-纳维-斯托克斯(URANS)计算来求解和分析风轮周围的流场[10]。Shira M Z 等人提出了一种评价城市屋顶风轮机性能和能量输出的新方法。该方法结合计算流体动力学(CFD)和与城市相关的气象数据,来评估在城市建筑屋顶上放置涡轮机的海上风能捕获[11]。Naseem A 等人从数值上研究了上游钝体存在时 VAWT 的性能,并研究旋涡脱落对 VAWT 性能的影响[12]。

综上所述,这些研究较少关注特征参数对海上风能捕获率的影响,虽然有 Savonius 和 Darrieus 混合型垂直轴海上风机启动转矩和风能捕获率的研究,但是由于混合型垂直轴海上风机安装困难,在高叶尖速比时 Savonius 会降低风能捕获率。在 NACA0020 叶片基础上提出的 J 型叶片以及优化后的 J 型叶片,采用单一垂直轴海上风机提升自启动能力,在低叶尖速比时能获得好的海上风能捕获率。

10.2 二维 CFD 仿真建模方法

10.2.1 物理模型

对三个叶片的 H 型达里厄升力型垂直轴海上风机(Darrieus VAWT)的计算流体动力学进行分析。McLaren[13] 所考虑的涡轮模型如图 10-1 所示,垂直轴海上风机高度和半径分别为 1.8m 和 0.9m,中心轴毂直径 160mm,叶片为 NACA0020 型,考虑支撑板影响较小,为了简化分析,忽略了支撑板。

图 10-1　达里厄升力型垂直轴海上风机三维 CAD 模型

对 NACA0020 C、NACA0020 0.05C、NACA0020 0.10C、NACA0020 0.15C、NACA0020 0.25C 和 NACA0020 0.15C new 六种不同的翼型的气动性能进行研究,如图 10-2 所示。以 NACA0020 0.15C 为例,0.15C 为叶片上缘距前缘的距离,其中,C 是叶片的弦长。NACA0020 0.15C new 是一个优化的 J 型翼型设计,其中,前缘与 NACA0020 0.15C 相同,下缘为水平切线,对优化后的翼型与传统的对称 NACA 型进行了性能比较。通过比较上缘距前缘距离和优化后的下缘,研究海上风能捕获率和转矩的影响。VAWT 详细情况如表 10-1 所示,利用 ANSYS Fluent 19.2 求解软件对不同叶尖速比(TSR)参数进行研究。

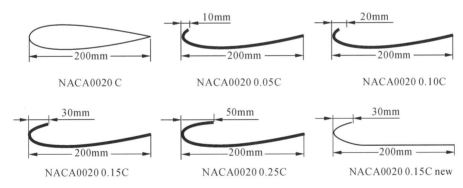

图 10-2　六种不同垂直轴海上风机叶片

表 10-1　垂直轴海上风机详细参数

叶片参数	NACA0020
弦长	0.2m
转子正向面积	3.24m²
转子直径	1.8m
中心轮毂直径	0.16m
额定功率	1kW

续表 10-1

叶片数	3
辐条叶片连接	0.25C
启动风速	3m/s
叶片材料	铝合金

10.2.2　湍流模型

在 ANSYS Fluent 19.2 中进行了二维瞬态模拟,用有限体积法求解了非定常平均雷诺数斯托克斯(RANS)方程,这类方法典型的模型为 k-ε 和 k-Ω 模型。这两个模型都是将湍流问题转化为两个附加输送方程求解,并引入涡流黏度计算雷诺应力。k-ε 求解两个运输方程,利用涡黏方法模拟雷诺应力。k-Ω 模型计算结果对自由流动敏感,k-Ω 模型一般选用与 k-ε 结合的 BSL 和 SST k-Ω 模型。本章采用 k-ε 模型主要考虑和实际贴合,能得到较好的仿真结果。采用 Realizable k-ε 湍流模型,同时,使用增强壁面处理(enhance wall treatment)减少流动分离情况。

选择求解模型。控制方程的空间离散化,采用二阶迎风格式对动量、湍流动能和湍流耗散比率进行离散化。该算法利用速度和压力修正之间的关系来实现质量守恒,从而得到压力场。通常,分离方法在每次迭代中速度更快,而耦合算法通常需要更少的迭代来收敛。因此,耦合求解器通常被推荐用于稳态仿真。由于是瞬态仿真,而且是小时间步长,所以采用(SIMPLE)分离算法。

10.2.3　计算域和网格生成

计算域为长方形通道,上下对称。如图 10-3 所示,长方形通道长和宽分别为 12.5d 和 5d,旋转中心距离速度入口 5d,由于采用滑移网格,计算域分为旋转域和静止域,其中 d 为风轮直径,为 1.8m,旋转域直径为 2d。NACA0020 C 叶片旋转域为四边形结构网格,J 型叶片结构网格划分采用四边形和三角形混合的非结构网格,静止域为四边形结构网格。叶片的边界层网格,第一层网格高度为 0.2×10^{-4} m,递增比为 1.3。

其中,风速恒定为 9m/s,叶尖速比(TSR)分别为 1、1.5、2.0、2.5、2.7、3、3.5 情况下,转子随叶尖速比变化。基于入口速度和翼型弦长的雷诺数为 6.17×10^5,入口边界条件为速度入口(velocity inlet),出口边界条件为压力出口(pressure outlet),3% 的湍流强度(turbulence intensity)和湍流黏度比率(turbulence viscosity ratio)为 10。这是 Realizable k-ε 模型的典型配置。在固体壁面上,利用 Wilcox 的壁面边界条件来确定耗散率[14]。

用压力方程求解瞬态非定常平均雷诺纳维斯托克斯方程,压力-速度耦合采用 simple(压力关联方程的半隐式方法)算法求解 Navier-Stokes 方程。在模拟中,空气作为默认属性设置的流体,密度为 1.225kg/m³,黏度为 1.79×10^{-6} Pa·s,所有参数的收敛准则选择为 1×10^{-6}。利用 ANSYS Fluent 软件对 VAWT 整体转矩的监测,计算转矩,当下一周期转矩相比上一周期转矩误差小于 2% 时即为收敛。

滑移网格是一种模拟垂直轴海上风机(VAWT)流场的典型方法,其中,静止域和

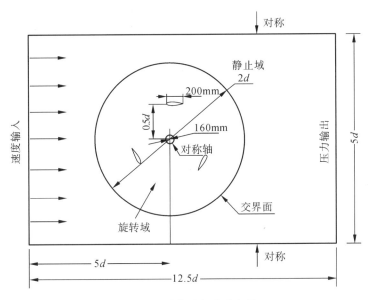

图 10-3　计算域与边界条件

VAWT 转子域共用边界作为交界面,以保证单元之间的质量和动量交换[15]。利用
ANSYS 中的 ICEM 软件划分网格,其中,静止域为四边形结构网格,NACA0020 C 旋转
域也为结构网格,NACA0020 0.15C 和 NACA0020 0.15C new 旋转域为非结构网格,有
效简化网格划分,如图 10-4 所示。

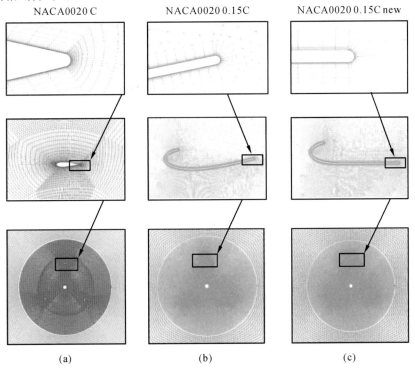

图 10-4　三种不同叶片计算网格

10.3　风能动量理论及主要性能参数

由动量方程得到作用在风轮上的轴向力：

$$F = m(v_1 - v_2) = \rho s(v_1 - v_2) = s(p_a - p_b) \tag{10-1}$$

有伯努力方程：

$$\frac{1}{2}\rho v_1^2 + p_1 = \frac{1}{2}\rho v^2 + p_a \tag{10-2}$$

$$\frac{1}{2}\rho v_2^2 + p_2 = \frac{1}{2}\rho v^2 + p_b \tag{10-3}$$

假设海上风机远方气流静压和大气压相等：

$$p_1 = p_2 \tag{10-4}$$

$$p_a - p_b = \frac{1}{2}\rho(v_1^2 - v_2^2) \tag{10-5}$$

$$F = s(p_a - p_b) \tag{10-6}$$

$$v = \frac{v_1 + v_2}{2} \tag{10-7}$$

求得：

$$F = m(v_1 - v_2) = \rho s(v_1 - v_2) \tag{10-8}$$

这表明流过风轮的速度是流入风速和流出风速的平均值，根据能量方程(10-9)：

$$p = \frac{1}{2}m(v_1^2 - v_2^2) = \frac{1}{2}\rho s v(v_1^2 - v_2^2) \tag{10-9}$$

结合方程(10-10)：

$$\frac{\mathrm{d}p}{\mathrm{d}v_2} = \frac{1}{4}\rho s v(v_1^2 - 2v_1 v_2 - 3v_2^2) = 0 \tag{10-10}$$

可得 $v_2 = -v_1$ 和 $v_2 = \frac{1}{3}v_1$，其中，$v_2 = -v_1$ 没有意义，所以，当 $v_2 = \frac{1}{3}v_1$ 时：

$$p_{max} = \frac{8}{27}\rho s v_1^3 \tag{10-11}$$

定义风能功率系数，又称为风能捕获率：

$$C_{p max} = \frac{p_{max}}{\frac{1}{2}\rho s v_1^3} = \frac{16}{27} \approx 0.593 \tag{10-12}$$

海上风机叶尖速比(TSR)为非单位参数，用 λ 表示，定义叶尖处速度与自由流风速之比为 λ[16]。其中 v_∞ 为风速，R 为转子半径，ω 为角速度。

如图 10-5 所示，和水平轴海上风机不同，单个叶片的转矩和风能捕获率随方位角(θ)周期而变化[17]。W_t 和 W_n 分别为相对风速切向分量和法向分量，产生的力在相对风速方向分为阻力 F_D 和 F_L，t 为海上风机运动时间。利用图 10-5 可以计算：

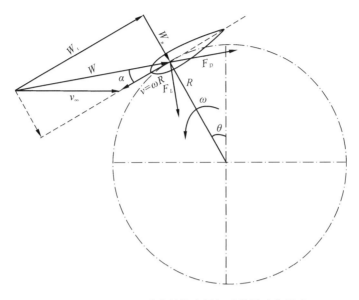

图 10-5　Darrieus 垂直轴海上风机叶片风速和受力

$$\theta = \omega t \tag{10-13}$$

$$\lambda = \frac{v}{v_\infty} = \frac{\omega R}{v_\infty} \tag{10-14}$$

由风速和叶片运动速动可以得到相对速度和攻角：

$$W = \sqrt{(v_\infty \cos\theta + v)^2 + (v_\infty \sin\theta)^2} = v_\infty \sqrt{(\cos\theta + \lambda)^2 + \sin^2\theta} \tag{10-15}$$

$$\varphi = \arctan\left(\frac{\sin\theta}{\cos\theta + \lambda}\right) - \beta \tag{10-16}$$

其中，β 为桨距角，由于没有采用变桨距，所以 $\beta = 0$。

根据茹科夫斯基定理，阻力和升力分别为：

$$F_D = \frac{1}{2}\rho ch C_D W^2 \tag{10-17}$$

$$F_L = \frac{1}{2}\rho ch C_L W^2 \tag{10-18}$$

其中，ρ 为空气密度（为 1.225kg/m^3），c 为叶片弦长，h 为叶片高度。升力和阻力沿叶片运动方向可分解为式(10-19)：

$$T = (F_L \sin\varphi - F_D \cos\varphi)R = 1/2\rho ch R(C_L \sin\varphi - C_D \cos\varphi)W^2 \tag{10-19}$$

垂直轴海上风机有两个重要的性能指标：转矩系数(C_m)和风能捕获系数(C_p)。定义如下式子：

$$C_m = \frac{T}{1/2\rho AR v_\infty^2} \tag{10-20}$$

$$C_p = \frac{P}{1/2\rho A v_\infty^3} = \frac{T\omega}{1/2\rho A v_\infty^3} = \lambda C_m \tag{10-21}$$

$$P = \frac{1}{2} C_p \rho A v_\infty^3 \tag{10-22}$$

A 为海上风机扫风面积，采用 2D 模型，在 ANSYS Fluent 19.2 中的计算结果和参考值相关：

$$C_m = \frac{T}{1/2 \rho A L v_\infty^2} \tag{10-23}$$

其中 L 为特征长度，A 为风轮扫风面积。L 取叶片旋转直径 1.8m。

10.3.1 转矩与风能捕获率结果及讨论

图 10-6 为叶片 NACA0020 C 在叶尖速比为 $\lambda = 2.7$ 时计算得到的转矩曲线。从转矩曲线可以看出，转矩曲线在开始的那段时间流体流动不充分，处于波动状态，不存在规律性。当海上风机开始稳定运行之后，风轮的转矩系数变化曲线是具有周期性的。计算结果通常是选取稳定后的一个周期内的转矩变化曲线来分析转矩特性。计算得到相关周期的转矩的平均值之后，就可以计算得到在该工况下垂直轴海上风机的风能利用系数。

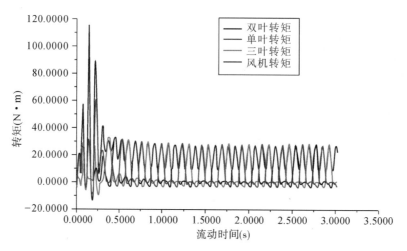

图 10-6 $\lambda = 2.7$ **NACA0020 C**

图 10-7 为 NACA0020 0.15C new 叶片在叶尖速比 $\lambda = 1.0$ 时整个仿真过程转矩图。其中包括三个叶片各自的转矩变化曲线和整个海上风机的转矩变化曲线。可以看出 NACA0020 0.15C new 叶片风轮转矩波动较大，单个叶片的最大转矩在 $\lambda = 1.0$ 时达到 27N/m 左右，同时，低转矩时会产生负转矩。

从图 10-8 中，可以看到传统 NACA0020 C 叶片在 $\lambda = 2.3$ 时取得最大风能捕获率 C_p，随着叶尖速比逐渐增大，C_p 逐渐下降，但是下降幅度较低。对比 J 型叶片，可以看出 NACA0020 0.05C 的 C_p 曲线在四种叶片中较差，NACA0020 0.15C 叶片在 J 型叶片中有相对较好的 C_p 曲线。J 型叶片和传统 NACA0020 C 叶片对比，$\lambda = 2.2$ 以前 C_p 都随叶尖速比增加而增加，但是，当 $\lambda > 2.2$ 以后 J 型叶片的 C_p 会快速下降，而传统 NACA0020

C叶片 C_p 在 λ 位于 2.5～3.5 之间时只下降了 0.05。改进的 J 型叶片 NACA0020 0.15C new 在 λ 位于 1.0～1.75 之间时 C_p 会逐渐上升并且高于其他叶片。考虑垂直轴海上风机用于风光电储微电网的工作状态时 λ 处于比较低的状态,改进的 J 型叶片在低叶尖速比时获得较好的 C_p。

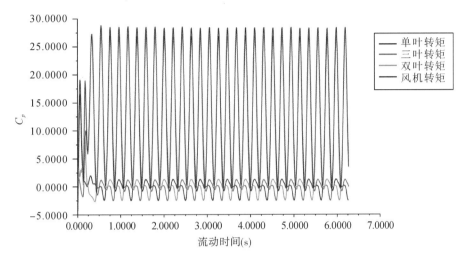

图 10-7　$\lambda=1.0$ **NACA0020 0.15C new**

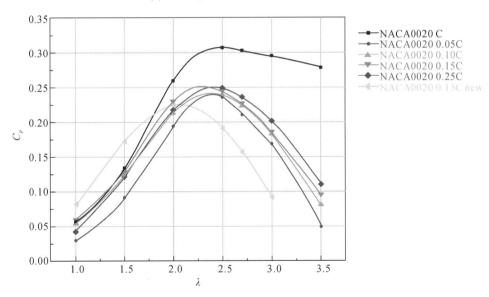

图 10-8　风能捕获率随叶尖速比变化

从图 10-9 中可以看出传统 NACA0020 C 叶片在叶尖速比 $\lambda=2.25$ 时达到最大转矩,当叶尖速比 $\lambda>2.25$ 时平均转矩会逐渐下降。提出的 J 型叶片在 TSR 位于1.0～2.0之间时平均转矩快速增加,$\lambda>2.0$ 时平均转矩会出现下降。改进 J 型叶片在 λ 位于 1.0～1.75之间时平均转矩快速增加,$\lambda>1.75$ 时平均转矩快速下降。在低叶尖速比时改进 J 型叶片具有较高的平均转矩。

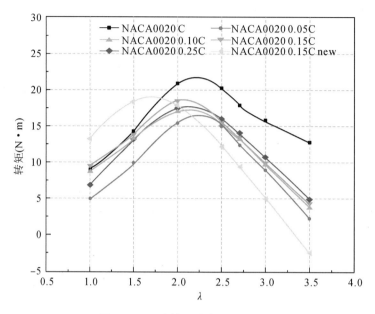

图 10-9　平均转矩随叶尖速比变化

图 10-10 和图 10-11 分别为叶尖速比为 2.7 和 1.0 时一个稳定周期内海上风机转矩变化图。从图 10-10 中,λ＝2.7 中,可以看出 NACA0020 C 叶片转矩曲线稳定周期性变化,转矩变化幅度较小,对比提出的四种 J 型叶片,可以看出叶片上缘弦长的增加转矩逐渐接近 NACA0020 C 叶片,改进 J 型 NACA0020 0.15C new 叶片转矩曲线稳定周期性

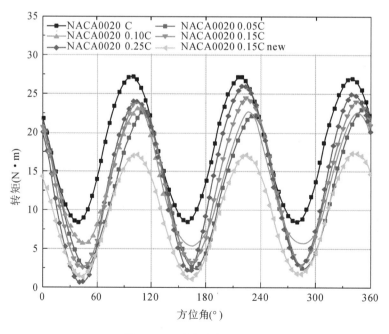

图 10-10　叶尖速比 λ＝2.7

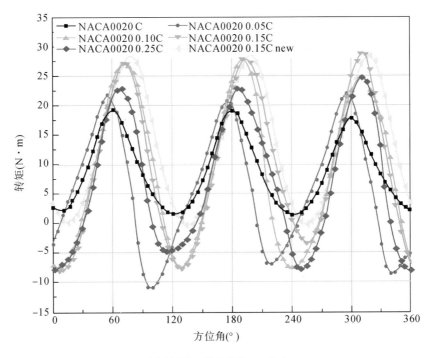

图 10-11　叶尖速比 $\lambda=1.0$

变化,但相比其他五种叶片转矩较低。$\lambda=1.0$ 只有 NACA0020 C、NACA0020 0.15C、
NACA0020 0.15C new 具有稳定的转矩变化曲线。其中,NACA0020 0.15C new 和
NACA0020 0.15C 最大转矩几乎相同,改进 J 型叶片相比于 NACA0020 0.15C 叶片具有
更高的最低转矩。其他四种 J 型叶片转矩曲线有误差,不稳定。其中,NACA0020
0.10C、NACA0020 0.15C、NACA0020 0.25C、NACA0020 0.15C new 叶片最大转矩
后移。

　　为了定量地研究垂直轴海上风机运行所获取的转矩值的大小,以及气动转矩随着风
轮转动角度的变化情况,图 10-12 和图 10-13 给出了垂直轴海上风机处于叶尖速比 $\lambda=2.7$
和 $\lambda=1.0$ 工况时,计算所得叶片的转矩变化情况。$\lambda=2.7$ 时叶片方位角 0°~180°先上升再
下降,其中,J 型叶片具有较大的最大转矩,改进的 J 型叶片和 NACA0020 C 叶片在 0°~180°
时具有相似的转矩曲线。在方位角 180°~360° NACA0020 C 转矩在 0 上下浮动,J 型叶片
会产生较大的负转矩。在图 10-13 中,$\lambda=1.0$,在方位角 0°~120°转矩先升后降,与 $\lambda=2.7$
相比,转矩上升下降区间缩窄。相比于传统的 NACA0020 C,J 型叶片获得较大的最大转
矩,并且,最大转矩会后移,J 型叶片会在 120°左右产生较大的负转矩。改进的 J 型叶片
在方位角 0°~150°转矩先升后降,在 0°~90°上升阶段,相比于其他几种叶片具有较好的
转矩曲线。改进 J 型叶片和 NACA0020 C 叶片在 150°~360°具有相似的转矩曲线,在 0
上下浮动。改进的 J 型叶片在叶尖速比 $\lambda=1.0$ 时,有较好的转矩曲线。

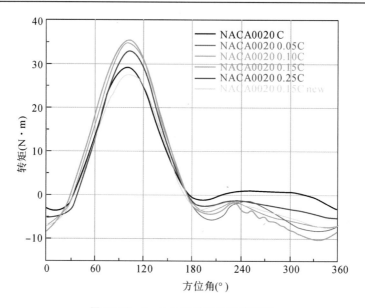

图 10-12　λ＝2.7 时单叶片转矩变化

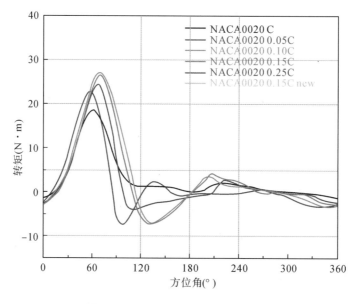

图 10-13　λ＝1.0 时单叶片转矩变化

10.3.2　转矩系数

图 10-14 至图 10-17 显示了 H 型 Darrieus 垂直轴海上风机在不同叶尖速比和不同的叶片形状时的转矩系数变化,包括三个叶片转矩系数随方位角变化和整个海上风机的转矩系数变化,以及整个海上风机的平均转矩系数变化。海上风力发电机的三个叶片最大转矩方位角相差 120°,呈现明显的周期性变化。叶片的转矩系数可以分为两部分组成,其中,一部分转矩系数先增长后下降,另一部分转矩系数在 0 上下波动。对六种不同

叶片进行比较,第一部分转矩系数会有上下浮动,第二部分会有较大差别。传统NACA0020 C叶片第二部分几乎为零,本章提出的J型叶片由于尾缘形状在逆风时产生较大阻力,所以,第二部分会产生较大的负转矩系数。

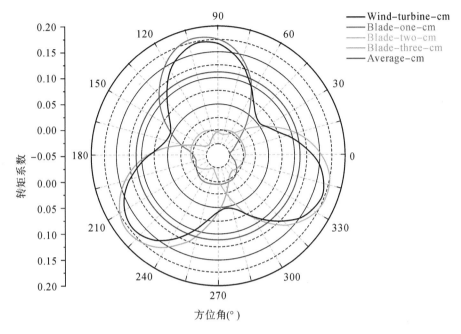

图 10-14　NACA0020 C λ＝2.7

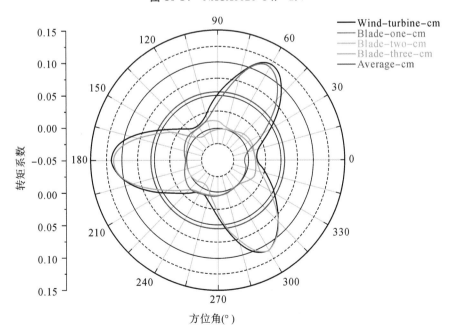

图 10-15　NACA0020 C λ＝1.0

　　图 10-14、图 10-15 为 NACA0020 C 叶片在 λ 为 2.7 和 1.0 时转矩系数变化曲线。当 λ＝2.7 时平均转矩系数为 0.1 左右，而 λ＝1.0 时平均转矩系数为 0.075 左右，并且 λ＝2.7 时各叶片获得正转矩系数转角范围大于 λ＝1.0 时的转角范围。同时，不同的叶尖速比会造成攻角不同的转矩系数的最大值方位角发生变化。

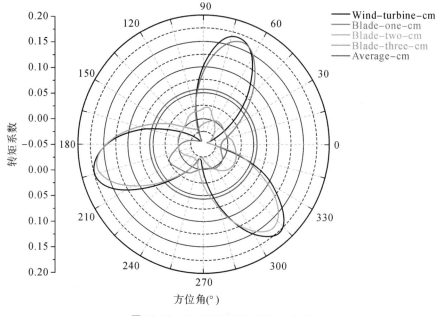

图 10-16　NACA0020 0.15C λ＝1.0

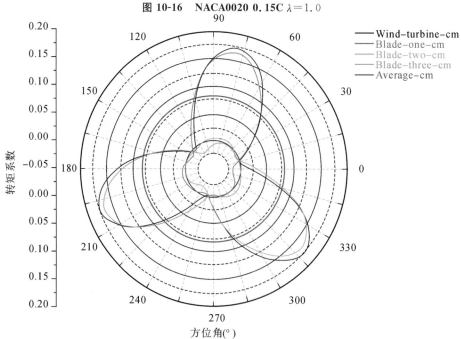

图 10-17　NACA0020 0.15C new λ＝1.0

同时,图 10-15 至图 10-17 为 NACA0020 C、NACA0020 0.15C、NACA0020 0.15C new 三种叶片在 $\lambda = 1.0$ 时的叶片转矩系数。在 $\lambda = 1.0$ 时三种不同的叶片中 NACA0020 0.15C new 叶片具有较好的平均转矩系数曲线,不同叶片产生最大转矩的方位角位置也不同。NACA0020 0.15C 和 NACA0020 0.15C new 在 $\lambda = 1.0$ 时获得的最大转矩系数高于 NACA0020 C 叶片的最大转矩系数。

10.3.3 速度云图和压力云图

图 10-18 至图 10-20 给出了三种不同的叶片类型在 $\lambda = 2.7$ 和方位角为 30°时的速度云图。垂直轴海上风机附近的流场变化复杂,尾流穿过风轮时在风轮下游方向一定范围内形成一个风速较低的流场区域。该区域内的风能明显得到减弱。海上风力明显得到减弱的区域证明了风流过海上风机后一部分风能已经被海上风机叶片所获取,称这一区域为尾流影响区域。海上风机在运行期间在叶片周围产生漩涡直至逐渐消失。在垂直轴海上风机的尾流中 NACA0020 0.15C 尾流影响最为严重,NACA0020 0.15C new 叶片尾流风速下降较低。J 型叶片在 J 型内侧面流速明显大于传统 NACA0020 C 叶片,同时 J 型叶片相比于传统 NACA0020 C 外侧有较大的低速区。随着方位角增加,由于该区域内的风速急剧减小,相应的作用在海上风机叶片上面的阻力也会较低。J 型叶片能够增大风能捕获,修正 J 型叶片尾缘阻力会减少。垂直轴海上风机的转轴为圆柱绕流,叶片旋转过程会对流速产生影响。

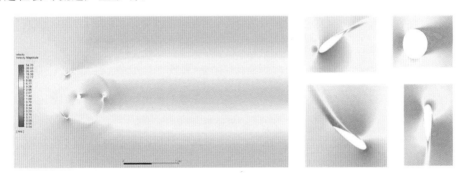

图 10-18 NACA0020 C $\lambda = 2.7$ 速度云图

图 10-19 和图 10-20 为 J 型叶片以及改进后的 J 型叶片当叶尖速比为 2.7 时的速度云图,由于海上风机叶尖速大于风速,所以在 J 型叶片内部形成高速气流区,相较于传统 NACA0020 C 叶片不同。同时 J 型叶片因为开放型尾流效应,形成的高速气流比传统 NACA0020 C 叶片更明显,风速经过海上风机后下降明显,而改进的 J 型叶片尾缘形状改变后尾流效应降低。

图 10-21 至图 10-23 给出了三种不同的叶片类型在 $\lambda = 2.7$ 和方位角为 30°时的压力云图。内表面的风速不同于外表面的风速,风轮不断地旋转下去,叶片的内表面和外表面将会周期性地出现高风速区域和低风速区域。叶片内外表面由于流体速度的不同而

压强不同,将会产生在叶片上面的升力作用,进而不断推动叶片的旋转运动,这是升力型海上风机的运行原理。由于垂直轴海上风机主轴只做转动,风速产生的压强比较低。

图 10-19　NACA0020 0.15C λ＝2.7 速度云图

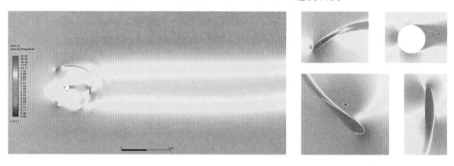

图 10-20　NACA0020 0.15C new λ＝2.7 速度云图

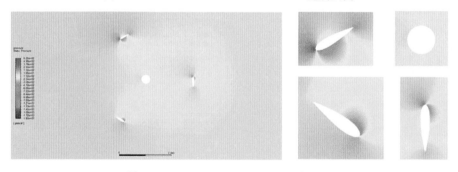

图 10-21　NACA0020 C λ＝2.7 压力云图

图 10-22　NACA0020 0.15C λ＝2.7 压力云图

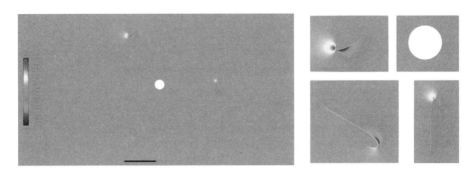

图 10-23 NACA0020 0.15C new λ＝2.7 压力云图

J 型叶片会在尾缘产生压差是 J 型叶片在方位角 180°～360°产生负转矩的主要原因。修正后的 J 型叶片尾缘处内外基本没有压差,特别是在低叶尖速比时能获得较好的转矩特性曲线。J 型叶片内部为半封闭式,压强基本没有变化,压强主要变化在 J 型叶片的外侧。改进 J 型叶片能较好地提升海上风力涡轮机的空气动力学特性,同时又能使 J 型叶片在低叶尖速比时获得较大的启动转矩。

10.4 本章小结

本章主要研究内容是提高 H 型 Darrieus 垂直轴海上风机的性能,包括风能捕获率和转矩变化以及工作范围。对采用六种不同翼型的三叶片 H 型转子进行了数值分析。对不同的叶尖速比采用瞬态 RANS 计算方法进行了全面的模拟研究。分析了不同的叶片类型对转矩和风能捕获率的影响。此外,对叶片性能进行比较,其中,使用 NACA 0020 翼型作为对比来验证目前的模型。得到了功率系数和转矩系数与叶尖速比的关系,从而对提出的 J 型叶片进行验证,最后,提出改进的 J 型叶片。为了获得垂直轴海上风机风能捕获率,研究了六个不同截面翼型的 H 型 Darrieus 垂直轴海上风机在不同的叶尖速比下的性能。其中,改进的 J 型叶片在低叶尖速比下具有较高的启动转矩和风能捕获率。此外,还研究了反映垂直轴海上风机自启动能力的静转矩系数。改进的 J 型叶尖有比标准设计更好的自启动能力。在风能储量不丰富的海域,考虑到垂直轴海上风机的工作状态大都处于低叶尖速比状态下,J 型优化设计对于风能的转化,尤其是在内河港口及沿海港口区域,具有很大的应用前景。

参 考 文 献

[1] JIN X,ZHAO G Y,GAO K J,et al. Darrieus vertical axis wind turbine:basic research methods[J]. Renewable and Sustainable Energy Reviews,2015(42):212-225.

[2] HOE W K,TONG C W,CHEW P S,et al. 3D CFD simulation and parametric study of a flat plate deflector for vertical axis wind turbine[J]. Renewable Energy,2018,129(Part. a):32-55.

［3］ BAI H L. A numerical study on the performance of a Savonius-type vertical-axis wind turbine in a confined long channel［J］. Renewable Energy,2019,139:102-109.

［4］ HOSSEINI A,GOUDARZI N . Design and CFD study of a hybrid vertical-axis wind turbine by employing a combined Bach-type and H-Darrieus rotor systems［J］. Energy Conversion and Management,2019,189:49-59.

［5］ WANG S,INGHAM D B,LIN M,et al . Numerical investigations on dynamic stall of low reynolds number flow around oscillating airfoils［J］. Computers & Fluids,2010,39(9):1529-1541.

［6］ LARSEN J,NIELSEN S,KRENK S. Dynamic stall model for wind turbine airfoils［J］. Jour Fluids Struct,2007,23(7):959-982.

［7］ CASTELLI M R,BENINI E. Effect of blade inclination angle on a Darrieus wind turbine［J］. Jour Turbomach,2011(10):133.

［8］ CASTELLI M R,PAVESI G,BENINI E,et al. Modeling strategy and numerical validation for a Darrieus vertical axis micro-wind turbine［C］//Proceedings of the ASME 2010 International Mechanical Engineering Congress & Exposition,November 12-18 2010,Vancouver,British Columbia,IMECE,2010:39548.

［9］ CASTELLI M R,BENINI E. Effect of blade thickness on Darrieus vertical-axis wind turbine performance［C］//CSSIM,2nd International Conference on Computer Modelling and Simulation,2011:5-7.

［10］ MOHAMED M H A,DESSOKY A,ALQURASHI F. Blade shape effect on the behavior of the H-rotor Darrieus wind turbine:Performance investigation and force analysis［J］. Energy,2019,179:1217-1234.

［11］ SHIRAZ M Z,DILIMULATI A,PARASCHIVOIU M . Wind power potential assessment of roof mounted wind turbines in cities—Science Direct［J］. Sustainable Cities and Society,2020,53:101905.

［12］ NASEEM A,UDDIN E,ALI Z,et al. Effect of vortices on power output of vertical axis wind turbine (VAWT)［J］. Sustainable Energy Technologies and Assessments,2020,37:100586.

［13］ MCLAREN K W. A numerical and experimental study of unsteady loading of high solidity vertical axis wind turbines［D］. McMaster University,2011.

［14］ WILCOX D C. Turbulence modelling for CFD［P］. DCW Industries Inc.,La Canada,CA91011,USA,2006.

［15］ TRIVELLATO F,RACITI C M. On the courante friedrichse lewy criterion of rotating grids in 2D vertical-axis wind turbine analysis［J］. Renewable Energy,2014,62:53-62.

［16］ HAMADA K,SMITH T,DURRANI N,et al. Unsteady flow simulation and dynamic stall around vertical axis wind turbine blades［C］//46th AIAA Aerospace Sciences Meeting and Exhibit. 2008.

［17］ MARSH P,RANMUTHUGALA D,PENESIS I,et al. The influence of turbulence model and two and three-dimensional domain selection on the simulated performance characteristics of vertical axis tidal turbines［J］. Renewable Energy,2017,105:106-116.

11 海上垂直轴风力发电机叶片尾缘的优化

本章研究海上垂直轴风力发电机叶片尾缘结构的不同参数。首先,对翼型的厚度进行改型,通过参数化的方法,将翼型厚度控制,得出一系列新的成果。其次,在 NACA0021 翼型尾缘加装襟翼,分别在翼型的尾缘加装不同长度的襟翼,得出不同动力学特性。最后,将翼型进行弯度的优化,对翼型弯度进行改型。对改型后的翼型重新建立仿真模型,分析海上垂直轴风机性能的变化特性。通过对叶片结构的优化和分析,本章得出了风机叶片翼型的厚度、尾缘襟翼和弯度的最佳参数。叶片结构的优化使叶片周围的流场发生变化,使海上垂直轴风机的最大风能捕获率和自启动能力有了显著的提升。

11.1 海上风电及风电制氢介绍

在前面章节我们重点介绍了垂直轴风力发电机 VAWT(vertical axis wind turbine)的控制理论和方法,而水平轴风机 HAWT(horizontal axis wind turbine)因为功率大,技术更全面,此前学者对水平轴风力发电机研究较多,是目前风电场运用的主流机型[1]。水平轴风机因为转动轴与地面平行,是水平方向而得名。风电制氢将风力发出的电直接通过水电解制氢设备转化为氢气,通过电解水产生便于长期存储的氢气[2]。风电制氢有望加速海上风电进一步降低成本,进入平价上网时代。图 11-1 为利用水平轴风机进行制氢的示意图。

与风电场常用的水平轴风机相比,垂直轴风机有着其特有的优点,有很大的研究意义[3]。

(1)风从各个方向吹向单个垂直轴风机时,效果是一样的,因此,垂直轴风机不需要偏航系统。

(2)垂直轴风机的结构简单、占用的体积较小、安装方便、维修简单,更容易实现对风机的控制。

(3)垂直轴风机使用的部件较少,内部的结构简单,在运行过程中出现故障的概率比水平轴风机小得多,使用寿命长。

(4)垂直轴风机产生的噪声较小。

垂直轴风机根据其获取风能的性质分为两类:升力型风机和阻力型风机。升力型风机在启动时获得的转矩较低,没有很好的自启动能力,但叶尖速比可以很高[4]。在相同

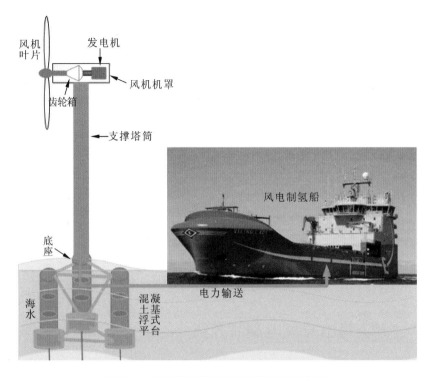

图 11-1　水平轴风电机组及风电制氢示意图

制造成本和风机重量下,有较高的功率输出[5]。阻力型风机主要为 Savonius 型垂直轴风机。和 Darrieus 型垂直轴风机相比,Savonius 型的风机的启动风速和启动转速可以很小。但是,由于其风轮结构的特性,Savonius 型风机的最大风能利用率偏低,一般低于25%,不能用于大型的风力发电。本章模拟计算所用的 H 型风机是 Darrieus 型漂浮式海上风力发电机,如图 11-2 所示。

图 11-2　Darrieus 型海上风力发电机[6]

随着垂直轴风机的研究越来越多,许多学者也致力于提升 VAWT 性能。现在来看,主要有两个方向:一种是通过优化垂直轴风机的结构提升风力机的气动性能;另一种是通过先进的算法等,使垂直轴风机得到更好的控制。垂直轴风机的叶尖速比、叶片数量、叶片弦长、风轮高径比、叶片的形状等,都会影响叶片在旋转时的受力情况,进而影响垂直轴风机获取转矩的性能,许多学者也对此进行了研究。Ferroudji F 等人设计了自适应的阻升转换组合型风机,并且对它们进行了气动性能方面的仿真模拟[7]。Zamani M 等人通过实验和对三维模型的分析,验证了 J 型叶片的垂直轴风机的优劣性[8]。Goude A 等人研究了在停机状态时垂直轴风机上叶片的受力情况[9]。Lositaño I C M 等人研究了翼型结节前缘对风机性能的影响,发现结节前缘会降低风机性能,并分析了产生这种情况的原因[10]。Rezaeiha A 等人通过实验分析了中心轴对垂直轴风机的影响,发现中心轴对垂直轴风机影响不大[11]。Liu Q 等人在翼型尾缘加装了 Gurney 襟翼,发现加装襟翼后风力机的性能得到了有效的改善[12]。Ostos I 和 Zheng M 等人通过对 Savonius 型风机的叶片进行优化设计,提高风机的性能[13,14]。一些学者设计了一些特殊的叶片,例如伸缩式的叶片来改善风力机的性能[15]。一些导流结构的运用将进一步提高风机的性能,Dessoky A 等人研究了加装风透镜后,H 型垂直轴风力机的性能的变化[16]。此外,根据研究水平轴风机的启发,一些学者发现运用变桨技术,也可以提升垂直轴风机运行时的有效升力,同时极大地减小阻力作用。Abdalrahman G 等人通过先进的控制算法——神经网络算法控制垂直轴风力机的桨距角,使垂直轴风机在不同方位角时,都具有合适的桨距角[17]。

叶片尾缘的结构能影响风在流经叶片前后的风速和流向,对垂直轴风力发电机获取风电影响很大。但是,学者对叶片尾缘的研究不够细致,对不同尾缘长度和角度的研究不够。本章基于原始的 NACA0021 翼型,对叶片结构的不同参数进行改型。首先,对翼型的厚度进行改型,通过参数化的方法,将翼型厚度变为原始翼型的 110%、105%、95%、90%、85% 和 80%。其次,在 NACA0021 翼型尾缘加装襟翼,分别在翼型的尾缘加装长度为 $0.5\%c$、$1\%c$、$2\%c$、$3\%c$、$4\%c$(c 为叶片弦长),角度为 $0°$、$22.5°$、$45°$、$67.5°$、$90°$ 的襟翼。最后,将翼型进行弯度的优化,对翼型弯度进行 $1\%\sim6\%$ 的改型。对改型后的翼型重新建立仿真模型,并与原始模型进行对比,分析叶片结构变化时垂直轴风机性能的变化。通过对叶片结构的优化和分析,本章得到了翼型的厚度、尾缘襟翼和弯度的最佳参数。叶片结构的优化使叶片周围的流场发生变化,使垂直轴风机的最大风能捕获率和自启动能力有了显著的提升。

本章研究内容的组织结构如下:第 11.1 节介绍了风力发电机的背景和一些学者所做的相关研究,第 11.2 节研究了空气动力学理论和数值模拟方法,第 11.3 节提出了风力机的设计参数和网格划分,第 11.4 节是对翼型尾缘进行了改进,第 11.5 节总结了本章得出的结论及本章研究出现的不足,并对未来研究进行了展望。

11.2 空气动力学理论与数值模拟方法

11.2.1 风力机运行原理

叶片翼型的几何参数在风机的分析中必不可少,也能对风机叶片结构的优化提供参数化的指标。如图 11-3 所示,介绍翼型在几何上的结构参数。

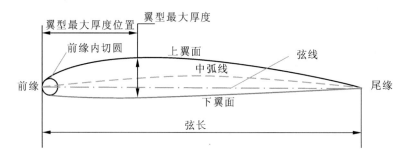

图 11-3 翼型主要几何参数

(1)前缘:翼型最前端。

(2)尾缘:翼型最尾端。

(3)上翼面:前缘与尾缘之间上方的弧面。

(4)下翼面:前缘与尾缘之间下方的弧面。

(5)弦线:连接前缘与尾缘的直线。

(6)弦长:弦线的长度。

(7)中弧线:上翼面和下翼面中点坐标构成的弧线。

(8)厚度:同一位置上翼面到下翼面的距离。

(9)弯度:中弧线到弦线距离的最大值,与叶片弦长的比值。

翼型的位置、角度及速度,是风机的重要参考指标。图 11-4 为单个翼型的运动示意图。

其中:

(1)r:翼型的旋转半径。

(2)ω:翼型的旋转角速度。

(3)θ:翼型的方位角。

(4)v:来流的速度。

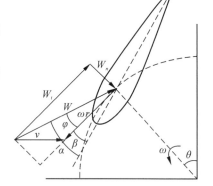

图 11-4 单个翼型的运动示意图

(5)β:翼型的桨距角,也称为安装角,是翼型的线速度与弦线的夹角。

(6)W:来流与翼型线速度的相对速度,$W = v - wr$。

(7)W_t:相对速度 W 的切向分量,$W_t = v\cos\theta + \omega r$。

(8)W_n:相对速度 W 的法向分量,$W_n = v\sin\theta$。

(9)φ:翼型气动中心处的线速度与相对速度 W 的夹角。

(10)α:攻角,是翼型的相对速度 W 与弦线的夹角,其中 $\alpha = \varphi + \beta$。

在确定了风力及来流速度和桨距角后,可以分析翼型在各个方位角的运动状态。

叶尖速比(tip speed ratio,TSR)是研究风机性能的一个重要参数,常用 λ 来表示,它的定义是翼型的线速度与来流之比[18],如式(11-1)所示:

$$\lambda = \frac{\omega r}{v} = \frac{2\pi n r}{v} \tag{11-1}$$

根据图 11-4 中翼型的速度关系,可以得到翼型旋转时的相对速度 W 与叶尖速比 λ 之间的关系,如式(11-2)所示:

$$W = \sqrt{W_t^2 + W_n^2} = \sqrt{(v\cos\theta + \omega r)^2 + (v\sin\theta)^2} = v\sqrt{(\cos\theta + \lambda)^2 + \sin^2\theta} \tag{11-2}$$

根据速度三角形的关系,可以得到:

$$\tan\varphi = \frac{W_n}{W_t} = \frac{v\sin\theta}{v\cos\theta + \omega r} = \frac{\sin\theta}{\cos\theta + \lambda} \tag{11-3}$$

$$\varphi = \arctan\left(\frac{\sin\theta}{\cos\theta + \lambda}\right) \tag{11-4}$$

当桨距角为 0°时,如图 11-5 所示,分析翼型在旋转时的受力情况。F 表示对叶片作用的合力;F 在平行于相对速度 W 上的分量为阻力 F_D;在垂直于 W 上的分量为升力 F_L。合力 F 分解到法向方向上为 F_n,分解到切向方向上为 F_c。

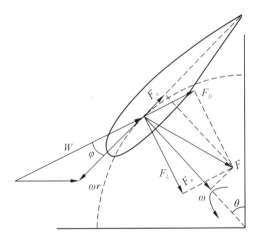

图 11-5　翼型的受力情况

可以利用库塔-茹科夫斯基定理计算叶片的升力和阻力,如式(11-5)和式(11-6)所示:

$$F_L = \frac{1}{2}\rho c l C_l W^2 \tag{11-5}$$

$$F_D = \frac{1}{2}\rho c l C_d W^2 \tag{11-6}$$

式中：ρ 为空气的密度；c 为翼型弦长；l 为叶片竖直长度；C_l 为翼型的升力系数；C_d 为阻力系数。

F 作用在叶片切向和法向方向上的分量 F_c 和 F_n，分别如式（11-7）式（11-8）所示：

$$F_c = L\sin\varphi - D\cos\varphi = \frac{1}{2}\rho cl(C_l\sin\varphi - C_d\cos\varphi)W^2 \tag{11-7}$$

$$F_n = L\cos\varphi + D\sin\varphi = \frac{1}{2}\rho cl(C_l\cos\varphi + C_d\sin\varphi)W^2 \tag{11-8}$$

从图 11-5 中可以看出，风轮由于旋转获得转矩 M_1，主要由叶片在切向力上的分量提供，其大小为：

$$M_1 = F_c r = \frac{1}{2}\rho cl(C_l\sin\varphi - C_d\cos\varphi)W^2 r \tag{11-9}$$

整个风轮的动力由 3 个叶片获得的转矩共同提供。在不同方位角时，每个叶片受到的转矩各不相同，甚至在有的方位角时，叶片上受到的作用力会给风轮的运动带来阻碍。叶片 a_1、a_2、a_3 受到的转矩分别为：

$$\begin{cases} M_1 = F_{c1}r = 0.5\rho cl(C_l\sin\varphi_1 - C_d\cos\varphi_1)W_1^2 r \\ M_2 = F_{c2}r = 0.5\rho cl(C_l\sin\varphi_2 - C_d\cos\varphi_2)W_2^2 r \\ M_3 = F_{c3}r = 0.5\rho cl(C_l\sin\varphi_3 - C_d\cos\varphi_3)W_3^2 r \end{cases} \tag{11-10}$$

整个风轮获得的转矩 M 和风轮的转矩系数 C_m 如式（11-11）和式（11-12）所示：

$$M = M_1 + M_2 + M_3 = (F_{c1} + F_{c2} + F_{c3})r \tag{11-11}$$

$$C_m = \frac{M}{\frac{1}{2}\rho A_s r v^2} \tag{11-12}$$

式中：A_s 为风轮的扫风面积。

风轮的风能利用率 C_p 的大小如式（11-13）所示：

$$C_p = \frac{P}{\frac{1}{2}\rho A_s v^3} = \frac{M\omega r}{\frac{1}{2}\rho A_s v^2 r v} = C_m\lambda \tag{11-13}$$

11.2.2　贝茨定律

贝茨定律（Betz′ Law）是研究风能利用效率的一条定律，它因德国科学家 Albert Betz 首次提出而得名[19]。英国科学家弗雷德里·W.克兰彻斯特和俄罗斯科学家尼古拉·朱科斯基也得出了相同的结论[20]。该定律得出在理想状态下，风机的最高风能捕获率约为 0.593。该结论是基于以下的假设提出的：

（1）风机的风轮是理想的，没有轮毂，能充分接受风能，运行时的风轮能简化成一个激励圆盘。

（2）流经风力发电机风轮的气流是连续的、不可压缩的，并且均匀地流向风轮，在通过风轮前后，空气的体积和质量保持不变。

（3）风机在运行时没有受到阻力，即气流不存在摩擦和黏性，叶片在旋转时不会受到摩擦阻力。

（4）流体始终平行且均匀地流向风轮，风轮在运行过程中受到均匀的推力。

贝茨定律最常见的理论模型是单元流管模型，如图 11-6 所示。

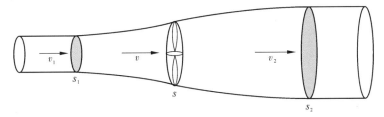

图 11-6   单元流管模型

在流管入口处的风速和扫风面积分别为 v_1 和 s_1，风轮中心处的风速和扫风面积分别为 v 和 s，流管出口处的风速和扫风面积分别为 v_2 和 s_2。

假设 $v_1 > v_2$，$s_2 > s_1$，则风在单位时间内通过的体积 V 如式（11-14）所示：

$$V = s_1 v_1 = sv = s_2 v_2 \tag{11-14}$$

风在单位时间内运动的质量 $m = \rho sv$，其中 ρ 为空气的密度，则风的动能 P 如式（11-15）所示：

$$P = \frac{1}{2}mv^2 = \frac{1}{2}\rho sv^3 \tag{11-15}$$

通过风轮前后的动能差 ΔP 如式（11-16）所示：

$$\Delta P = P_1 - P_2 = \frac{1}{2}m(v_1^2 - v_2^2) = \frac{1}{2}\rho sv(v_1^2 - v_2^2) \tag{11-16}$$

设风轮中心处的速度 $v = \frac{1}{2}(v_1 + v_2)$，由式（11-17）得到风轮的动能差 ΔP 为：

$$\Delta P = \frac{1}{4}\rho s(v_1^2 - v_2^2)(v_1 + v_2) \tag{11-17}$$

对式（11-17）求导，令 $\dfrac{\mathrm{d}\Delta P}{\mathrm{d}v_2} = \frac{1}{4}\rho s(v_1^2 - 2v_1 v_2 - 3v_2^2) = 0$，得到当 $v_2 = \frac{1}{3}v_1$ 时，风轮的最大功率 $P_{\max} = \frac{8}{27}\rho sv_1^3$，风能功率表达式如下所示[21]：

$$P = \frac{1}{2}C_p \rho A_s v^3 \tag{11-18}$$

其中，A_s 为风轮的扫风面积。根据式（11-18），得出此模型下的最大功率系数在 0.593左右。

11.2.3   CFD 中的基本控制方程

风力发电机工作的工况通常在 30m/s 以下，风轮附近的流场可以看作是低速不可压缩的有黏度的流体。风机附近的流场须满足不可压缩 Navier-Stocks 方程。

质量守恒定律由连续性方程体现,如式(11-19)所示:

$$\frac{\partial \rho}{\partial t}+\frac{\partial (\rho v_x)}{\partial x}+\frac{\partial (\rho v_y)}{\partial y}+\frac{\partial (\rho v_z)}{\partial z}=0 \qquad (11\text{-}19)$$

在相同时间内,流入风轮的流体质量等于流出风轮的流体质量[22]。

式中:ρ 为空气密度;t 为时间;v_x、v_y、v_z 为在各个坐标轴上的速度分量。

动量守恒方程由 Navier-Stocks 方程表示,控制体内的动量变化等于风轮的表面应力和体积力的变化,如式(11-20)所示:

$$\begin{cases} \dfrac{\partial (\rho v_x)}{\partial t}+\dfrac{\partial v_x^2}{\partial x}+\dfrac{\partial v_x v_y}{\partial y}+\dfrac{\partial v_x v_z}{\partial z}=\dfrac{\partial (-p+\tau_{xx})}{\partial x}+\dfrac{\partial \tau_{xy}}{\partial y}+\dfrac{\partial \tau_{xz}}{\partial z}+Fx \\[3mm] \dfrac{\partial (\rho v_y)}{\partial t}+\dfrac{\partial v_x v_y}{\partial x}+\dfrac{\partial v_y^2}{\partial y}+\dfrac{\partial v_y v_z}{\partial z}=\dfrac{\partial \tau_{yy}}{\partial x}+\dfrac{\partial (-p+\tau_{yy})}{\partial y}+\dfrac{\partial \tau_{yz}}{\partial z}+Fy \\[3mm] \dfrac{\partial (\rho v_z)}{\partial t}+\dfrac{\partial v_x v_z}{\partial x}+\dfrac{\partial v_y v_z}{\partial y}+\dfrac{\partial v_z^2}{\partial z}=\dfrac{\partial \tau_x}{\partial x}+\dfrac{\partial \tau_{yz}}{\partial y}+\dfrac{\partial (-p+\tau_{zz})}{\partial z}+Fz \end{cases}$$

$$(11\text{-}20)$$

式中:p 为风轮表面压力;F 是风轮受到的体积力;τ 为表面应力在三个平面上的分量。

根据热力学第一定律,风轮内能的增加等于外部环境传导给风轮的热能,以及风对风轮做功之和。能量方程式(11-21)所示:

$$\rho \frac{\mathrm{d}}{\mathrm{d}t}\left(e+\frac{v^2}{2}\right)=\rho F \cdot v+\bigtriangledown \cdot (k\bigtriangledown T) \qquad (11\text{-}21)$$

式中,e 为流场单位质量的内能,k 为流场的热传导系数。实际上,本章在进行计算时,并不涉及热量交换。

本章采用的湍流模型为 SST k-ω 模型,SST k-ω 模型在研究垂直轴风力发电机中更为适用,使仿真结果与实验结果保持一致。该模型的数学方程式(11-22)所示:

$$\begin{cases} \dfrac{\partial k}{\partial t}+u_j \dfrac{\partial k}{\partial x_j}=\dfrac{\partial}{\partial x_j}\left[\left(\dot{\nu}+\dfrac{\nu_t}{\sigma_k}\right)\dfrac{\partial k}{\partial x_j}\right]+G_k-Y_k \\[3mm] \dfrac{\partial \omega}{\partial t}+u_j \dfrac{\partial \omega}{\partial x_j}=\dfrac{\partial}{\partial x_j}\left[\left(\nu+\dfrac{\nu_t}{\sigma_\omega}\right)\dfrac{\partial \omega}{\partial x_j}\right]+G_\omega-Y_\omega+D_\omega \end{cases}$$

$$(11\text{-}22)$$

式中:输运变量 k 为湍流动能,它决定了湍流中的能量;输运变量 ω 是湍流比耗散率,它表示湍流的尺度;G_k 为平均速度产生的湍流动能,G_ω 由 ω 生成;Y_k 和 Y_ω 是 k 和 ω 由于湍流产生的耗散;D_ω 为交叉扩散项;σ_k、σ_ω 为模型常数。

11.3 风力机设计参数和网格划分

11.3.1 风力机几何参数

本章选取的垂直轴风力发电机的几何参数基于 Castelli M R 等人进行的实验研究,

该实验数据在网上进行了公开[23]。该研究表明,风轮的旋转中心在相对于叶片弦长 1/4 处时,风轮的空气动力学性能表现出较高的水平。本章采用的垂直轴风力机的几何参数如表 11-1 所示。

表 11-1 风力机几何参数

参数	数值
叶片翼型	NACA0021
叶片弦长 c	85.8mm
叶片长度 l	1456.4mm
风轮半径 r	515mm
叶片数 N	3
实度 σ	0.5
旋转中心	叶片弦长 1/4 处
安装角 β	0°
风速 v	9m/s

风轮的实度 σ 表示风轮叶片的密集程度,该参数对风力发电机的气动性能影响很大,实度的定义由式(11-23)给出:

$$\sigma = \frac{Nc}{r} \tag{11-23}$$

翼型的尾缘指的是翼型的最后端,在尾缘处加装的一段具有一定长度的翼型称为尾缘襟翼。图 11-7 所示为 NACA0021 翼型加装了尾缘襟翼的示意图。襟翼对叶片获取风能有一定的影响,加装了尾缘襟翼的翼型,相比于原始的翼型,能够适度提升机翼的升力,这一点也在飞机的机翼上得到了验证。本章研究的是加装不同长度和角度的尾缘襟翼,对垂直轴风力发电机空气动力学性能的影响。

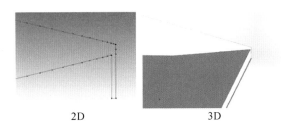

2D 3D

图 11-7 加装尾缘襟翼的示意图

11.3.2 风力机几何模型

漂浮式海上垂直轴风力发电机的结构主要包括叶片、竖直的中心轴、塔筒、底座、电机、连接叶片与旋转轴的支杆、浮式基础等。风机在运行时,主要由叶片获取动能,由连接叶片的支杆带动中心轴旋转。叶片承担了获取转矩的全部任务,并不需要对垂直轴风力发电机的全部零部件进行建模。在网格划分工具 ICEM 中,过多复杂且不必要的零部件会增加建模难度,划分出的网格质量也很差,在一些零部件的连接处会产生许多不规则的计算网格,很难满足数值仿真计算需要的条件。这些不必要的零部件,在数值模拟过程中,也会占用很多计算机不必要的硬件资源,影响计算结果和计算速度。因此,可以将垂直轴风力发电机的几何模型,简化成只包含三个叶片的风轮模型。简化前后的 2D 风机模型如图 11-8 所示,3D 模型示意图如图 11-9 所示。

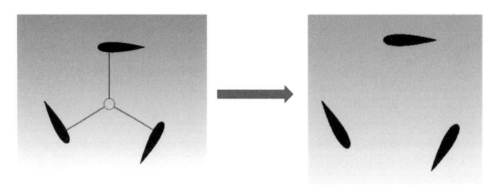

图 11-8　二维模型简化

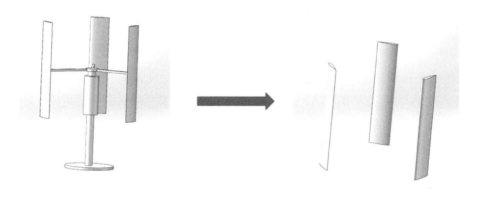

图 11-9　三维模型简化

对模型简化之后,计算过程中,收敛迭代更加快速,计算精度和计算速度也得到了保证。

2D 模型和 3D 模型的计算结果具有很好的一致性,但是三维计算耗费极大的时间和计算机资源,不利于大量的仿真研究。因此,本章主要采用二维网格的计算结果作为参考。

11.3.3　网格划分

风机在运行时,周围应该是一个无限大的空间。在实际对垂直轴风力发电机进行仿真实验时,不可能建立一个无限大的空间用于计算。因此,应该选取一个合适大小的区域用于计算,该区域被称为计算域。计算域的选取对仿真的精度影响很大。计算域过小,风机周围的流场容易受到影响,使计算误差偏大;计算域过大,则需要划分过多的网格,使计算时间极大增加,从而使仿真的效率大打折扣。

旋转域的大小如图 11-10 所示,静止域如图 11-11 所示。叶片的弦长为 85.8mm,在稍大于叶片的周围划分了一个叶片域,叶片域的直径为 400mm。在稍大于三个叶片域的附近划分出一个旋转域,该区域是直径为 2000mm 的圆形区域。叶片域以及旋转域围绕风轮中心旋转,模拟风轮旋转时内部流场的状态。其余的区域称之为静止域,模拟风轮附近外部流场的状态。静止域左边的边界条件为速度入口(velocity inlet),距离风轮中心 5d,整个设定的风速为 x 轴正方向 9m/s,最右边边界为压力出口(pressure outlet),距离风轮中心 10d,以保证风在经过风轮之后的尾流得到充分发展。上下面的边界形式为对称面(symmetry),静止域上下之间的距离为 5d。静止域和旋转域、旋转域和叶片域之间的交界面均设置成交换面(interface),用于流场之间的数据交换。整个计算域为长为 30m、宽为 10m 的长方形区域。

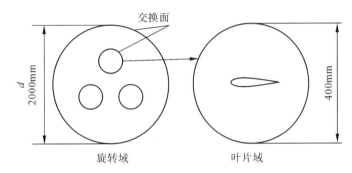

图 11-10 旋转域和叶片域的示意图

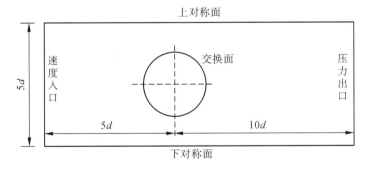

图 11-11 静止域的示意图

在进行 3D 网格划分时,xy 平面的计算域采用 2D 计算域的参数,z 轴方向的高度取 2000mm,稍大于叶片的高度。

在确定了计算域各部分的大小以后,需要进行网格划分。由于叶片近壁面处空气流动比较复杂,在进行 CFD 仿真时,需要对翼型近壁面设置第一层网格高度,以保证仿真结果的精度。第一层网格高度可以由式(11-24)估算:

$$\begin{cases} C_f = 0.058 Re^{-0.2} \\ \tau_\omega = \dfrac{1}{2} C_f \rho v^2 \\ v_\tau = \sqrt{\dfrac{\tau_\omega}{\rho}} \\ y = \dfrac{y^* \mu}{v_\tau \rho} \end{cases} \qquad (11\text{-}24)$$

式中：C_f 为壁面摩擦系数；τ_ω 为壁面剪切应力；ρ 为流体密度；v 为流体速度；v_τ 为叶片表面的流体速度；y^* 为量纲壁面距离；μ 为流体的动力黏度。y 为计算出的第一层网格高度，经计算，第一层网格高度为 0.0378mm。

划分出的叶片域的 2D 网格和 3D 网格如图 11-12 所示。

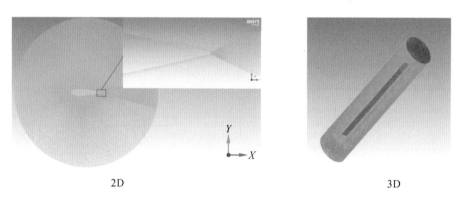

2D   3D

图 11-12　叶片域的二维和三维网格

风轮旋转时内部和附近的流场是在旋转域中模拟的，划分的网格如图 11-13 所示。

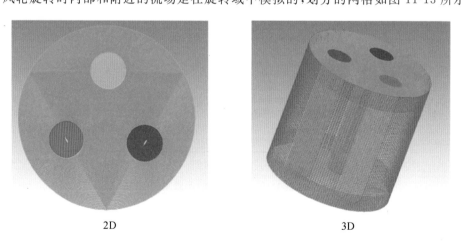

2D   3D

图 11-13　旋转域的二维和三维网格

网格划分的好坏决定整个仿真的结果和效率。当网格质量较差，或者划分出的网格比较稀疏，风轮在旋转时，叶片周围的流场不能得到充分计算，使得计算结果与实际值误差较大。当网格数较大时，每一次计算花费的时间较大，不适合用于大量的研究工作。

因此,需要对网格进行无关性验证,找到既满足计算精度要求,又能大大缩短计算时间的网格数量级。

对二维计算域进行网格划分时,本章划分了三种不同数量的网格,网格数分别为197142、360754 和 488650 个。对三种网格质量的模型,分别计算了风速为 9m/s、叶尖速比为 2.65 时风轮一个周期的转矩系数。得到了不同网格质量时风轮转矩系数随方位角变化的图,如图 11-14 所示。

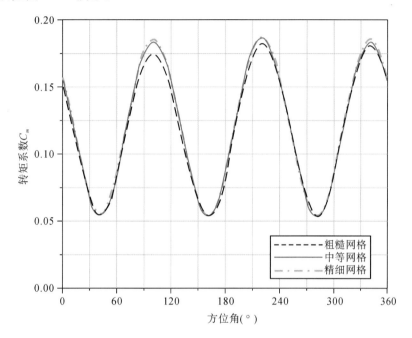

图 11-14 网格无关性验证

不同网格质量时,风轮的转矩系数均随方位角周期性变化,每隔 $120°$ 在相同方位角处获得转矩幅值。相对粗糙的网格(19 万量级),相对于另外两套网格,转矩系数偏小。此时叶片周围的气流情况没有得到充分计算。质量好的网格(49 万量级)相对于质量中等(36 万量级)的网格,计算结果虽然也略有提高,但是几乎已经重合。在进行二维网格划分时,都采用 36 万量级的网格,既能保证计算时的精度,又能大大缩短仿真的时间。

11.3.4 参数设置

本章利用 Fluent 进行数值仿真的参数设置如下。

Fluent 设置为双精度型(double precision),以保证计算的精度。仿真采用多核并行计算,来提升计算的效率。

整个仿真的求解采用基于压力(pressure-based)的瞬态(Transient)计算,对建立的风轮模型,分别采用 SST k-ω 模型和 Realizable k-ε 模型进行仿真计算,如图 11-15 所示。两种湍流模型均能反映风轮在运动时的空气动力学性能。SST k-ω 模型相比于

Realizable k-ε 模型,与实验结果更为接近,因此,本章采用的湍流模型为 SST k-ω 模型。旋转域部分采用滑移网格,以模拟风机旋转时的状态。

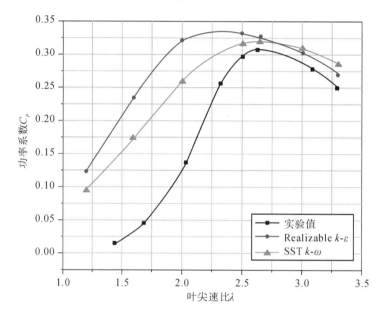

图 11-15　不同湍流模型的功率系数对比

旋转的角速度根据叶尖速比的变化和风速进行计算,如式(11-25)所示:

$$\omega = \frac{\lambda v}{r} \tag{11-25}$$

式中:ω 是旋转域的角速度;λ 是叶尖速比,这里所选取的叶尖速比的范围为 1.2～3.3;r 为风轮的半径,为 515mm。

当风速为 9m/s、叶尖速比为 2.65 时,风轮的转速为 46.31rad/s。

叶片表面设置为固壁面(wall),具体为 moving wall,随旋转域的运动而运动。

左侧边界设置为速度入口(velocity inlet),风速设置为 9m/s。

右侧边界设置为压力出口(pressure outlet)。

上下边界均设置为对称无滑移壁面(symmetry)。

叶片域与旋转域、旋转域与静止域的交界面设置为交换面(interface),用于仿真时的数据交换。

此外,压力速度耦合采用 SIMPLE 求解,动量方程、湍流动能和湍流离散率都是采用二阶迎风格式来确保计算精度。

时间步长(time step size)是指仿真过程中计算一步的时长。时间步长过长,叶片表面的信息没有充分计算,影响计算精度;时间步长过短,计算结果能够得到保证,但是消耗了大量的计算时间。旋转 1°所需的时间如式(11-26)所示:

$$t = \frac{\pi}{180\omega} \tag{11-26}$$

本章进行了时间步长的无关性验证,本章将时间步长分别设置为风轮每旋转 $1°$、$2°$、$5°$ 的时间,将叶尖速比为 2.65 时的转矩系数进行了对比,如图 11-16 所示。

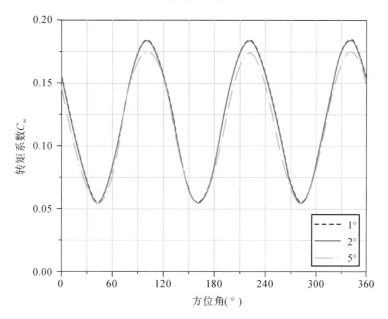

图 11-16 时间步长无关性验证

从图 11-16 中可以看出,时间步长为旋转 $1°$ 和 $2°$ 的时间时,计算所得的转矩系数较为接近,已经达到了仿真精度要求;而时间步长为旋转 $5°$ 的时间时,变化区间稍大,忽略叶片表面的信息过多,导致计算得出的转矩系数偏小。因此,本章在计算时,采用的时间步长为叶片旋转 $2°$ 所用的时间,每个时间步长内最多迭代 20 步。

11.4 翼型尾缘的研究

风轮的转矩系数 C_m 能够反映风轮运行中的转矩 T 的变化,其关系如式(11-27)所示:

$$T = \frac{1}{2} C_m \rho A_s r v^2 \tag{11-27}$$

其中,A_s 为扫风面积,r 为风轮半径,v 为风速。

Fluent 软件可以求解每个时间步下,各叶片的瞬时转矩系数 C_{m_1}、C_{m_2},以及三个叶片转矩系数之和 C_m。风机的气动性能之一通过功率系数 C_p-λ 曲线和功率 P-n 曲线反映。经验算,第 10 个周期时计算已经收敛。根据第 10 个周期得到的瞬时转矩系数值得到风轮的平均转矩系数,从而得到风轮的平均功率系数 C_p 和平均功率 P,功率系数 C_p 由式(11-28)给出:

$$C_p = \frac{P}{0.5\rho A_s v^3} = \frac{Tr\Omega}{0.5\rho A_s r v^2 v} = \lambda C_m \tag{11-28}$$

这里的 ρ 取 Fluent 软件提供的默认值 $1.225\mathrm{kg/m^3}$。

11.4.1 翼型尾缘襟翼长度的设计

本章规定襟翼垂直于弦线的长度称为襟翼的长度,平行于弦线的长度称为襟翼的厚度,襟翼与弦线的夹角为襟翼的角度。图 11-17 为襟翼角度为 90°、襟翼厚度为 0.2% 弦长时,加装了不同长度的襟翼的尾缘示意图。

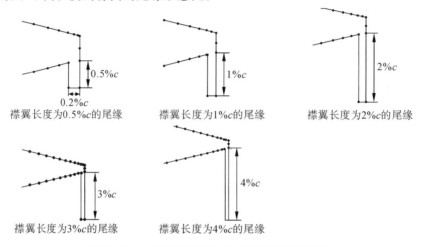

图 11-17　加装了不同长度的襟翼的尾缘示意图

一定长度的尾缘襟翼可以增加翼型获取转矩的能力,提升叶片在运行过程中的升力,但是,过长的尾缘襟翼也会阻碍风机的运行,使风机的性能下降。研究尾缘襟翼及尾缘襟翼的长度很有必要,本章研究了尾缘襟翼长度对 H 型垂直轴风力发电机性能的影响。以翼型的弦长 c 为基准,分别在翼型的尾缘加装了长度为 $0.5\%c$、$1\%c$、$2\%c$、$3\%c$、$4\%c$ 的襟翼,而襟翼的厚度在研究过程中并不是十分重要,均保持为 $0.2\%c$,然后按照第 3 章的仿真流程进行研究。由于在尾缘襟翼部分的结构比较复杂,在尾缘部分进行了细致的网格划分,如图 11-18 所示。通过控制结构网格的节点,使得整个模型的网格数与原始模型大致相同。

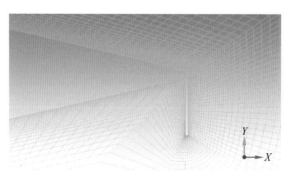

图 11-18　尾缘襟翼附近的网格

11.4.2　翼型尾缘襟翼长度的转矩分析

在对加装不同襟翼长度的风机建模之后，利用 Fluent 软件进行 CFD 仿真模拟。得出不同襟翼长度时垂直轴风力发电机的转矩系数，并将其与原始模型进行对比，如图 11-19 所示。

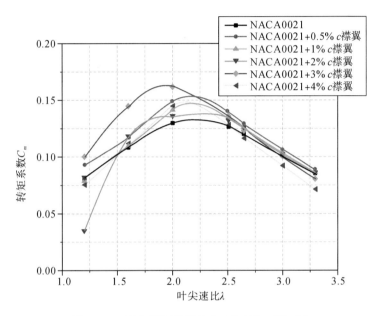

图 11-19　尾缘不同襟翼长度时的转矩系数对比

从图 11-19 中可以看出，尾缘襟翼对垂直轴风力机有很大的影响。不同长度的尾缘襟翼对风轮性能的改变不同，绝大部分改型后的翼型有更好的气动性能。加装 $3\%c$ 尾缘襟翼的风轮，转矩系数在 $\lambda < 2.5$ 时最大，且与原始的 NACA0021 翼型的风机相比，有较大的提升；风机在低转速时就能获得较大的转矩，自启动能力较好，在叶尖速比为 2.0 时，转矩系数比没有装尾缘襟翼的风轮提高了 24.85%；然而，当翼型处于叶尖速比较高的状态时，风轮获得的转矩略有下降。此外，加装了尾缘襟翼的风轮均能使最大转矩提高。$0.5\%c$ 的尾缘襟翼，能够使风轮在各个叶尖速比的情况下都能获得更大的转矩，提升的效果较为明显，在叶尖速比为 2.0 时，有 15.46% 的提升。$2\%c$ 的尾缘襟翼在低叶尖速比的情况下表现不佳，自启动能力有下降的情况，在高叶尖速比时转矩系数有一定的提升。$1\%c$ 的尾缘襟翼在各个叶尖速比情况下也有一定程度的提升。襟翼长度从 $4\%c$ 开始，虽然最大转矩相较于原始翼型仍然有 11.82% 的提升，但是，在叶尖速比大于 2.5 时，获得的转矩已经比原始模型低。通过比较加装不同长度的尾缘襟翼，研究发现，加装 $0.5\%c$ 和 $3\%c$ 的尾缘襟翼，可以使风轮的性能有较大的提升。

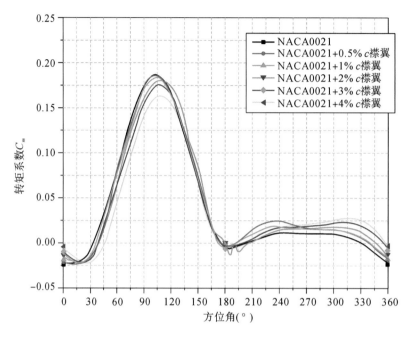

图 11-20　单个叶片不同襟翼长度时的转矩系数对比

如图 11-20 所示，对比襟翼长度对单个叶片转矩系数的改变后发现，加装尾缘襟翼会使得叶片在顺风区域（180°～360°）性能的提升较为明显。其中 $0.5\%c$ 的襟翼在 180°～270°提升的幅度最大，$3\%c$ 和 $4\%c$ 的襟翼在 270°～360°提升效果较为明显。加装尾缘襟翼也会使叶片在逆风区域的性能有一定下降，其中 $4\%c$ 的襟翼下降最为明显，$0.5\%c$ 的襟翼在这部分与原始翼型较为接近。综合两部分的转矩系数，$0.5\%c$ 和 $3\%c$ 的襟翼使风力机的性能提升最明显。

为了更好地研究尾缘襟翼对垂直轴风机的影响，本章研究了不同襟翼长度下风轮的功率系数，如图 11-21 所示。

加装一定长度的尾缘襟翼能使风轮的功率系数显著提升，风轮的效率得到提高。其中，$0.5\%c$ 和 $3\%c$ 的尾缘襟翼的风轮功率系数提升最明显。$0.5\%c$ 的尾缘襟翼在各个叶尖速比时，平均功率系数提升了 9.27 %，在叶尖速比为 2.5 时，风轮的功率系数达到了最大值 0.3523，风轮的最大功率系数相较于原始翼型，提升了 9.89%。而 $3\%c$ 的尾缘襟翼在低叶尖速比时的效率提升更为明显，在叶尖速比小于 2.65 时，平均功率系数提升了 18.74%，当叶尖速比为 2.5 时，最大功率系数达到了 0.3409，比原始翼型也提升了 6.33%。$1\%c$ 和 $2\%c$ 的尾缘襟翼也能一定程度提升风轮的性能，在叶尖速比小于 2.65 时，平均的功率系数分别提升了 4.36% 和 5.80%；在叶尖速比为 2.5 时，最大功率系数分别达到了 0.3379 和 0.3361，提升的幅度分别为 5.40% 和 4.83%。而 $1\%c$、$2\%c$ 和 $3\%c$ 的尾缘襟翼在叶尖速比大于 2.65 时，风轮的功率系数与原始翼型较为接近，并没有显著地提升。当尾缘襟翼长度为 $4\%c$ 时，风轮的功率系数与原始模型较为接近，尤其是当叶

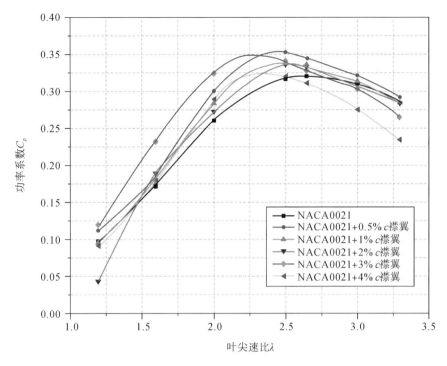

图 11-21　尾缘不同襟翼长度时的功率系数对比

尖速比较高时,功率系数有了大幅度减小,说明襟翼长度从 $4\%c$ 开始,尾缘襟翼过长导致了对风轮的阻碍作用明显。因此,本章研究发现,当襟翼长度小于 $4\%c$ 时,加装尾缘襟翼能够提升垂直轴风力发电机的空气动力学性能,尤其是能大幅度地提升风轮的自启动能力。其中,尾缘襟翼为 $0.5\%c$ 和 $3\%c$ 的翼型获得了较为理想的表现。

11.4.3　翼型尾缘襟翼长度的速度分析

图 11-22 对比了加装襟翼后,叶片在 $240°$ 时尾缘处的流线图。加装尾缘襟翼在叶片尾缘起到了导流作用,叶片周围的流场发生变化。襟翼使得尾部的接触面积增大,可以吸引更多的气流,获得更大的推力。尤其是当叶片处于顺风区域,气流的增加推动叶片旋转,风机性能提升更明显。在逆风区域,襟翼会使叶片的旋转阻力增加,此时获得的转矩略有降低。

图 11-23 对比了加装 $0.5\%c$ 尾缘襟翼的翼型在叶尖速比为 2.0 时周围的速度场,发现尾缘襟翼能够带来很大的变化。当处于方位角 $0°$ 时,襟翼能够使得翼型前缘的低速涡减小,同时叶片前缘内外侧的高速区变得均匀,叶片尾部的高速区变得顺滑。随着风轮的旋转,翼型前缘的速度增大,低速场逐步扩散到叶片尾缘和中部,当叶片旋转到了 $90°$,中部和尾部两侧逐渐开始被低速区覆盖。实际上在叶片旋转的前半个周期,尾缘襟翼带来的变化不太明显。到了 $180°$,翼型周围的速度开始有了大的差异。加装尾缘襟翼使高

风速集中在叶片尾缘内侧,外侧的风速颜色明显变淡,形成大的风速差,有利于驱使叶片旋转。当叶片旋转到 270°,由于尾缘襟翼的影响,叶片两侧的低速区较大。

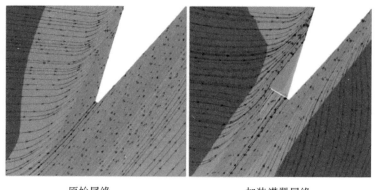

原始尾缘　　　　　　　　　　加装襟翼尾缘

图 11-22　加装襟翼后尾缘流线对比

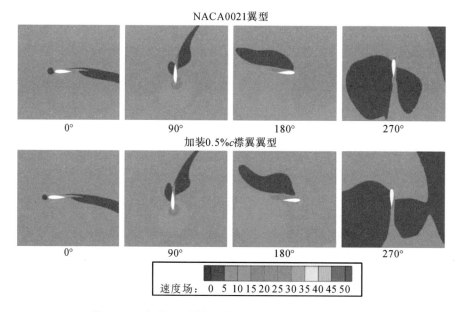

NACA0021翼型

0°　　　　　90°　　　　180°　　　　270°

加装0.5%c襟翼翼型

0°　　　　　90°　　　　180°　　　　270°

速度场:　0　5　10 15 20 25 30 35 40 45 50

图 11-23　加装 0.5%c 尾缘襟翼翼型周围的速度场对比

在装了 0.5%c 的尾缘襟翼后,风轮旋转产生的涡旋减小。图 11-24 中,在 180° 左右明显可以看出,尾缘襟翼使得脱落的涡旋更平顺,强度变小,尾缘襟翼起到了导流作用,使涡旋更靠近风轮内部,对其他叶片的影响减小。在单个叶片周围,涡流的强度有了一定程度的减小,这一点在 120° 和 150° 等方位角时较为明显。在 300° 和 330° 时,叶片尾部脱落的涡旋连成一线,对风轮内部的流场扰动较小。研究发现,加装尾缘襟翼能有效改善风轮内部的流场,风轮的性能得到改善。

NACA0021翼型

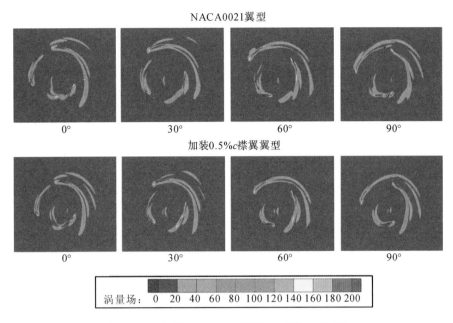

图 11-24 加装 0.5％c 襟翼后风轮的涡量场对比

11.4.4 翼型尾缘襟翼长度的压力分析

图 11-25 为加装 0.5％c 尾缘襟翼的翼型周围的压力变化。在 0°时,叶片内侧负压区向风轮内部扩散。在 0°～90°旋转的过程中,负压区和高压区均向叶片两侧扩散。在

NACA0021翼型

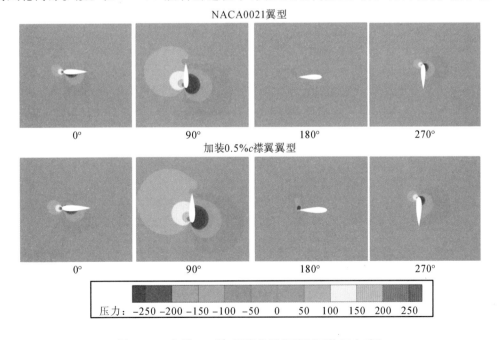

图 11-25 加装 0.5％c 尾缘襟翼翼型周围的压力对比

90°时,尾缘襟翼使叶片两侧的压力差变大,负压延伸到了叶片尾缘。随着叶片继续旋转,在 180°时,襟翼使叶片尾缘形成了一个深蓝色的负压涡。当叶片旋转到了 270°,叶片外侧的负压区域增大,压力差变大,有利于风机获取升力。

11.4.5　翼型尾缘襟翼角度的设计

在研究了尾缘襟翼及襟翼长度对垂直轴风力发电机的影响之后,本章发现适当长度的尾缘襟翼能够对叶片起到导流作用。在研究襟翼长度时,襟翼角度均为 90°。研究发现,襟翼长度为 $0.5\%c$ 和 $3\%c$ 时,风轮的空气动力学性能提升较为明显,本节保持襟翼长度为 $0.5\%c$,将襟翼角度分别设置为 0°、22.5°、45°、67.5°、90°,分别对不同角度襟翼的风轮进行研究对比。不同角度襟翼的尾缘示意图如图 11-26 所示。襟翼角度改变之后,网格的划分需要进行一定程度的调整,在保证网格质量的同时,使网格数量近似相等。襟翼附近的网格如图 11-27 所示。

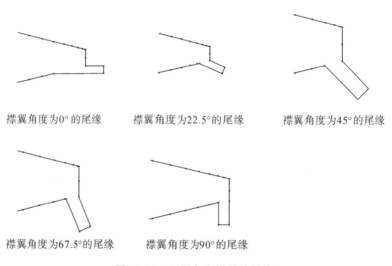

襟翼角度为0°的尾缘　　　襟翼角度为22.5°的尾缘　　　　襟翼角度为45°的尾缘

襟翼角度为67.5°的尾缘　　　襟翼角度为90°的尾缘

图 11-26　不同角度襟翼的尾缘

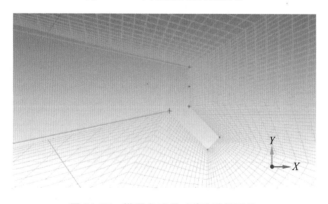

图 11-27　襟翼角度为 45°的尾缘网格

11.4.6 翼型尾缘襟翼角度的转矩分析

对尾缘不同角度襟翼的风轮进行建模,划分了网格之后,本章将各个模型在不同叶尖速比的情况下分别进行了数值计算,将结果与 NACA0021 翼型的风轮进行了对比。计算得出的尾缘不同襟翼角度时的转矩系数对比如图 11-28 所示。

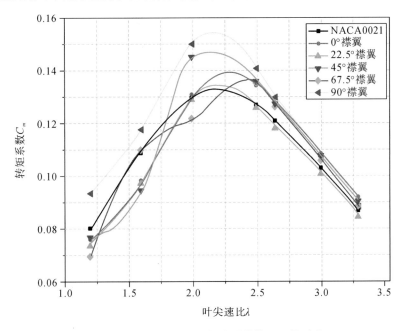

图 11-28 尾缘不同襟翼角度时的转矩系数对比

襟翼角度的不同使得风轮的转矩系数有差异。襟翼角度为 90°时,风轮在各个叶尖速比情况下的转矩系数最高,此时,风轮在运行时获得的转矩最高,风轮的空气动力学性能最好。在 λ=2 时,只有襟翼角度为 45°和 90°时,风轮的转矩系数比原始的 NACA0021 翼型大,此时的翼型结构能使风轮的自启动能力提升,而其他襟翼角度翼型的风轮,都会使风轮的自启动能力下降。而在 λ>2 时,除了襟翼角度为 0°的翼型不能使风轮获得更大的转矩外,其他的翼型均能使风轮的转矩提升,这会使风轮此时的性能获得提升。转矩系数随着襟翼角度的减小而减小,风轮的气动性能也随着襟翼角度的减小而变差。襟翼角度为 90°、67.5°、45°和 0°的翼型均能使风轮的性能有不同程度的提升,襟翼角度为 22.5°的翼型的转矩系数在各个叶尖速比情况下均略小于 NACA0021 翼型,这时风轮的性能下降。

图 11-29 为叶尖速比为 2.65 时,单个叶片的转矩系数对比。

22.5°襟翼使叶片获得的转矩最低。0°襟翼可以使得叶片在逆风区域获得更高的转矩,但是,在顺风区域提升的幅度不是很明显。其他角度的襟翼在逆风区域与原始翼型差距不大,但是,在顺风区域的有明显提升,尤其是 90°的襟翼提升幅度最大,且产生负转矩的范围减小。90°的襟翼在一个周期内获得的转矩最大,使得垂直轴风力机的性能提升最明显。

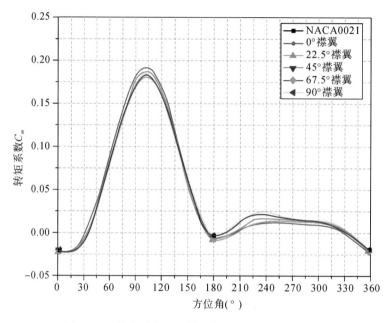

图 11-29　单个叶片不同襟翼角度时的转矩系数对比

尾缘不同襟翼角度时的功率系数对比如图 11-30 所示。加装了尾缘襟翼的风轮的功率系数最大值均出现在叶尖速比为 2.5 时，最大功率系数随着襟翼角度的变化而变化。襟翼角度为 90°、67.5°、45°和 0°的尾缘襟翼使风轮的最大效率分别提高 9.89%、5.12%、5.80% 和 4.90%，而襟翼角度为 22.5°时，最大功率系数相较于原始模型略微下降。在 $\lambda > 2.5$ 时，除了襟翼角度为 22.5°时风轮的功率系数略有下降之外，其他襟翼角度的翼型

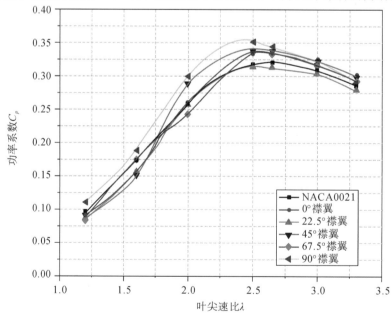

图 11-30　尾缘不同襟翼角度时的功率系数对比

均能使风轮的空气动力学性能维持在较高水平。在 λ 为 2～3.3 时,襟翼角度为 0°、45°、67.5°和 90°的尾缘襟翼,能够使风轮的功率系数平均提升 4.86%、6.55%、1.27%、7.97%。襟翼长度为 0.5%c 时,襟翼角度为 90°的翼型能使垂直轴风力发电机的性能提升最大,不仅能够提升风机的自启动能力,而且能使风机的最大效率提升 9.89%,λ 为 2～3.3时的功率系数平均提升了 7.97%。除此之外,襟翼角度 67.5°、45°和 0°的尾缘襟翼也能使风轮的空气动力学性能有不同程度的提升,襟翼角度为 22.5°的尾缘襟翼使风轮的性能略微下降。

11.4.7　翼型尾缘襟翼角度的速度分析

图 11-31 对比了 9m/s 时,加装了 0°襟翼和 90°襟翼叶片周围的速度云图。在方位角为 0°时,加装了 0°襟翼的叶片由于襟翼的影响,使得叶片外侧尾部的高速涡有些紊乱,襟翼对风的阻碍比较明显。在方位角为 90°时,90°襟翼的叶片前端高速涡略有减小,外侧的低速区向尾部延伸。当叶片旋转到了 180°时,90°襟翼的叶片尾缘低速区集中到尾缘襟翼处,叶片内侧被高强度的高速流覆盖,叶片外侧的低速区范围更广,这有利于叶片获得大的转矩。0°襟翼的叶片尾缘此时还有明显的低速涡。到了 270°时,叶片外侧的高速涡略有减小,同时低速涡向外侧延伸。

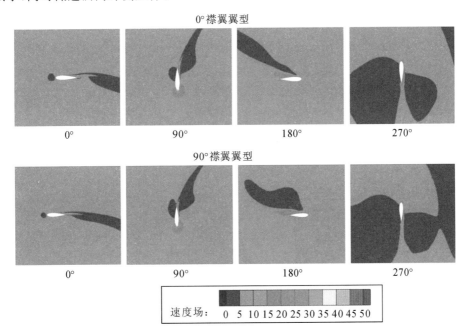

图 11-31　不同襟翼角度时的速度场对比

图 11-32 为加装 0°襟翼和 90°襟翼的叶片,风轮内部一个周期内的涡量场对比。

对比两种翼型的涡量后发现,相比于 0°襟翼的叶片,90°襟翼的叶片在运行时,叶片尾部形成的涡旋长度和宽度明显变小,涡旋强度变小,产生的涡旋对下一个叶片的影响较小,这有利于垂直轴风机拥有良好的气动性能。而 0°襟翼相当于增加了叶片的长度,使涡旋更接近下一个叶片,对叶片周围的流场扰动较大。

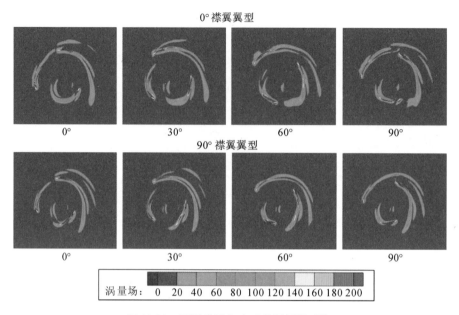

图 11-32　不同襟翼角度时的涡量场对比

11.4.8　翼型尾缘襟翼角度的压力分析

图 11-33 为不同襟翼角度时,叶片周围的压力分布。压力场的变化在 90°和 180°时表现明显。90°襟翼的叶片在方位角为 90°时,叶片内侧的负压减小,叶片外侧的正压范围明显增大,且叶片的正压区向尾端延伸,两侧的压力差增大,获得的转矩增大。到了 180°时,90°襟翼的叶片的尾缘出现了一个深蓝色的负压涡,负压增强,此时叶片的转矩增大。

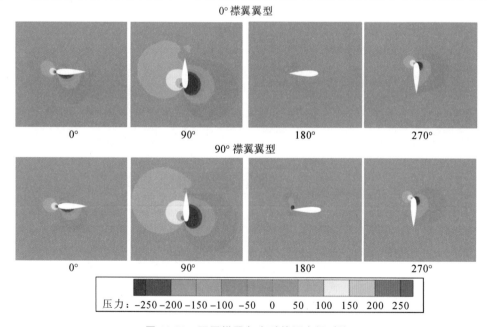

图 11-33　不同襟翼角度时的压力场对比

11.5　本章小结

本章研究了 H 型垂直轴风力发电机,阐述了垂直轴风力发电机的发展历程和研究现状。同时介绍了研究垂直轴风力机的基本理论和常用模型,解释了垂直轴风力机运行的基本原理。叶片是风机获取动力的载体,基于 NACA0021 翼型,本章对叶片的结构进行改型,以提升风机的自启动能力和风能捕获率。

在 NACA0021 翼型尾缘,加装不同长度和角度的襟翼。分别在翼型的尾缘加装长度为 $0.5\%c$、$1\%c$、$2\%c$、$3\%c$、$4\%c$,角度为 $0°$、$22.5°$、$45°$、$67.5°$、$90°$的襟翼。研究发现,加装襟翼长度为 $0.5\%c$、襟翼角度为 $90°$的襟翼的风机,自启动能力大幅度提升。叶尖速比为 2.0 时,转矩系数提升了 15.46%。尾缘襟翼也提升了风机的转换效率,叶尖速比为 $1.2\sim3.3$时,平均功率系数提升了 9.27%,风轮的最大功率系数提升了 9.89%。

本章通过对叶片和风轮结构的改型,使风机的自启动能力和风能捕获率得到了提升。在研究过程中,依然存在一些问题和不足。在未来的工作中,还可以在以下方面进行深入研究:

(1)本章对三维模型的仿真较少。原因是本章进行的工作较多,三维模型的计算需要过多的计算时间和计算资源,且三维的对比相较于二维对比,并没有显著的差异。在今后的研究中,还需要充足的时间进行三维研究对比。

(2)由于实验条件的限制,本章将其他学者的实验数据,与本章数值仿真的结果进行对比,没有进行实验的验证。在今后的研究中,还可将本章所做工作进行实验论证。

参 考 文 献

[1]　JIN X,ZHAO G,GAO K J,et al. Darrieus vertical axis wind turbine:Basic research methods[J]. Renewable & Sustainable Energy Reviews,2015,42:212-225.

[2]　ZENG F,CHEN K. Optimization analysis of integrated energy system based on wind power hydrogen production equipment[J]. International Journal of Engineering and Applied Sciences (IJEAS),2020,7(3):40-50.

[3]　ZANFORLIN S . Advantages of vertical axis tidal turbines set in close proximity:A comparative CFD investigation in the English Channel[J]. Ocean Engineering,2018,156(MAY15):358-372.

[4]　KYOZUKA Y. An experimental study on the Darrieus-Savonius turbine for the Tidal current power generation[J]. Journal of Fluid Science & Technology,2008,3(3):439-449.

[5]　MAZHARUL I,DAVID S K T,AMIR F. Aerodynamic models for Darrieus-type straight-bladed vertical axis wind turbines—Science Direct[J]. Renewable and Sustainable Energy Reviews,2008,

12(4):1087-1109.

[6] Vertical wind turbine design drawing sharing display[EB/OL]. [2021-3-10]. http://www. pasteurfood. com/.

[7] FERROUDJI F,KHELIFI C,MEGUELLATI F,et al. Design and static structural analysis of a 2. 5kW combined Darrieus-Savonius wind turbine[J]. International Journal of Engineering Research in Africa,2017,30:94-99.

[8] ZAMANI M,NAZARI S,MOSHIZI S A,et al. Three dimensional simulation of J-shaped Darrieus vertical axis wind turbine[J]. Energy,2016,116(pt. 1):1243-1255.

[9] GOUDE A,ROSSANDER M. Force measurements on a VAWT blade in parked conditions[J]. Energies,2017,10(12):1954.

[10] LOSITAÑO I C M,DANAO L A M. Steady wind performance of a 5 kW three-bladed H-rotor Darrieus vertical axis wind turbine (VAWT) with cambered tubercle leading edge (TLE) blades [J]. Energy,2019,175:278-291.

[11] REZAEIHA A,KALKMAN I,MONTAZERI H,et al. Effect of the shaft on the aerodynamic performance of urban vertical axis wind turbines[J]. Energy Conversion and Management,2017, 149(C):616-630.

[12] LIU Q,MIAO W,LI C,et al. Effects of trailing-edge movable flap on aerodynamic performance and noise characteristics of VAWT[J]. Energy,2019,189:116271.

[13] OSTOS I,RUIZ I,GAJIC M,et al. A modified novel blade configuration proposal for a more efficient VAWT using CFD tools[J]. Energy Conversion and Management, 2018, 180 (15): 733-746.

[14] ZHENG M,ZHANG X,ZHANG L,et al. Uniform test method optimum design for drag-type modified Savonius VAWTs by CFD numerical simulation[J]. Arabian Journal for Science and Engineering,2018,43(9):4453-4461.

[15] SARAVANAN A . Horizontal axis,cam guided,telescopic blade,yaw controlled wind mill[P]. IND,201841033956,2018-9-28.

[16] DESSOKY A,BANGGA G,LUTZ T,et al. Aerodynamic and aeroacoustic performance assessment of H-rotor Darrieus VAWT equipped with wind-lens technology[J]. Energy,2019, 175:76-97.

[17] ABDALRAHMAN G,MELEK W,LIEN F S. Pitch angle control for a small-scale Darrieus vertical axis wind turbine with straight blades (H-Type VAWT)[J]. Renewable Energy,2017, 114:1353-1362.

[18] DESSOKY A,BANGGA G,LUTZ T,et al. Aerodynamic and aeroacoustic performance assessment of H-rotor Darrieus VAWT equipped with wind-lens technology[J]. Energy,2019, 175:76-97.

[19] BETZ A. Introduction to the theory of flow machines[J]. Introduction to the Theory of Flow

Machines,1966:5-6.

[20] KUIK G A M V. The Lanchester-Betz-Joukowsky limit[J]. Wind Energy,2010,10(3):289-291.

[21] CASTELLI M R,ENGLARO A,BENINI E. The Darrieus wind turbine:Proposal for a new performance prediction model based on CFD[J]. Energy,2011,36(8):4919-4934.

[22] BANGGA G,LUTZ T,DESSOKY A,et al. Unsteady Navier-Stokes studies on loads,wake,and dynamic stall characteristics of a two-bladed vertical axis wind turbine[J]. Journal of Renewable & Sustainable Energy,2017,9(5):1-13.

[23] CASTELLI M R,ENGLARO A,BENINI E. The Darrieus wind turbine:Proposal for a new performance prediction model based on CFD[J]. Energy,2011,36(8):4919-4934.